T20-Elec V6.0 天正电气软件

标准教程

麓山文化　编著

机械工业出版社

本书是一本天正电气 T20-ElecV6.0 项目实战型案例教程,全书通过大量工程案例,深入讲解了该软件的各项功能以及在建筑电气设计中的应用。

全书共 12 章,其中第 1 章主要介绍了 T20-ElecV6.0 的基本知识;第 2~10 章按照电气施工图绘制流程,循序渐进地介绍了平面图、系统图、电气计算、三维桥架与电缆敷设、文字与表格、尺寸与符号标注,以及绘图工具、文件布图、图库图层等内容;第 11 和 12 章则详细讲解了综合运用 AutoCAD 和天正 T20-ElecV6.0 电气软件,绘制住宅楼和写字楼两套大型电气设计图的方法。全面巩固前面所学知识,积累实际工作经验。

本书配套资源(扫描封四二维码即可获取)中除提供了全书所有实例的 DWG 源文件外,还包含了全书案例的视频教学,相信这些生动的讲解可以大大提高读者学习的兴趣和效率。

本书采用案例式编写模式,实战性强,特别适合自学,作为各大院校相关专业师生的教学用书,也可以作为广大从事建筑电气设计人员和工程技术人员的参考资料。

图书在版编目(CIP)数据

T20-Elec V6.0天正电气软件标准教程 / 麓山文化编著.—北京: 机械工业出版社, 2021.5
ISBN 978-7-111-67685-0

Ⅰ.①T… Ⅱ.①麓… Ⅲ.①房屋建筑设备－电气设备－计算机辅助设计－应用软件－教材 Ⅳ.①TU85-39

中国版本图书馆 CIP 数据核字(2021)第 039275 号

机械工业出版社(北京市百万庄大街22号 邮政编码100037)
策划编辑:曲彩云 责任编辑:曲彩云
责任校对:张 征 责任印制:郜 敏
北京中兴印刷有限公司印刷
2021 年 4 月第 1 版第 1 次印刷
184mm×260mm・29 印张・716 千字
0001－2500 册
标准书号:ISBN 978-7-111-67685-0
定价: 99.00 元

电话服务 网络服务
客服电话:010-88361066 机工官网: www.cmpbook.com
　　　　　010-88379833 机工官博: weibo.com/cmp1952
　　　　　010-68326294 金书网: www.golden-book.com
封底无防伪标均为盗版 机工教育服务网: www.cmpedu.com

前　言

天正公司从 1994 年开始在 AutoCAD 图形平台上开发了一系列建筑、暖通、电气等专业软件，这些软件特别是建筑软件应用最广泛。近十年来，天正系列软件不断推陈出新，深受中国建筑设计师的喜爱。在我国的建筑设计领域，天正系列软件的影响力可以说无所不在。

T20-ElecV6.0 是利用 AutoCAD 图形平台开发的最新一代电气软件，其以先进的图形对象理念服务于建筑电气设计，已成为 AutoCAD 电气制图最常用的软件之一。

本书内容

本书共 12 章，按照建筑电气设计的流程，系统、全面地讲解了天正电气 T20-ElecV6.0 的基本功能和相关应用。

第 1 章介绍了天正电气软件的优点、工作界面、软件设置、兼容性以及与 AutoCAD 的关系，使读者对天正电气软件有一个全面的了解和认识，然后介绍了电气设计原理和电气设计图纸的种类以及绘制等相关知识。

第 2~10 章按照电气施工图的绘制流程，全面、详细地讲解了 T20-ElecV6.0 的各项功能，包括平面图、系统图、电气计算、三维桥架与电缆敷设、文字与表格、尺寸与符号标注，以及绘图工具、文件布图、图库图层等内容。在讲解各功能模块时，全部采用了"功能说明+举例"的案例教学模式，可以让读者在动手操作中深入地理解和掌握各模块的功能。

第 11、12 章通过绘制住宅楼和写字楼两套电气施工图，综合演练了本书所介绍的知识。

本书特点

内容丰富 讲解深入	本书全面、深入讲解了天正电气 T20-ElecV6.0 的各项功能，包括平面图、系统图、电气计算、三维桥架与电缆敷设、文字与表格、尺寸与符号标注等，确保读者可轻松绘制各类电气施工图纸。
项目实战 案例教学	本书采用项目实战的编写模式，可让读者不仅了解各项功能，还能练习和掌握其具体操作方法。
专家编著 经验丰富	本书的编者具有丰富的教学和写作经验，具有自己先进的教学理念、富有创意和特色的教学设计以及富有启发性的教学方法。
边讲边练 快速精通	本书几乎每个知识点都配有相应的实例，这些经过编者精挑细选的实例具有重要的参考价值，使读者可以边做边学，从新手快速成长为绘图高手。
视频教学 学习轻松	本书配套资源（扫描封四的二维码即可获得）收录了全书实例的高清语音教学视频，使读者不但可以享受专家课堂式的讲解，还能大大提高学习兴趣和效率。

本书编者 ───➤

　　本书由麓山文化编著，参加编写的有薛成森、陈志民、江凡、张洁、马梅桂、戴京京、骆天、胡丹、陈运炳、申玉秀、李红萍、李红艺、李红术、陈云香、陈文香、陈军云、彭斌全、林小群、刘清平、钟睦、刘里锋、朱海涛。

　　由于作者水平有限，书中错误、疏漏之处在所难免。在感谢您选择本书的同时，也希望您能够把对本书的意见和建议告诉我们。

　　读者服务邮箱：lushanbook@qq.com

　　读 者 QQ 群：368426081

编 者

目 录

第 1 章
T20-Elec V6.0 概述

● **本章导读**

T20-Elec V6.0 是天正公司最新研发的电气设计软件，其以 AutoCAD 2020 为平台，应用于专业电气设计图纸的绘制。

新版本的 T20-Elec V6.0 与旧版本相比，不但强化了某些绘图功能，而且删除了旧版本中一些冗余的功能，既净化了软件系统，又提高了软件的运行效率。

本章将介绍新版本 T20-Elec V6.0 的应用知识以及建筑电气设计的基础知识。

● **本章重点**

◈ 建筑电气施工图的识读
◈ 建筑电气设计基础
◈ 初始设置
◈ T20-Elec V6.0 用户界面
◈ T20-Elec V6.0 新功能

1.1 建筑电气施工图的识读

本节将介绍电气施工图的识读步骤，摘录建筑电气制图标准中的制图规范供读者参考。此外，还将介绍相关的电气知识，包括建筑电气设计基础、建筑防雷系统等。

1.1.1 电气平面图

建筑电气平面图主要表达某一电气工程中电气设备、装置和线路的平面布置，一般在建筑平面图的基础上绘制。

电气平面图包含的内容有。

- ➢ 配电线路的方向、相互连接关系；
- ➢ 线路编号、敷设方式及规格型号等；
- ➢ 各种电器的位置、安装方式；
- ➢ 各种电气设施进口线的位置及接地保护点等。

图 1-1 所示为绘制完成的电气平面图。

图 1-1　电气平面图

1.1.2 电气系统图

电气系统图是表现建筑室内外电力、照明及其他日用电器的供电与配电的图样。图 1-2 所示为绘制完成的电气系统图。

图 1-2　电气系统图

1.1.3 电气施工图的识图步骤

[01] 查看施工图集中的设计说明，了解建筑电气的设计思路。

[02] 查看图纸目录，了解图纸的张数及类型。

[03] 在查看电气平面图时，可一边结合规格表和电气符号图表，一边了解图样内容，读懂图样中电气符号的意义。

[04] 在读电气平面图时，应按照房间的顺序有次序地阅读，了解线路的走向、设备的安装位置等。

[05] 平面图应与系统图一起对照阅读，弄清楚图纸中所表达的意思。

1.1.4 建筑电气制图标准

1. 图线

建筑电气专业的图线宽度（b）应根据图纸的类型、比例和复杂程度，按现行国家标准《房屋建筑制图统一标准》GB/T 50001—2017 的规定选用，并宜设置为 0.5mm、0.7mm、1.0mm。

电气总平面图和电气平面图宜采用三种以上的线宽绘制，其他图样宜采用两种及以上的线宽绘制。

在同一张图纸内，相同比例的各图样宜选用相同的线宽组。

在同一个图样内，各种不同线宽组中的细线可统一采用线宽组中较细的细线。

建筑电气专业常用的制图图线、线型及线宽可按表 1-1 选用。

图样中可使用自定义的图线和线型（应在设计文件中明确说明）。自定义的图线、线型不应与国家现行的有关标准相矛盾。

3

表 1-1　制图图线、线型及线宽

图线名称		线型	线宽	一般用途
实线	粗	———————	b	本专业设备之间电气通路连接线、本专业设备可见轮廓线、图形符号轮廓线
	中粗	———————	$0.7b$	
	中	———————	$0.7b$	本专业设备可见轮廓线、图形符号轮廓线、方框线、建筑物可见轮廓线
			$0.5b$	
	细	———————	$0.25b$	非本专业设备可见轮廓线、建筑物可见轮廓；尺寸、标高、角度等标注线及引出线
虚线	粗	—— —— —— ——	b	本专业设备之间电气通路不可见连接线；线路改造中原有线路
	中粗	—— —— —— ——	$0.7b$	
	中	— — — — —	$0.7b$	本专业设备不可见轮廓线、地下电缆沟、排管区、隧道、屏蔽线、连锁线
			$0.5b$	
	细	— — — — —	0.25	非本专业设备不可见轮廓线及地下管沟、建筑物不可见轮廓线等
波浪线	粗	～～～～～	b	本专业软管、软护套保护的电气通路连接线、蛇形敷设线缆
	中粗	～～～～～	$0.7b$	
单点长画线		— · — · —	0.25	定位轴线、中心线、对称线；结构、功能、单元相同围框线
双点长画线		— ·· — ·· —	$0.25b$	辅助围框线、假想或工艺设备轮廓线
折断线		—————／＼————	$0.25b$	断开界线

2. 比例

电气总平面图、电气平面图的制图比例宜与工程项目设计的主导专业一致，采用的比例可按表 1-2 选用，并应优先采用常用比例。

电气总平面图、电气平面图应按比例制图，并应在图样中注明制图比例。

一个图样宜选用一种比例绘制。选用两种比例绘制时，应做说明。

3. 编号和参照代号

当同一类型或同一系统的电气设备、线路（回路）、元器件等的数量大于或等于 2 时，应进行编号。

当电气设备的图形符号在图样中不能清晰地表达其信息时，应在其图形符号附近标注参照代号。

编号宜选用 1、2、3……数字顺序排列。

表 1-2　制图比例

序号	图名	常用比例	可用比例
1	电气总平面图、规划图	1：500、1:1000、1:2000	1:300、1:5000
2	电气平面图	1:50、1:100、1:150	1:200
3	电气竖井、设备间、电信间、变配电室等的平、剖面图	1:20、1:50、1:100	1:25、1:150
4	电气详图、电气大样图	10:1、5:1、2:1、1:1、1:2、1:5、1:10、1:20	4:1、1:25、1:50

　　参照代号采用字母代码标注时，参照代号宜由前缀符号、字母代码和数字组成。当采用参照代号标注不会引起混淆时，参照代号的前缀符号可省略。

　　由于参照代号数量较多，在本书中不能一一举例，详情请读者参阅《建筑电气制图标准》GB/T 50786—2012。

　　参照代号可表示项目的数量、安装位置、方案等信息。参照代号的编制规则应该在设计文件里说明。

1.1.5　图形符号

　　图形符号摘录如下。

1.　灯具图例

在绘制电气施工图时，灯具图例可按表 1-3 选用。

表 1-3　灯具图例

名称	图例	名称	图例
单管荧光灯		五管荧光灯	
安全出口指示灯	E	格栅顶灯	
自带电源事故照明灯		聚光灯	
普通灯		壁灯	
半嵌入式吸顶灯		荧光花吊灯	
安装插座灯		嵌入筒灯	
顶棚灯		局部照明灯	

2. 开关图例

在绘制电气施工图时，开关图例可按表 1-4 选用。

表 1-4　开关图例

名称	图例	名称	图例
开关		双联开关	
三联开关		四联开关	
防爆单极开关		具有指示灯的开关	
双控开关		定时开关	
限制接近按钮		按钮	
延时开关		钥匙开关	
中间开关		定时器	

3. 插座图例

在绘制电气施工图时，插座图例可按表 1-5 选用。

表 1-5　插座图例

名称	图例	名称	图例
电视插座		电话插座	
网络插座		双联插座	
安装插座		密闭插座	

（续）

名称	图例	名称	图例
空调插座		插座箱	
单相插座	1P	单相暗敷插座	1C
单相防爆插座	1EX	带保护点的插座	
密闭单相插座		带联锁的开关	
带熔断器的插座		地面插座盒	
风扇		轴流风扇	

4. 动力设备图例

在绘制电气施工图时，动力设备图例可按表 1-6 选用。

表 1-6　动力设备图例

名称	图例	名称	图例
电热水器		280° 防火阀	280°
接地		配电屏	Ⓐ
接线盒		电铃	
信号板、箱、屏		电阻箱	
电磁阀		直流电焊机	
直流发电机	G	交流发电机	M
电磁阀		小时计	h

（续）

名称	图例	名称	图例
电度表	Wh	钟	
电阻加热装置		电锁	
管道泵		风机盘管	
分体式空调器（空调器）	AC	分体式空调器（冷凝器）	AF
整流器		桥式全波整流器	
电动机启动器		变压器	
调节启动器		风扇	

5. 箱柜设备图例

在绘制电气施工图时，箱柜设备图例可按表1-7选用。

表1-7 箱柜设备图例

名称	图例	名称	图例
屏、箱、台、柜		动力照明配电箱	
信号板、箱、屏		电源自动切换箱	
自动开关箱		刀开关箱	
带熔断器的刀开关箱		照明配电箱	
熔断器箱		组合开关箱	

（续）

名称	图例	名称	图例
事故照明配电箱		多种电源配电箱	
直流配电盘		交流配电盘	
电度表箱		鼓形控制器	

6. 消防设备图例

在绘制电气施工图时，消防设备图例可按表1-8选用。

表 1-8　消防设备图例

名称	图例	名称	图例
感温探测器		感烟探测器	
感光探测器		气体探测器	
感烟感温探测器		定温探测器	
消火栓起泵按钮		报警电话	
手动报警装置		火灾警铃	
火灾警报扬声器		水流指示器	
防火阀70度		湿式自动报警阀	
集中型火灾报警控制器	C	区域型火灾报警控制器	Z
输入输出模块	I/O	电源模块	P
电信模块	T	模块箱	M

（续）

名称	图例	名称	图例
火灾电话插孔	⊙	水流指示器（组）	⌊
信号阀	✕	雨淋报警阀（组）	◓
室外消火栓	◐	室内消火栓（单口、系统）	◢
火灾报警装置	▭	增压送风口	φ

7. 广播设备图例

在绘制电气施工图时，广播设备图例可按表 1-9 选用。

表 1-9　广播设备图例

名称	图例	名称	图例
传声器	◯	扬声器	◁
报警扬声器	◁	扬声器箱	◁
带录音机	◯◯	放大器	▷
无线电接收机		音量控制器	
播放机		音箱	
有线广播台		静电式传声器	
监听器		传声器插座	M

8. 电话设备图例

在绘制电气施工图时，电话设备图例可按表 1-10 选用。

9. 线路线型符号

在绘制电气施工图时，电气线路线型符号可按表 1-11 选用。

表 1-10　电话设备图例

名称	图例	名称	图例
有线终端站		警卫电话站	
电话机		带扬声器电话机	
人工交换机		扩音对讲设备	
功放单元		警卫信号总报警器	
放大器		电视	
带阻滤波器		有线转接站	
均衡器		卫星接收天线	

表 1-11　电气线路线型符号

序号	线型符号		说明
1	S	S	信号线路
2	C	C	控制线路
3	EL	EL	应急照明线路
4	PE	PE	保护接地线
5	E	E	接地线
6	LP	LP	接闪现、接闪带、接闪网
7	TP	TP	电话线路

（续）

序号	线型符号		说明
8	————————TD	————TD————	数据线路
9	————————TV	————TV————	有线电视线路
10	————————BC	————BC————	广播线路
11	————————V	————V————	视频线路
12	————————GCS	————GCS————	综合布线系统线路
13	————————F	————F————	消防电话线路
14	————————D	————D————	50V 以下的电源线路
15	————————DC	————DC————	直流电源线路

10. 电气设备标注方式

在绘制电气施工图时，电气设备标注方式可按表 1-12 选用。

表 1-12　电气设备标注方式

序号	标注方式	说明
1	$\dfrac{a}{b}$	用电设备标注 a—参照代号；b—额定容量（kW 或 kVA）
2	$-a+b/c$	系统图电气箱（柜、屏）标注 a—参照代号；b—位置信息；c—型号
3	$-a$	平面图电气箱（柜、屏）标注 a—参照代号
4	$a-b\dfrac{c \times d \times L}{e}f$	灯具标注 a—数量；b—型号；c—每盏灯具的光源数量；d—光源安装容量；e—安装高度（m）；L—光源种类；f—安装方式；"—"（a、b 间连线）—吸顶安装
5	$\dfrac{a \times b}{c}$	电缆梯架、托盘和槽盒标注 a—宽度（mm）；b—高度（mm）；c—安装高度（m）
6	$a/b/c$	光缆标注 a—型号；b—光纤芯数；c—长度

（续）

序号	标注方式	说明
7	a-b(cX2Xd)e-f	电话线缆的标注 a—参照代号；b—型号；c—导体对数； d—导体直径（mm）；e—敷设方式和管径（mm）； f—敷设部位

11. 文字符号

图样中线缆敷设方式、敷设部位和灯具安装方式的标注可选用表 1-13 中的文字符号

表 1-13　文字符号

序号	名称	文字符号
1	穿低压流体输送到用焊接钢管（钢导管）敷设	SC
2	穿普通碳素钢电线套管敷设	MT
3	穿可挠金属电线保护套管敷设	CP
4	穿硬塑料导管敷设	PC
5	穿阻燃半硬塑料导管敷设	FPC
6	穿塑料波纹电线管敷设	KPC
7	电缆托盘敷设	CT
8	电缆梯架敷设	CL
9	金属槽盒敷设	MR
10	塑料槽盒敷设	PR
11	钢索敷设	M
12	直埋敷设	DB
13	电缆沟敷设	TC
14	电缆排管敷设	CE

12. 线缆敷设部位文字符号

在绘制电气施工图中时，线缆敷设部位标注的文字符号可按表 1-14 中的选用。

表 1-14　线缆敷设部位标注的文字符号

序号	名称	文字符号
1	沿梁或跨梁（屋架）敷设	AB
2	沿柱或跨柱敷设	AC
3	沿吊顶或顶板面敷设	CE
4	吊顶内敷设	SCE

（续）

序号	名称	文字符号
5	沿墙面敷设	WS
6	沿屋面敷设	RS
7	暗敷设在顶板内	CC
8	暗敷设在梁内	BC
9	暗敷设在柱内	CLC
10	暗敷设在墙内	WC
11	暗敷设在地板或地面下	FC

1.2 建筑电气设计基础

给水排水设备、暖通设备、电气设备是建筑中必不可少的附属设备，可为人们日常的生产生活提供便利。本节将介绍建筑电气设计的基础知识，包括常见的电气系统，如强电系统、弱电系统、建筑防雷系统的含义以及绝缘导线与电缆的表示方法。

1.2.1 强电系统

在电力系统中，36V 以下的电压称为安全电压，1kV 以下的电压称为低压，1kV 以上的电压称为高压。

直接供电给用户的线路称为配电线路。假如用户电压为 380/220V，则称为低压配电线路，也就是家庭装修中所说的强电（因为是家庭电气系统中的最高电压）。

强电一般是指交流电电压在 24V 以上，如果家庭中的电灯、插座等，电压为 110~220V。家用电器中的照明灯具、电热水器、取暖器、冰箱、电视机、空调、音响设备等用电器均为强电电气设备。

1.2.2 弱电系统

弱电系统一般是指直流电路或音频线路、视频线路、网络线路、电话线路，直流电压一般在 24V 以内。

弱电系统主要包括以下几个方面。

1. 电话通信系统

电话通信系统可以实现电话（包括三类传真机、可视电话等）的通信功能，为星形拓扑结构，使用三类（或以上）非屏蔽双绞线，传输信号的频率在音频范围内。

2. 计算机局域网系统

计算机局域网系统为实现办公自动化及各种数据传输提供网络支持，为星形拓扑结构，使用五类（或以上）非屏蔽双绞线传输数字信号，传输速率可达 100 Mb/s 以上。

3. 音乐/广播系统

音乐/广播系统可通过安装在现场（如商场、车站、餐厅、客房、走廊等处）的扬声器播放音乐，还可以通过传声器对现场进行广播。多路总线结构传输由功率放大器输出的定压 120 V/120 Ω 的音频信号，通过驱动现场的扬声器来发声，传输线路需要使用铜芯绝缘导线。

4. 有线电视信号分配系统

有线电视信号分配系统将有线电视信号均匀地分配到楼内各个用户点，采用分支器、分配器进行信号分配。为了减小信号失真和衰减，使各用户点信号质量达到规定的要求，其布线为树形结构，并且随着建筑物的形式及用户点的分布不同而不同。该系统使用 75 Ω 射频同轴电缆传输多路射频信号。

5. 保安监控系统

保安监控系统可通过安装在现场的摄像机、防盗探测器等设备，对建筑物的各个出入口和一些重要场所进行监视和异常情况报警等。视频信号的传输采用星形结构，使用视频同轴电缆，控制信号的传输采用总线结构，传输线路使用铜芯绝缘缆线。

6. 消防报警系统

该系统由火灾报警及消防联动系统、消防广播系统、火警对讲电话系统等几部分组成。

火灾报警及消防联动系统是通过设置在楼内各处的火灾探测器、手动报警装置等对现场情况进行监测。当有报警信号时，根据接收到的信号，按照事先设定的程序联动相应设备，用以控制火势蔓延。其信号传输采用多路总线结构。但对于重要消防设备（如消防泵、喷淋泵、正压风机、排烟风机等）的联动信号传输，有时采用星形结构来控制。信号的传输使用铜芯绝缘缆线（有的产品要求使用双绞线）。

消防广播系统用于在发生火灾时指挥现场人员安全疏散，采用多路总线结构，信号传输使用铜芯绝缘导线（该系统可与音乐/广播系统合用）。

火警对讲电话系统用于指挥现场消防人员进行灭火工作，采用星形和总线型两种结构，信号传输使用屏蔽线。

1.2.3 建筑物防雷系统

建筑物应根据其重要性、使用性质、发生雷电事故的可能性和后果，按防雷要求分为三类。

第一类防雷建筑物：

1）凡制造、使用或储存炸药、火药、起爆药、化工品等大量爆炸物质的建筑物。这类建筑物会因电火花而引起爆炸，造成巨大破坏和人身伤亡。

2）具有 0 区或 10 区爆炸危险环境的建筑物。

3）具有 1 区爆炸危险环境的建筑物。这类建筑物会因电火花而引起爆炸，造成巨大破坏和人身伤亡。

第二类防雷建筑物：

1）储存国家级重点文物的建筑物。

2）国家级的会堂、办公建筑物、大型展览馆和博物馆、火车站、国宾馆、国家级档案馆、大型城市的重要给水水泵房等一些特别重要的建筑物。

3）国家级计算中心、国际通信枢纽等对国民经济有重要意义且装有大量电子设备的建筑物。

第三类防雷建筑物：

1) 省级重点文物所在的建筑物及省级档案馆。

2) 预计雷击次数大于或等于 0.01 次/a，且小于或等于 0.05 次/a 的部、省级办公建筑物和其他重要或人员密集的公共建筑物，以及火灾危险场所。

3) 预计雷击次数大于或等于 0.05 次/a，且小于或等于 0.25 次/a 的住宅、办公楼等一般性民用建筑物或一般性工业建筑物。

各类建筑物的防雷措施简介如下。

1. 第一类防雷建筑物的防雷措施

1) 应安装独立避雷针或架空避雷线（网），使被保护的建筑物及风帽、放散管等突出屋面的物体均处于接闪器的保护范围内。架空避雷网的网格尺寸不应大于 5m×5m 或 6m×4m。

2) 排放爆炸危险气体、蒸气或粉尘的放散管、呼吸阀、排风管等管口，其管口外以下的空间应处于接闪器的保护范围内。当无管帽时，应设置管口上方半径为 5m 的半球体。接闪器与雷电的接触点应设在上述空间之外。

3) 排放爆炸危险气体、蒸气或粉尘的放散管、呼吸阀、排风管等，排放物达不到爆炸浓度、长期点火燃烧、一排放就点火燃烧及发生事故时排放物才达到爆炸浓度的通风管、安全阀、接闪器的保护范围仅仅保护到管帽，无管帽时可只保护到管口。

2. 第二类防雷建筑物的防雷措施

1) 金属物体可以不装接闪器，但应和屋面防雷装置相连接。

2) 在屋面接闪器保护范围之外的非金属物体应装接闪器，并和屋面防雷装置相连接。

3) 引下线不应少于两根，并且应该沿建筑物四周均匀或对称布置，其间距不应大于 18m。当利用建筑物四周的钢柱或柱子钢筋作为引下线时，可按跨度设置引下线，但引下线的平均间距不应大于 18m。

3. 第三类防雷建筑物的防雷措施

1) 第三类防雷建筑物预防直击雷的措施适宜采用装设在建筑物上的避雷网（带）或避雷针，或者是由这两种混合组成的接闪器。避雷网（带）应沿屋角、屋脊、屋檐和檐角等易受雷击的部位敷设，并在整个屋面组成不大于 20m×20m 或 24m×16m 的网格。

2) 平屋面的建筑物，当其宽度不大于 20m 时，可只沿屋面敷设一圈避雷带。

3) 每根引下线的冲击接地的电阻不宜大于 30Ω，其接地装置宜与电气设备等接地装置共用。防雷的接地装置适宜与埋地金属管道相连，当不共用、不相连时，两者在地中的距离不应小于 2m。

1.2.4 绝缘导线与电缆的表示

在电气管道的敷设中，导线和电缆是必不可少的。由于导线和电缆的型号很多，所以在电气设计中，一般有指定的型号来定义相对应的导线或电缆。认识并了解导线和电缆的表示方法，可以为读懂电气图或者购买电气设备提供方便。

1. 绝缘导线

低压供电线路及电气设备的连接线多采用绝缘导线。绝缘导线按绝缘材料分为橡胶导线与塑料绝缘导线，按线芯材料分为铜芯和铝芯，其中还有单芯和多芯的区别。导线的标准截面面积有 $0.2mm^2$、$0.3mm^2$、

$0.4mm^2$、$0.5mm^2$ 等。

表 1-15 列出了常见绝缘导线的型号、名称以及用途。

表 1-15　常见绝缘导线的型号、名称以及用途

型号	名称	用途
BXF（BLXF）	氯丁橡胶铜（铝）芯线	适用于交流 500V 以下、直流 1000V 及以下的电气设备和照明设备使用
BX（BLX）	橡胶铜（铝）芯线	
BXR	铜芯橡胶软线	
BV（BLV）	聚氯乙烯铜（铝）芯线	适用于各种设备、动力、照明线路的固定敷设
BVR	聚氯乙烯铜芯软线	
BVV（BLVV）	铜（铝）芯聚氯乙烯绝缘和护套线	
RVB	铜芯聚氯乙烯平行软线	适用于各种交直流电器、电工仪器、小型电功工具、家用电器装置的连接
RVS	铜芯聚氯乙烯绞型软线	
RV	铜芯聚氯乙烯软线	
RX，RXS	铜芯、橡胶棉纱编制软线	

注：B—绝缘电线，平行；R—软线；V—聚氯乙烯绝缘，聚氯乙烯护套；X—橡胶绝缘；L—铝芯（铜芯不予表示）；S—双绞；XF—氯丁橡胶绝缘。

2．电缆

电缆按用途可以分为电力电缆、通用电缆、专业电缆、通信电缆、控制电缆、信号电缆等，按绝缘材料可分为纸绝缘材料电缆、橡胶绝缘材料电缆、塑料绝缘材料电缆等。电缆的结构主要有三个部分，即线芯、绝缘层和保护层，保护层又分为内保护层和外保护层。

根据电缆的型号可辨别出电缆的结构、特点和用途。

表 1-16 列出了电缆型号字母代号。

表 1-16　电缆型号字母代号

类　别	绝缘种类	线芯材料	内护层	其他特征	外护层
电力电缆（不表示）	Z—纸绝缘	T—铜	L—铝套	D—不滴流	两个数字，见表 1-17 代号
K—控制电缆	X—橡胶绝缘	（不表示）	L—铝套	F—分相护套	
P—信号电缆	V—聚氯乙烯		H—橡胶套	P—屏蔽	
Y—移动式软电缆	Y—聚乙烯	L—铝	V—聚氯乙烯	C—重型	
H—市内电话电缆	YJ—交联聚乙烯		Y—聚乙烯		

表 1-17 列出了电缆外护层数字代号。

识别举例。

VV—10000—3×50+2×25，表示聚氯乙烯绝缘、聚氯乙烯护套电力电缆，额定电压为 10000V，3

根 50mm^2 铜芯线和 2 根 25mm^2 铜芯线。

YJV22—3×75+1×35，表示交联聚乙烯绝缘，聚氯乙烯护双刚带铠装，3 根 75mm^2 铜芯线和 1 根 35mm^2 铜芯线。

表 1-17　电缆外护层数字代号

第一个数字		第二个数字	
代号	铠装层类型	代号	外皮层类型
0	无	0	无
1	—	1	纤维烧包
2	双刚带	2	聚氯乙烯护套
3	细圆钢丝	3	聚乙烯护套
4	粗圆钢丝		

1.3　初始设置

在初次使用 T20-Elec V6.0 时，对其进行自定义设置，可以使软件更贴合用户的使用习惯，从而提高绘图效率。

执行 T20-Elec V6.0 中的初始设置功能时，可以设置图形尺寸、导线粗细、文字字形、字高和宽高比等初始信息。

初始设置命令的调用方法如下：

➢　命令行：输入 OPTIONS 按 Enter 键。

➢　菜单栏：单击"设置"→"初始设置"命令。

输入 OPTIONS 按 Enter 键，系统弹出【选项】对话框，选择"电气设定"选项卡，即可进入电气初始设置界面，如图 1-3 所示。

【选项】对话框"电气设定"选项卡中各选项的含义介绍如下：

❑　"平面图设置"选项组

"设备块尺寸"选项：设定设备图块的大小。

"设备至墙距离"选项：调用"沿墙布置"命令插入设备时，可以自定义设备离墙的距离。

"导线打断间距"选项：设置导线在执行打断命令时距离设备块和导线的距离。

"高频图块个数"选项：在【天正电气图块】对话框中，系统自动记忆用户最后使用的图块，并置于对话框的最上端，如图 1-4 所示。

"图块线宽"选项：设置插入的设备块的线宽，默认值为 0.2。

"旋转属性字"选项：默认情况下取消选择该项。表示在旋转带属性字的图块时，属性字保持为 0°。例如，插入空调插座，"K"始终面向读图者。

❑　"平面导线设置"选项组

"平面导线设置"按钮：单击该按钮，弹出【平面导线设置】对话框，如图 1-5 所示。其中【平面导线设置】对话框中各选项的含义如下：

"线宽"选项：可在文本框中输入线宽参数，或者单击向上/向下按钮来调整线宽。

"颜色"选项：单击颜色色块，弹出【选择颜色】对话框，选择颜色更改导线的显示效果。

图1-3 【选项】对话框"电气设定"选项卡

图1-4 【天正电气图块】对话框

"线型"选项：在下拉列表中可选择导线线型。

"回路编号"选项：在下拉列表中可更改回路编号。

"标注"选项：单击导线标注文本框右侧的按钮，弹出【导线标注】对话框，可修改导线的标注信息，如图1-6所示。

"布置导线时输入导线信息"选项：取消选择该项，在执行"平面布线"命令时，系统弹出的对话框中不显示导线的信息，如图1-7所示。选择该项，可以在对话框中显示当前导线的信息，方便用户及时更改，如图1-8所示。

图1-5 【平面导线设置】对话框

图1-6 【导线标注】对话框

图1-7 不显示导线的信息

图1-8 显示当前导线的信息

"布线时相邻2根导线自动连接"选项：选择该项，在执行"平面布线"命令时，所绘制的导线与相邻导线自动连接成一根导线。反之亦然。

"导线编组"选项：为导线创建编组，方便用户管理。

"布线时自动倒圆角"选项：选择该项，激活"倒角半径"选项，在其中指定倒角半径值。创建导线时会自动进行圆角操作，如图1-9所示。取消选择该项，则不对导线执行圆角操作，如图1-10所示。

图1-9　圆角操作　　　　　　　　　　　　　　　图1-10　未进行圆角操作

❑　　"标导线数"选项组

系统提供了两种标注导线的方式，分别是"斜线数量表示""标注数字表示"。这主要是针对于三根导线而言，既可以用3根斜线来表示3根导线，如图1-11所示，也可以用标注数,3来表示3根导线，如图1-12所示。

图1-11　用斜线表示　　　　　　　　　　　　　　图1-12　用数字表示

"字高"选项：用来设定标注文字的大小。

"宽高比"选项：设定标注文字的字宽和字高比例，用来调整文字的宽度。

❑　　"系统图设置"选项组

"系统母线"选项：该选项用来设定系统图导线的宽度、颜色。在"线宽"选项文本框中可以设定导线的宽度，将线宽改为0，可以绘制细导线。单击"颜色"选项下的色块，弹出【选择颜色】对话框，可更改导线的颜色。

"系统导线"选项：与"系统母线"选项设置方法一致。

"系统导线带分隔线"选项：该选项可以控制调用"系统导线"绘制分格线的默认设定，也可影响自动生成的系统图导线是否画分隔线。

"关闭分隔线层"选项：选择该选项，可以隐藏系统图导线中的分隔线，使打印输出的文件清晰地显示标注文字、图形元件等。

"连接点直径"选项：设置导线连接点的直径参数，数值是出图时的实际尺寸。

"端子直径"选项：设置固定或可拆卸端子的直径，数值是出图时的实际尺寸。

❏   "标注文字"选项组

"标注文字设置"按钮：单击该按钮，系统弹出【标注文字设置】对话框，如图 1-13 所示，可设置对应的标注类型的字体属性参数。

图 1-13   【标注文字设置】对话框

❏   "插入图块前选择已有图块"选项：这是从 3.X 版本保留下来的绘图习惯。除了"任意布置"
    命令外，其他的平面布置命令在执行后都会提示用户选择图中已有的图块，此举可提高绘图速
    度。

❏   开启天正快捷工具条"选项：可以设置是否在屏幕上显示天正快捷工具条。

参数设置完成后，单击"确定"按钮关闭对话框，即可应用新设置来进行绘图。

1.4 T20-Elec V6.0 用户界面

T20-Elec V6.0 依附于 AutoCAD 使用，并建立了自己的菜单系统，包括屏幕菜单和快捷菜单。但是保留了 AutoCAD 所有的下拉菜单和图标菜单，不加以补充或修改。

本节将介绍天正电气用户界面的组成及使用。

1.4.1 屏幕菜单

天正的屏幕菜单位于界面的左侧，涵盖了天正的所有功能。屏幕菜单以树状结构折叠多级子菜单。将光标移至菜单选项上，单击左键，即可展开菜单并查看当中包含的子菜单，如图 1-14 所示。

另外，在选定的菜单项上单击右键，在弹出的快捷菜单中也可显示其所包含的子菜单，如图 1-15 所示。

在屏幕菜单的空白处单击右键，在弹出的快捷菜单中选择"自定义"命令，系统弹出【天正自定义】对话框，如图 1-16 所示。在该对话框中选择选项卡，即可对其中的参数进行设置。

提示

按 Ctrl+"+"组合键，可以快捷打开或关闭屏幕菜单。

图 1-14　打开子菜单　　　　　图 1-15　快捷菜单　　　　　图 1-16　【天正自定义】对话框

1.4.2　快捷菜单

单击鼠标右键所弹出的右键菜单又称为快捷菜单。

在绘图区域中选择不同的图形，单击鼠标右键，可以弹出不同的快捷菜单，如图 1-17 所示。在没有选中任何对象的情况下，则弹出最常用的快捷菜单。

图 1-17　快捷菜单

1.4.3　命令行

天正软件中大部分命令都可以通过命令行、屏幕菜单和快捷菜单操作来实现。对于命令行命令，则以命令的快捷方式来调用。如执行"平面布线"命令，在命令行中输入"PMBX"按下 Enter 键即可。也有少数功能不能通过命令行来执行，需要从屏幕菜单上点取。

执行某个命令后，命令行提示如下：

请输入起始点{选取行向线[S]}<退出>:*取消*

其中，花括号前的文字内容为当前命令的提示操作，花括号后的内容则为按下 Enter 键后执行的操作。输入花括号内的字母，则进入该字母所定义的内容。输入字母后，不需要按 Enter 键即可执行操作。

1.4.4 热键

天正热键方便用户绘制设计图纸。如表 1-18 为天正热键的定义。

表 1-18 天正热键表

F1	帮助文件的切换键	F9	屏幕光标捕捉的开关键
F2	屏幕的图形显示与文本显示的切换键	F11	对象追踪的开关键
F3	对象捕捉的开关	Tab 键	以当前光标位置为中心，缩小视图
F6	状态行的绝对坐标与相对坐标的切换键	Ctrl+ "＋"	屏幕菜单的开关
F7	屏幕的栅格点显示状态的切换键	Ctrl+ "－"	文档标签的开关
F8	屏幕光标正交状态的切换键		

1.4.5 快捷工具条

天正软件的快捷工具条（见图 1-18）默认位于工作界面的下方，命令行的上方。在快捷工具条中可以把天正电气的所有命令放置进去。用户也可以按照自己的使用习惯，添加或删除命令来定制工具条。

图 1-18　快捷工具条

定制工具条的步骤如下：

01 执行【设置】|【工具条】命令，系统弹出如图 1-19 所示的【定制天正工具条】对话框。在对话框中可以添加或删除指定的菜单命令。

02 展开左上角的"菜单组"下拉列表，选择菜单命令，在对话框左侧显示了该菜单所包含的子命令。选择子命令，单击"加入"按钮，即可添加到右侧的命令列表，同时在快捷工具栏上显示。

03 例如，选择"导线"菜单，在命令列表中选择"导线圆角"命令，如图 1-20 所示。单击"加入"按钮，即可添加至右侧的菜单列表，如图 1-21 所示。

图 1-19　【定制天正工具条】对话框

图 1-20　选择命令

04 在右边的命令列表中选中某个菜单命令，单击"删除"按钮，即可将选定的命令删除。

05 在右侧的命令列表中选中某个菜单命令，单击向上箭头 ↑、向下箭头 ↓，可以调整选定的命令在快捷工具条中的排序。

06 在快捷命令后的文本框中输入字母、数字等参数，可以定义选定命令的快捷键，如图 1-22 所示。

图 1-21 添加结果

图 1-22 输入快捷键

07 输入快捷键后，单击"修改快捷"按钮，弹出提示对话框，如图 1-23 所示，提醒用户已经为命令指定了快捷键。

08 同时，在该命令的右侧显示为其定义的快捷键，如图 1-24 所示。

图 1-23 提示对话框

图 1-24 定义快捷键

1.4.6 在位编辑

利用在位编辑功能，可以输入上下标符号、钢筋符号、加圈符号，还可以调用专业词库中的文字。而且，天正软件可以智能定义在位编辑框的大小，使得编辑框不会受到图形与当前显示范围的影响。

☐ 文字内容的在位编辑方法

➤ 启动：双击文字标注以及各种符号标注，即可进入在位编辑状态，如图 1-25 所示。或者在选中的对象上单击右键，在弹出的快捷菜单中选择相应的命令对其进行编辑。例如，选中平面门图形，单击右键，在弹出的快捷菜单中选择"门窗编号"命令，如图 1-26 所示，即可更改平开门的编号，如图 1-27 所示。

图 1-25　进入在位编辑状态　　　　图 1-26　选择命令　　　　　　图 1-27　更改编号

➢ 切换：按 Tab 键，可以在多个字段对象中进行切换，如切换表格的单元格、轴号标注以及坐标
的 XY 数值等。

➢ 取消：按下 Esc 键或者单击右键菜单，即可取消在位编辑命令。

➢ 确定：在编辑单行文字时按下 Enter 键，可以结束编辑。在编辑框外的空白处单击鼠标左键，
可确认修改结果并结束操作。

❑ 表格的在位编辑

双击待修改的表格中的单元格，可进入在位编辑状态，如图 1-28 所示。按 Tab 键或者↑、↓、←、
→方向键，可以在表格的单元格之间进行切换，选择表格的内容可对其进行编辑。

图 1-28　表格的在位编辑

1.5 T20-Elec V6.0 新功能

　　T20-Elec V6.0 除了沿袭旧版本的功能外，还改进了某些功能。本节将介绍版本的改进内容，帮助读
者熟悉软件，使其在练习绘图的过程中更加得心应手。

➢ "参照布置"命令可用于参照样板图块，在某类图块的相对位置批量布置另一个图块，如在排
烟口等图块上布置输入、输出模块等。

➢ 执行"平面布线"命令，在弹出的对话框中可以看到新增加的"文字线型"选项（见图 1-29），
同时支持调整当前图层线型。用户可以根据需要创建新的文字线型，并且可以设置两个文字之
间的间距以及在导线上的位置。

图 1-29　新增"文字线型"选项

➢ "照度计算""多行照度"命令可用于建立自定义光源用户数据库，支持对用户数据进行修改编辑，支持光源分类、光源种类的自定义添加，如图1-30、图1-31所示。此外，还支持数据库备份。

图1-30　照度计算　　　　　　　　　　　　　　　图1-31　多行照度计算

➢ 通过执行"设备定义"命令，可以在弹出的"设备定义"对话框中设置消防、安防、广播、应急灯具设备图块的有效半径参数，如图1-32所示。将设备的有效半径设置为10m，执行"显示半径"命令，可用圆形显示有效半径范围，如图1-33所示。

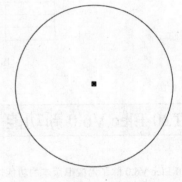

图1-32　【设备定义】对话框　　　　　　　　　　图1-33　输入半径值

➢ "快速替换"命令支持将天正暖通和天正给水排水设备快速替换为图纸中的天正电气图块。

➢ 在【选项】对话框中选择"导线编组"选项，如图1-34所示。执行"平面布线"命令绘制导线，导线相交打断后或沿线标注文字后，其连线关系不会被断开。用户选中其中某一段导线，其余与之相连的导线也能同时被选中，仍然被认为与其是同一根导线。

➢ "设备连线"命令可实现将同名设备使用对应导线自动相连（见图1-35），或将从配电箱引出的干线与设备相连。

➢ "配电引出"命令可以从配电箱中引出干线，并配合设备连线功能将干线与设备相连。在平面统计时，可以统计出从配电箱引出后连接到设备上这段距离的长度及导线信息，还能创建标注。

➢ 执行"桥架设置"命令，可以看到在【桥架样式设置】对话框中增加了"系统设置"功能，如图1-36所示。用户可以自定义参数来创建桥架，如图1-37所示。

图 1-34　选择选项

图 1-35　【设备连线】对话框

图 1-36　【桥架样式设置】对话框

图 1-37　自定义参数

➤　执行"图库管理"命令，在【天正图库管理系统】对话框中新增"应急灯具"分类，如图 1-38
　　所示。并在【图层特性管理器】对话框中增加"应急灯具"的图层，如图 1-39 所示。方便用
　　户选择并管理应急灯具。

图 1-38　新增"应急灯具"分类

图 1-39　新增"应急灯具"图层

➤ "元件标注"命令可提供元件型号、厂家等数据的自定义功能，支持 Excel 批量导入数据，如图 1-40 所示。

图 1-40 元件标注参数设置

➤ "线生桥架"命令支持将图中的直线、多段线以及弧线转换为天正天气桥架实体，如图 1-41 所示。

图 1-41 线生桥架

➤ "做法标注"命令增加了斜线引出样式。

➤ "自动接地"命令可自动搜索封闭的外墙线，并沿着墙线按一定的偏移距离绘制接地线。"自动接地"对话框如图 1-42 所示。

➤ "绘接地网"命令可按照用户定义的间距绘制水平及垂直接地线。"绘接地网"对话框如图 1-43 所示。

➤ "预留孔洞"命令可根据设定的孔洞类型及样式绘制预留孔洞，并自动创建标注。"预留孔洞"对话框如图 1-44 所示。

➤ "快速连线"命令能将天正电气设备自动连接到桥架、母线、电缆沟。"快速连线"对话框如图 1-45 所示。

➤ "图层控制"命令增加了"锁定""解锁"非电气图层的功能，如图 1-46 所示。用户可以通过"锁定/解锁"操作来管理非电气图层。

图 1-42　【自动接地】对话框

图 1-43　【绘接地网】对话框

图 1-44　【预留孔洞】对话框

图 1-45　【快速连线】对话框

➢ 　增加了批量标注导线的功能。执行"批量标注"命令后，可以批量选中导线创建标注。

➢ 　执行"生成剖面"命令时，如果在剖切范围中包括天正墙体，会弹出【剖面屋顶参数设置】对话框，如图 1-47 所示。可在对话框中根据需要设置屋顶参数，同步生成剖面屋顶。

图 1-46　新增管理非电气图层的命令

图 1-47　【剖面屋顶参数设置】对话框

> 改进了"温感烟感"命令,优化了自动布置方式以及编辑功能,如图 1-48 所示。在移动设备时,导线随之移动,并增加了复制功能。

> 执行"平面三通""平面四通"命令绘制构件,可以自定义构件各端参数并绘制连接管道。

> 利用"造设备"命令创造的 PL 线设备,在布置时能随着图块线宽的变化而变化。

> 改进了"截面查询"命令,新增了电缆类型,包括"STABILOY-AC90"(铠装电缆)、"STABILOY-ACWU90"(自带 PVC 护套铠装电缆)和"STABILOY-TC90"(非铠装电缆),如图 1-49 所示。

图 1-48 【消防保护布置】对话框

图 1-49 新增电缆类型

> 执行"截面查询"命令,可以根据计算工作电流及导线、电缆载流量查询导线、电缆截面积以及穿管管径。

> 改进了"绘制桥架"命令,方便用户创建多层桥架。在【绘制桥架】对话框中设置各层桥架参数,如图 1-50 所示,可以绘制多层、弧形、竖向桥架,实现二维、三维同步设计,如图 1-51 所示。在绘制过程中可自动生成弯通、三通、四通、变径等构件。桥架各部分构件相互关联,拖动一部分,其余相关部分随之联动。可以自动进行桥架标注,以及统计构件。

图 1-50 【绘制桥架】对话框

图 1-51 创建多层桥架

> "提取清册"命令支持从系统图中提取电缆的相关信息,包括"回路编号""电缆型规""起点名称编号""终点设备名称编号",将提取的相关信息可以到导出电缆清册,还支持同时提取多

个系统图的信息，为电缆敷设提供数据基础。

➤ 用"电缆敷设"命令导入"电缆清册表""电机表"，可以自动敷设电缆，自动绘制电缆敷设图，
自动计算每一回路的电缆长度。用户也可以逐条手工敷设电缆，统计电缆及穿管长度，最后导
出至清册。电缆路径自动高亮显示，可方便用户查询。利用不同的颜色填充电缆，表示电缆填
充率的差异。自动标注已经敷设的电缆，还可以将电缆及穿管长度导出器材表进行分类汇总。

➤ 执行"系统生成"命令，在弹出的对话框中设置参数，如图 1-52 所示，可以自动绘制任意形
式配电箱系统图，自动平衡各回路相序，并进行负荷计算。

➤ "高压短路"命令支持用户任意搭建主接线系统图以及阻抗图，可以将搭建的系统图自动转换
成阻抗图，通过提取阻抗图数据，自动计算任意短路点在任意时刻的短路电流及周期分量热效
应。还可以计入电动机反馈电流，整个过程无需星角转换，且无需人工查表，极大地提升了设
计效率。

➤ "回路检查"命令可自动搜索相关联回路，并高亮显示选中的回路。可以对该回路赋值回路编
号，还可以查看回路中的设备量及功率，为自动生成系统图提供基础。

➤ "逐点照度"命令可以计算空间每点的照度，显示计算空间最大照度、最小照度值。支持不规
则区域的计算，充分考虑了光线的遮挡因素。还可以绘制照度分布曲线图，输出 Word 计算书。

➤ 利用"沿墙布线"命令，可以沿着建筑物墙体方便快捷地绘制导线。

➤ 执行"图纸保护""图纸解锁"命令，可以将图纸制作成一个块，且必须输入密码才能分解。

➤ "批量打印"命令支持在模型空间中批量打印多张图纸，可以边预览边出图，支持打印到 PLT
文件，也可以直接出图。

➤ 设备库支持用户自定义类别。利用"图库管理"命令进行定义时，要同时修改用户图库，否则
会无法入库。

➤ "照度计算"命令支持不规则房间照度计算。在录入新型灯具时，支持用户自定义光源，绘制
照度计算表，增加常用 Philips 光源参数，完善计算书，如图 1-53 所示。按照《建筑照明设
计标准》输入要求的照度值和功率密度值，可根据功率密度在计算书上判断是否节能。此外支
持用户输入灯具数反算照度。

图 1-52 【自动生成配电箱系统图】对话框

图 1-53 【照度计算-利用系数法】对话框

➤ "年雷击数"命令增加了"不等高建筑物"防雷和"电子信息防雷"计算，如图 1-54 所示。
可以输出 Word 计算书，计算表格更加标准且人性化。

图 1-54 计算年雷击数

➢ "负荷计算"命令支持回路表格输入，可自动计算回路，如图 1-55 所示。此外，计算书更加
详尽。

图 1-55 【负荷计算】对话框

➢ 改进了"低压短路"命令，可以全新的界面显示计算结果，如图 1-56 所示。操作便捷，并扩
充了变压器的类型。计入了大电机反馈电流的影响，使得计算书更加详尽。

图 1-56 【低压短路电流计算】对话框

➤ 在"帮助"菜单下的"在线演示"功能可以帮助用户在足不出户的情况下学习软件的新功能，如图 1-57 所示。

图 1-57 在线演示

➤ 布置电气设备的方式有"矩形布置""扇形布置""两点均布"等。在图库中选择设备，再在对应的布置方式对话框（如"穿墙布置"和"弧线均布"）中设置参数，如图 1-58 所示，可以轻轻松松地按指定的方式插入设备。

图 1-58 布置电气设备

➤ 选择"穿墙布置""沿墙均布"方式布置电气设备，支持用户参考天正软件 T3 外部参照条件图。
➤ 在"滚球避雷"菜单中提供了系列命令，方便用户采用滚球法计算避雷针保护范围，结果可以结合建筑体进行三维立体分析，保护效果一目了然。支持选择多个避雷针。
➤ "折地避雷"命令采用了折线法计算避雷针保护范围，可以进行"保护宽度"的标注、出计算书，保护效果一目了然。支持多个、多组避雷针。
➤ "自动避雷"命令支持天正软件 T3 建筑条件图。

➢ 新版本天正软件-电气系统更新了电气规范,用户可以在线浏览相关电气规范,如图1-59所示。

图 1-59 在线浏览相关电气规范

➢ 旧版本在执行"文字递增"操作时,遇上中文字体会出现递增错误。新版本增加了红框标识递增的字符,支持用户选取基点。

➢ 低压单线系统图采用了自定义实体,更加方便反复编辑。

➢ 图库中图块的属性字放在文字层,不会影响颜色打印。

➢ "批量入库"命令可实现将图纸中天正电气用户图库中的图块快速批量保存到本地对应的设备库中。

第 2 章

平面图

● **本章导读**

本章将介绍绘制电气平面图的相关知识，包括布置和编辑电气设备、布置和编辑导线、标注与统计、接地防雷以及变配电室。T20-Elec V6.0 提供了便捷绘制电气图的方法，用户可选择系统提供的设备插入电气平面图中，还可以在预演图中查看布置的效果。在布置设备后，执行相关的命令对已布置的设备进行编辑修改，如删除设备、标注设备等。

本章分 7 个小节，分别介绍了在绘制电气平面图中所需要用到的各类命令。

● **本章重点**

◈ 设备布置　　　　　　◈ 设备编辑

◈ 导线　　　　　　　　◈ 修改导线

◈ 标注与平面统计　　　◈ 接地防雷

◈ 变配电室

2.1 设备布置

设备布置是指在平面图中绘制布置电气设备的各种方法，包括任意插入、沿墙插入和矩形布置、扇形布置等。建筑电气设计中的一个重要步骤就是在平面图中布置设备，在天正软件中，布置电气设备就是将一些事先绘制完成的设备图形插入到电气平面图中。

本节将介绍布置设备的一些常用方法。

2.1.1 任意布置

调用"任意布置"命令，可以在平面图中绘制各种类型的电气设备图块。图 2-1 所示为调用"任意布置"命令绘制电气设备的结果。

"任意布置"命令的执行方式如下：

➤ 命令行：输入"RYBZ"按 Enter 键。

➤ 菜单栏：单击"平面设备"→"任意布置"命令。

下面以布置如图 2-1 所示的设备为例，讲解调用"任意布置"命令的方法。

[01] 按 Ctrl+O 组合键，打开配套资源提供的"第 2 章/ 2.1.1 任意布置.dwg"素材文件，结果如图 2-2 所示。

图 2-1 任意布置设备

图 2-2 打开素材

[02] 在命令行中输入"RYBZ"按 Enter 键，系统弹出【天正电气图块】对话框。在该对话框中选择设备类型为"灯具"，选择"双管荧光灯"，如图 2-3 所示。

[03] 在【任意布置】对话框中设置参数如图 2-4 所示。

[04] 调用"RYBZ"命令，命令行提示如下：

命令:RYBZ↙

请指定设备的插入点{转 90(A)/放大(E)/缩小(D)/左右翻转(F)/X 轴偏移(X)/Y 轴偏移(Y)/设备类别(上一个 W/下一个 S)/设备翻页(前页 P/后页 N)/直插(Z)}<退出>:

//在图中指定插入点并按 Enter 键，布置设备的结果如图 2-5 所示。

[05] 在【天正电气图块】对话框右上角的类型列表中选择"应急灯具"选项，再在该对话框中选择"自带电源疏散照明灯"，如图 2-6 所示。

图 2-3 灯具

图 2-4 【任意布置】对话框

图 2-5 布置灯具

图 2-6 选择灯具

[06] 在图中指定位置插入设备，按 Enter 键结束操作，结果如图 2-7 所示。

[07] 在【天正电气图块】对话框中选择设备类型为"插座"，选择名称为"暗装单相插座"图块，如图 2-8 所示。

图 2-7 布置灯具

图 2-8 选择插座

[08] 在命令行中输入 "A"，选择 "转 90[A]" 选项，翻转插座的角度。然后在图中指定插入位置，按 Enter 键结束操作，结果如图 2-9 所示。

[09] 在【天正电气图块】对话框中选择设备类型为 "开关"，选择 "开关"，如图 2-10 所示。在图中指定插入位置，按 Enter 键即可插入开关。

图 2-9 布置插座

图 2-10 选择开关

RYBZ 命令行各选项的含义介绍如下：

转 90（A）：输入 "A"，更改设备的角度。连续输入 "A"，持续地调整设备的角度角度。

放大（E）：输入 "E"，放大设备。连续输入 "E"，持续地放大设备。

缩小（D）：输入 "D"，缩小设备。连续输入 "D"，持续地缩小设备。

左右翻转（F）：输入 "F"，左右翻转设备。

X 轴偏移（X）：输入 "X"，在设备插入点的左/右方向上偏移一定距离。输入正值，向右偏移；输入负值，向左偏移。

Y 轴偏移（Y）：输入 "Y"，在设备插入点的上/下方向上偏移一定距离。输入正值，向上偏移；输入负值，向下偏移。

设备类别（上一个 W/下一个 S）：输入 "W"，向上翻转设备类别表。输入 "S"，向下翻转设备类别表。该命令可帮助用户快速地在对话框中查找、选择设备类别。

设备翻页（前页 P/后页 N）：输入 "P"，向前翻转设备列表。输入 "N"，向后翻转设备列表。该命令可帮助用户快速查找、选择设备。

直插（Z）：输入 "Z"，在 "直插" "断开" "平铺" 三种方式之间切换。用户可选择适当的方式布置设备。

2.1.2 矩形布置

调用 "矩形布置" 命令，在平面图中绘制一个矩形选框，并在选框内布置各种电气设备。图 2-11 所示为调用 "矩形布置" 命令布置设备的结果。

"矩形布置" 命令的执行方式如下：

➤ 命令行：输入 "JXBZ" 按 Enter 键。

➤ 菜单栏：单击"平面设备"→"矩形布置"命令。

下面以布置如图 2-11 所示的设备为例，讲解调用"矩形布置"命令的方法。

01 按 Ctrl+O 组合键，打开配套资源提供的"第 2 章/ 2.1.2 矩形布置.dwg"素材文件，结果如图 2-12 所示。

图 2-11　矩形布置设备　　　　　　　　　　图 2-12　打开素材文件

02 在命令行中输入"JXBZ"按 Enter 键，在弹出的【天正电气图块】对话框中选择"三管荧光灯"，如图 2-13 所示。

03 在【矩形布置】对话框中设置参数，如图 2-14 所示。

图 2-13　选择灯具　　　　　　　　　　图 2-14　设置参数

04 命令行提示如下：

命令：JXBZ↵

请输入起始点{选取行向线(G)/设备类别(上一个 W/下一个 S)/设备翻页(前页 P/后页 N)}<退出>:

请输入终点：　　　　　　　　　　//指定布置设备的范围，如图 2-15 所示。

请选取接跨线的列：　　　　　　　//选取右边的列，如图 2-16 所示。

05 布置设备的结果如图 2-11 所示。

图 2-15　指定范围

图 2-16　选择接跨线的列

在【矩形布置】对话框中设置"行向角度"为 45°，改变角度布置设备，结果如图 2-17 所示。

在"图块旋转"列表中选择旋转角度，可以在布置设备时自动调整角度，如图 2-18 所示。

图 2-17　改变行向角度

图 2-18　调整设备角度

【矩形布置】对话框介绍如下：

回路编号：在文本框中可以输入设备和导线所在回路的编号，单击"回路编号"按钮，弹出【回路编号】对话框，在对话框中可以自定义回路编号、对回路编号执行增加或删除回路的操作。

布置：在"行数""列数"选项中设置设备的行数和列数，在"行距""列距"选项中设置行距、列距。

行向角度：输入角度值，可改变布置设备的角度。

接线方式：在下拉列表中选择连接设备导线的方式。

图块旋转：设置设备的角度。

距边距离：输入或选择参数，定义最外侧设备与矩形选框的间距。

2.1.3　扇形布置

调用"扇形布置"命令，可以在扇形房间内按矩形排列布置各种电气设备。图 2-19 所示为使用"扇形布置"电气设备的结果。

"扇形布置"命令的执行方式如下：

➢　命令行：输入"SXBZ"按 Enter 键。

➢　菜单栏：单击"平面设备"→"扇形布置"命令。

下面以布置如图 2-19 所示的设备为例，讲解调用"扇形布置"命令的方法。

01　按 Ctrl+O 组合键，打开配套资源提供的"第 2 章/ 2.1.3 扇形布置.dwg"素材文件，结果如图 2-20 所示。

图 2-19　扇形布置设备　　　　　　　　　　图 2-20　打开素材文件

[02] 在命令行中输入"SXBZ"按 Enter 键，在【大正电气图块】对话框中选择"荧光灯"，如图 2-21 所示。

[03] 在【扇形布置】对话框中设置"行数"为 4，"每行数量"为 5，选择"每行递减"选项，设置参数为 1，如图 2-22 所示。

图 2-21　选择灯具

图 2-22　设置参数

[04] 命令行提示如下：

```
命令：SXBZ↙
请输入扇形大弧起始点<退出>：       //单击 A 点，如图 2-23 所示。
请输入扇形大弧终点<退出>：         //单击 B 点，如图 2-24 所示。
点取扇形大弧上一点<退出>：         //单击 C 点，如图 2-25 所示。
点取扇形小弧上一点：              //向右移动鼠标，在合适位置单击，如图 2-26 所示。
```

图 2-23　指定 A 点　　　　　　　　　　　　图 2-24　指定 B 点

图 2-25　指定 C 点　　　　　　　　　　　　图 2-26　点取扇形小弧上一点

05 使用扇形布置方式布置电气设备的结果如图 2-19 所示。

【扇形布置】对话框中的选项介绍如下：

行数：输入或选择扇面内需要布置设备的行数。

每行数量：设置扇形面外弧上沿线插入设备的数量。

每行递减：选择在布置设备时，从外弧到内弧过渡中每条弧线上布置的设备数量是否需要递减。选择该选项，自定义每行递减的数量。

2.1.4 两点均布

调用"两点均布"命令，可在图中指定的两个点之间沿一条直线均匀布置各种电气设备。图 2-27 所示为布置设备的结果

"两点均布"命令的执行方式如下：

➤ 命令行：输入"LDJB"按 Enter 键。

➤ 菜单栏：单击"平面设备"→"两点均布"命令。

下面以布置如图 2-27 所示的设备为例，讲解调用"两点均布"命令的方法。

图 2-27　两点均布设备

01 按 Ctrl+O 组合键，打开配套资源提供的"第 2 章/ 2.1.4 两点均布.dwg"素材文件，结果如图 2-28 所示。

02 在命令行中输入"LDJB"按 Enter 键，在【天正电气图块】对话框中选择"普通灯"，如图 2-29 所示。

03 在【两点均布】对话框中选择"数量"选项，设置参数为 5，如图 2-30 所示。

图 2-28　打开素材文件

图 2-29　选择灯具

图 2-30　设置参数

04 命令行提示如下：

```
命令：LDJB↙
请输入起始点<退出>：        //单击 A 点。
请输入终点：              //单击 B 点，布置结果如图 2-27 所示。
```

在【两点均布】对话框中选择"间距"选项，设置参数为 2200，如图 2-31 所示。

在图中分别指定起始点和终点，使用"两端对齐"的方式布置电气设备，结果如图 2-32 所示。

图 2-31　设置间距值

图 2-32　两端对齐

【两点均布】对话框中的选项介绍如下：

数量：输入或选择参数，确定在两点之间沿直线布置设备的数量。

间距：指定设备的间距，按照固定的间距布置设备。

2.1.5 弧线均布

调用"弧线均布"命令，可在两点之间沿一条弧线均匀布置各种电气设备。图 2-33 所示为调用"弧线均布"命令布置电气设备的结果。

"弧线均布"命令的执行方式如下：

➤ 命令行：输入"HXBZ"按 Enter 键。

➤ 菜单栏：单击"平面设备"→"弧线均布"命令。

下面以布置如图 2-33 所示的设备为例，讲解调用"弧线均布"命令的方法。

[01] 按 Ctrl+O 组合键，打开配套资源提供的"第 2 章/ 2.1.5 弧线均布.dwg"素材文件，结果如图 2-34 所示。

图 2-33　弧线均布设备

图 2-34　打开素材文件

[02] 在命令行中输入"HXBZ"按 Enter 键，在【天正电气图块】对话框中选择"普通灯"，如图 2-35 所示。

[03] 在【弧线均布】对话框中选择"数量"选项，设置数量为 3，如图 2-36 所示。

图 2-35　选择灯具

图 2-36　设置参数

[04] 命令行提示如下：

命令：HXBZ↙

请输入起始点<退出>：　　　　　　　　　//如图 2-37 所示。

请输入终点<退出>：　　　　　　　　　　//如图 2-38 所示。

点取弧上一点：　　　　　　　　　　　　//如图 2-39 所示，弧线均布设备的结果如图 2-40 所示。

图 2-37　指定起始点

图 2-38　指定终点

图 2-39　点取弧上一点

图 2-40　操作结果

05　在【弧线均布】对话框中的"布置方式"选项组中更改"数量"为 4，单击 A 点和 B 点布置电气设备。

06　更改"数量"为 5，单击 C 点和 D 点布置电气设备，结果如图 2-33 所示。

2.1.6　沿线单布

调用"沿线单布"命令，可以在指定的直线、墙体上布置灯具、开关等电气设备，动态决定布置的方向。如图 2-41 所示为调用"沿线单布"命令布置电气设备的结果。

"沿线单布"命令的执行方式如下：

➢　命令行：输入"YXDB"按 Enter 键。

➢　菜单栏：单击"平面设备"→"沿线单布"命令。

下面以布置如图 2-41 所示的设备为例，讲解调用"沿线单布"命令的方法。

图 2-41　沿线单布设备

01　按 Ctrl+O 组合键，打开配套资源提供的"第 2 章/ 2.1.6 沿线单布.dwg"素材文件，结果如图 2-42 所示。

02 在命令行中输入 YXDB 按 Enter 键，在【天正电气图块】对话框中选择"双联开关"，如图 2-43 所示。

图 2-42 打开素材文件

图 2-43 选择开关

03 命令行提示如下：

命令: YXDB↙

请拾取布置设备的墙线、直线、弧线 (支持外部参照) {门侧布置(A)/设备类别 (上一个 W/下一个 S)/设备翻页 (前页 P/后页 N)}<退出>

//拾取墙线，沿线布置开关的结果如图 2-41 所示。

提示

在调用沿线单布命令布置电气设备的过程中，对墙线的图层、线型等参数不做要求，直线、圆弧、多段线等也可作为拾取对象。

2.1.7 沿线均布

调用"沿线均布"命令，可以在图中沿着一条直线均匀布置各种电气设备，设备的角度依据选中直线的方向而定。图 2-44 所示为调用"沿线均布"命令布置电气设备的结果。

"沿线均布"命令的执行方式如下：

➤ 命令行：输入"YXJB"按 Enter 键。

➤ 菜单栏：单击"平面设备"→"沿线单布"命令。

下面以布置如图 2-44 所示的设备为例，讲解调用"沿线均布"命令的方法。

图 2-44 沿线均布设备

01 按 Ctrl+O 组合键，打开配套资源提供的"第 2 章/ 2.1.7 沿线均布.dwg"素材文件，结果如图 2-45 所示。

02 在命令行中输入 "YXJB" 按 Enter 键，在【天正电气图块】对话框中选择 "半嵌式吸顶灯"，如图 2-46 所示。

图 2-45 打开素材文件

图 2-46 选择灯具

03 命令行提示如下：

命令：YXJB↙

请拾取布置设备的墙线、直线、弧线（支持外部参照）{设备类别（上一个 W/下一个 S）/设备翻页（前页 P/后页 N）}<退出>　　　　　　　　//拾取素材中的 A 直线。

请给出欲布置的设备数量 {垂直该线段[R]}<2>5　　　　　//指定均布数目，操作结果如图 2-44 所示。

2.1.8 沿墙布置

调用 "沿墙布置" 命令，可以在图中沿墙线布置电气设备，设备的角度依墙线方向而定。图 2-47 所示为调用 "沿墙布置" 命令布置电气设备的结果。

"沿墙布置" 命令的执行方式如下：

➢ 命令行：输入 YQBZ 按 Enter 键。

➢ 菜单栏：单击 "平面设备" → "沿墙布置" 命令。

下面以布置如图 2-47 所示的设备为例，讲解调用 "沿墙布置" 命令的方法。

图 2-47 沿墙布置设备

01 按 Ctrl+O 组合键，打开配套资源提供的 "第 2 章/ 2.1.8 沿墙布置.dwg" 素材文件，结果如图 2-48 所示。

02 在命令行中输入 "YQBZ" 按 Enter 键，在【天正电气图块】对话框中选择 "安全型三极暗装插座"，如图 2-49 所示。

图 2-48 打开素材文件

安全型三极暗装插座（系统 00002013）

图 2-49 选择插座

03 命令行提示如下：

命令：YQBZ↙

请拾取布置设备的墙线{设备类别(上一个 W/下一个 S)/设备翻页(前页 P/后页 N)}<退出>：

//连续点取 A 墙线，布置设备的结果如图 2-47 所示。

提示

用户可以自定义设备的离墙尺寸，方法是打开【选项】对话框，选择"电气设定"选项卡，在"平面图设置"选项组中设置"设备至墙距离"参数，如图 2-50 所示。

图 2-50 设置参数

2.1.9 沿墙均布

调用"沿墙均布"命令，可以在图中沿着墙线均匀布置电气设备，设备的角度依据墙线的方向而定。图 2-51 所示为调用"沿墙布置"命令布置电气设备的结果。

"沿墙布置"命令的执行方式如下：

➢ 命令行：输入"YQJB"按 Enter 键。

➢ 菜单栏：单击"平面设备"→"沿墙均布"命令。

下面以布置如图 2-51 所示的设备为例，讲解调用"沿墙均布"命令的方法。

图 2-51　沿墙均布设备

[01]　按 Ctrl+O 组合键，打开配套资源提供的"第 2 章/ 2.1.9 沿墙均布.dwg"素材文件，结果如图 2-52 所示。

[02]　在命令行中输入"YQJB"按 Enter 键，在【天正电气图块】对话框中选择"开关"，如图 2-53 所示。

图 2-52　打开素材文件

图 2-53　选择开关

[03]　命令行提示如下：

```
命令：YQJB↙
请拾取布置设备的墙线{设备类别(上一个 W/下一个 S)/设备翻页(前页 P/后页 N)}<退出>
                                             //选取 A 墙线。
请给出欲布置的设备数量<2>3              //指定数量，布置结果如图 2-51 所示。
```

2.1.10 穿墙布置

调用"穿墙布置"命令，可以穿越墙体布置电气设备。图 2-54 所示为调用"穿墙布置"命令布置插座的结果。

"穿墙布置"命令的执行方式如下：

➢　命令行：输入"CQBZ"按 Enter 键。

➢　菜单栏：单击"平面设备"→"穿墙布置"命令。

下面以布置如图 2-54 所示的设备为例，讲解调用"穿墙布置"命令的方法。

[01]　按 Ctrl+O 组合键，打开配套资源提供的"第 2 章/ 2.1.10 穿墙布置.dwg"素材文件，如图 2-55 所示。

[02]　在命令行中输入"CQBZ"按 Enter 键，在【天正电气图块】对话框中选择"暗装单相插座"，如图 2-56 所示。

[03]　在【穿墙布置】对话框"布置方式"选项组中选择"双侧"选项，再选择"接导线"选项，如图 2-57 所示。

图 2-54　穿墙布置设备

图 2-55　打开素材文件

图 2-56　选择插座

图 2-57　设置参数

04　命令行提示如下：

命令：CQBZ↙
请点取布置设备直线的第一点{设备类别(上一个 W/下一个 S)/设备翻页(前页 P/后页 N)}<退出
>：　　　　　　　　　　　　　　　　　//指定 A 点；
请点取布置设备直线的下一点<退出>：　　　　//指定 B 点，布置设备的结果如图 2-54 所示。

提示

执行"穿墙布置"命令，也可以穿越弧墙布置设备。

2.1.11　门侧布置

调用"门侧布置"命令，在门的一侧布置电气设备。图 2-58 所示为调用"门侧布置"命令布置开关的结果。

"门侧布置"命令的执行方式如下：

➢　命令行：输入"MCBZ"按 Enter 键。

> 菜单栏：单击"平面设备"→"门侧布置"命令。

下面以布置如图 2-58 所示的设备为例，讲解调用"门侧布置"命令的方法。

01 按 Ctrl+O 组合键，打开配套资源提供的"第 2 章 / 2.1.11 门侧布置.dwg"素材文件，如图 2-59 所示。

图 2-58 门侧布置设备

图 2-59 打开素材文件

02 在命令行中输入"MCBZ"按 Enter 键，在【天正电气图块】对话框中选择"开关"，如图 2-60 所示。

03 在【门侧布置】对话框中选择"选择门"选项，设置"距门距离"为 200，如图 2-61 所示。

图 2-60 选择开关

图 2-61 设置参数

04 命令行提示如下：

命令:MCBZ↙
请拾取门{设备类别(上一个 W/下一个 S)/设备翻页(前页 P/后页 N)}<退出>:找到 3 个，总计 3
个 //拾取门图形，按 Enter 键即可布置设备，结果如图 2-58 所示。

2.1.12 参照布置

调用"参照布置"命令，可参考已有的设备布置方式，以相同的方式在图中布置其他设备。

"参照布置"命令的执行方式如下：

> 命令行：输入 CZBZ 按 Enter 键。

> 菜单栏：单击"平面设备"→"参照布置"命令。

下面以如图 2-62 所示的设备为例，讲解调用"参照布置"命令的方法。

图 2-62　参照布置设备

01　按 Ctrl+O 组合键，打开配套资源提供的"第 2 章/ 2.1.12 参照布置.dwg"素材文件，如图 2-63、图 2-64 所示。

图 2-63　基准文件

图 2-64　参照布置文件

02　输入"CZBZ"按 Enter 键，命令行提示如下：

命令：CZBZ↙

请选择基准图块<退出>：　　　　　　　　　　　　　　//如图 2-65 所示。

请选择参照布置的图块(可以多个)<退出>：找到 1 个　　//如图 2-66 所示。

选择范围或选择闭合曲线：　　　　　　　　　　　　　//按 Enter 键。

图 2-65　选择基准图块

图 2-66　选择参照布置的图块

03　观察参照布置的结果，发现导线与灯具间隔了一定的距离，如图 2-67 所示。

04　选择导线，在两端显示蓝色的夹点。将光标置于夹点之上，激活夹点。按住鼠标左键不放，向左拖动光标，使夹点与灯具边界线重合，如图 2-68 所示。

图 2-67　参照布置的结果　　　　　　　　　　图 2-68　使夹点与灯具边界线重合

05　在合适的位置松开鼠标左键，即可使导线与灯具连接，结果如图 2-69 所示。

图 2-69　导线连接灯具的结果

06　重复操作，继续激活其他夹点，调整导线与灯具的连接效果，结果如图 2-62 所示。

2.2　设备编辑

　　当电气图中的设备存在错误时，需要对设备进行修改或重新布置。天正软件提供了编辑电气设备的命令，使用该命令可避免重新绘制。通过执行设备编辑命令，可以编辑修改选中的电气设备。本节将介绍编辑设备的方法。

2.2.1　设备替换

　　调用"设备替换"命令，可以用选定的设备替换图中已有的设备。图 2-70 所示为设备替换的结果。

　　"设备替换"命令的执行方式如下：

➤　命令行：输入"SBTH"按 Enter 键。

➤　菜单栏：单击"平面设备"→"设备替换"命令。

　　下面以布置如图 2-70 所示的设备为例，讲解调用"设备替换"命令的方法。

图 2-70　设备替换

01 按 Ctrl+O 组合键，打开配套资源提供的 "第 2 章/ 2.2.1 设备替换.dwg" 素材文件，如图 2-71 所示。

02 在命令行中输入 "SBTH" 按 Enter 键，在【天正电气图块】对话框中选择 "普通灯"，如图 2-72 所示。

图 2-71　打开素材

图 2-72　选中设备

03 命令行提示如下：

```
命令:SBTH↙
请选取图中要被替换的设备(多选)<直接替换同名设备请按回车>:找到 3 个,总计 3 个
                              //选择素材文件中的灯具设备。
是否需要重新连接导线<Y>:       //按 Enter 键,进行替换操作,结果如图 2-70 所示。
```

2.2.2　快速替换

调用 "快速替换" 命令，可以快速地替换图中的文字或者设备。图 2-73 所示为调用 "快速替换" 命令的操作结果。

"快速替换" 命令的执行方式如下：

➢　命令行：输入 "KSTH" 按 Enter 键。

➢　菜单栏：单击 "平面设备" → "快速替换" 命令。

下面以替换如图 2-73 所示的设备为例，讲解调用 "快速替换" 命令的方法。

01 按 Ctrl+O 组合键，打开配套资源提供的 "第 2 章/ 2.2.2 快速替换.dwg" 素材文件，如图 2-74 所示。

图 2-73　快速替换设备

图 2-74　打开素材

02 在命令行中输入 "KSTH" 按 Enter 键，命令行提示如下：

```
命令:KSTH↙
请选择基准文字或图块互换[A]<退出>              //选择吸顶灯图形。
请选择要替换的图块<退出>找到 6 个，总计 6 个    //选择三管荧光灯图形，替换设备结果
如图 2-73 所示。
```

2.2.3 设备缩放

调用"设备缩放"命令，可以改变图中已有设备的大小。图 2-75 所示为调用"设备缩放"命令的操作结果。

"设备缩放"命令的执行方式如下：

➢   命令行：输入"SBSF"按 Enter 键。

➢   菜单栏：单击"平面设备"→"设备缩放"命令。

下面以调整如图 2-75 所示的设备大小为例，讲解调用"设备缩放"命令的方法。

01 按 Ctrl+O 组合键，打开配套资源提供的"第 2 章/ 2.2.3 设备缩放.dwg"素材文件，如图 2-76 所示。

02 在命令行中输入"SBSF"按 Enter 键，命令行提示如下：

```
命令:SBSF↙
请选取要缩放的设备<缩放所有同名设备>:找到 1 个      //选择左上角的灯具；
请输入缩放比例 <1>2                        //输入比例因子，设备缩放的结果如图 2-75 所示。
```

图 2-75   缩放设备

图 2-76   打开素材文件

2.2.4 设备旋转

调用"设备旋转"命令，可旋转已有设备的方向，并保持设备的插入点不变。图 2-77 所示为调用"设备旋转"命令的结果。

"设备旋转"命令的执行方式如下：

➢   命令行：输入"SBXZ"按 Enter 键。

➢   菜单栏：单击"平面设备"→"设备旋转"命令。

下面以旋转如图 2-77 所示的设备为例，讲解调用"设备旋转"命令的方法。

01 按 Ctrl+O 组合键，打开配套资源提供的"第 2 章/ 2.2.4 设备旋转.dwg"素材文件，如图 2-78 所示。

02 在命令行中输入"SBXZ"按 Enter 键，命令行提示如下：

命令:SBXZ↙

请选取要旋转的设备 <退出>:指定对角点:找到 6 个　　　//选择素材文件中待旋转的灯具设备；

请输入旋转角度{取方向线[L]}<退出>:90　　　　//指定旋转角度，结果如图 2-77 所示。

图 2-77　旋转设备　　　　　　　　　　图 2-78　打开素材文件

2.2.5 设备翻转

调用"设备翻转"命令，可以将平面图中的开关设备沿 Y 轴做镜像翻转。图 2-79 所示为调用"设备翻转"命令的结果。

"设备翻转"命令的执行方式如下：

➢　命令行：输入"SBFZ"按 Enter 键。

➢　菜单栏：单击"平面设备"→"设备翻转"命令。

下面以翻转如图 2-79 所示的设备为例，讲解调用"设备翻转"命令的方法。

01 按 Ctrl+O 组合键，打开配套资源提供的"第 2 章/ 2.2.5 设备翻转.dwg"素材文件，如图 2-80 所示。

02 在命令行中输入"SBFZ"按 Enter 键，命令行提示如下：

命令:SBFZ↙

请选取要翻转的设备 <退出>:指定对角点:找到 3 个

　　　　　　　　　//选择设备并按 Enter 键，翻转设备的结果如图 2-79 所示。

图 2-79　设备翻转　　　　　　　　　　图 2-80　打开素材文件

2.2.6 设备移动

调用"设备移动"命令，可以移动图中的电气设备。图 2-81 所示为调用"设备移动"命令的结果。

"设备移动"命令的执行方式如下：

➢   命令行：输入"SBYD"按 Enter 键。

➢   菜单栏：单击"平面设备"→"设备移动"命令。

下面以移动如图 2-81 所示的设备为例，讲解调用"设备移动"命令的方法。

[01] 按 Ctrl+O 组合键，打开配套资源提供的"第 2 章/ 2.2.6 设备移动.dwg"素材文件，结果如图 2-82 所示。

[02] 在命令行中输入 SBYD 按 Enter 键，命令行提示如下：

命令：SBYD↙

请选取要移动的设备 <退出>：   //旋转中间的灯具。

点取位置或 [转 90 度 (A) /左右翻 (S) /上下翻 (D) /对齐 (F) /改转角 (R) /改基点 (T)]<退出>：
                //向上移动光标，在合适的位置单击，移动设备的结果如图 2-81 所示。

图 2-81　设备移动

图 2-82　打开素材文件

2.2.7 设备擦除

调用"设备擦除"命令，可以擦除图中的设备。图 2-83 所示为调用"设备擦除"命令的结果。

"设备擦除"命令的执行方式如下：

➢   命令行：输入"SBCC"按 Enter 键。

➢   菜单栏：单击"平面设备"→"设备擦除"命令。

下面以擦除如图 2-83 所示的设备为例，讲解调用"设备擦除"命令的方法。

[01] 按 Ctrl+O 组合键，打开配套资源提供的"第 2 章/ 2.2.7 设备擦除.dwg"素材文件，如图 2-84 所示。

[02] 在命令行中输入 SBCC 按 Enter 键，命令行提示如下：

命令：SBCC↙

请选取要删除的设备 <退出>：找到 3 个，总计 3 个

                //选择插座，按 Enter 键即可将其擦除，结果如图 2-83 所示。

图 2-83　设备擦除

图 2-84　打开素材文件

2.2.8　改属性字

调用"改属性字"命令，可以修改图中设备的属性文字。图 2-85 所示为调用"改属性字"命令的结果。

"改属性字"命令的执行方式如下：

➢　命令行：输入"GSXZ"按 Enter 键。

➢　菜单栏：单击"平面设备"→"改属性字"命令。

下面以修改如图 2-85 所示的设备的属性字为例，讲解调用"改属性字"命令布的方法。

01　按 Ctrl+O 组合键，打开配套资源提供的"第 2 章/ 2.2.8 改属性字.dwg"素材文件，结果如图 2-86 所示。

图 2-85　改属性字

图 2-86　打开素材

02　在命令行中输入 GSXZ 按 Enter 键，命令行提示如下：

命令：GSXZ↙

请选取要改属性字的设备 <退出>：找到 1 个　　　　　//选择设备，打开【编辑属性字】对话框，如图 2-87 所示。

03　在该对话框中修改属性参数，如图 2-88 所示

图 2-87　【编辑属性字】对话框

图 2-88　修改参数

04 单击"确定"按钮关闭对话框，修改属性字的结果如图 2-85 所示

2.2.9 移属性字

调用"移属性字"命令，可以移动设备属性文字的位置。图 2-89 所示为调用"移属性字"命令的结果。

"移属性字"命令的执行方式如下：

➤ 命令行：输入"YSXZ"按 Enter 键。

➤ 菜单栏：单击"平面设备"→"移属性字"命令。

下面以移动如图 2-89 所示的属性字为例，讲解调用"移属性字"命令的方法。

01 按 Ctrl+O 组合键，打开配套资源提供的"第 2 章/ 2.2.9 移属性字.dwg"素材文件，如图 2-90 所示。

02 在命令行中输入 YSXZ 按 Enter 键，命令行提示如下：

```
命令:YSXZ↙
请选择需要移动属性字的图块<退出>:找到1个        //选择设备。
选择参考图块<移动所有>:                      //按 Enter 键。
请确定基点<退出>:                          //指定移动基点。
请点取放置位置<退出>:            //指定移动目标点，移动属性文字的结果如图 2-89 所示。
```

图 2-89　移属性字

图 2-90　打开素材文件

2.2.10 块属性

调用"块属性"命令，可以为设备添加属性文字。为电视插座添加属性文字的结果如图 2-91 所示。

"块属性"命令的执行方式如下：

➤ 命令行：输入 KSX 按 Enter 键。

➤ 菜单栏：单击"平面设备"→"块属性"命令。

下面以添加如图 2-91 所示的属性字为例，讲解调用"块属性"命令的方法。

01 按 Ctrl+O 组合键，打开配套资源提供的"第 2 章/ 2.2.10 块属性.dwg"素材文件，如图 2-92 所示。

02 在命令行中输入 KSX 按 Enter 键，命令行提示如下：

```
命令:KSX↙
```

请输入要写入块中的属性文字 <退出>:TV   //输入属性文字。
请点取插入属性文字的点(中心点)<退出>:   //点取文字的中心点。
字高<200>:   //按 Enter 键,完成块属性的创建结果如图 2-91 所示。

图 2-91 添加属性文字   图 2-92 打开素材文件

2.2.11 造设备

　　调用"造设备"命令,可以改造或者重定义图形,并加入设备库供用户调用。下面介绍将 2.2.10 节中已添加属性文字的电视插座加入设备库的方法。

01　在命令行中输入"ZSB"按 Enter 键,命令行提示如下:

命令:ZSB↙
请选择要做成图块的图元<退出>:   //选择图 2-91 所示的图形。
请点选插入点 <中心点>:   //单击图 2-93 中的 A 点。
请点取要作为接线点的点(图块外轮廓为圆的可不加接线点)<继续>:
          //单击图 2-94 中的 B 点。

图 2-93 选择插入点   图 2-94 选择接线点

02　按 Enter 键,系统弹出【入库定位】对话框。在树状结构中选取所要入库的设备类型,如选择

"电视"。在"图块名称"选项中输入设备的名称，如图 2-95 所示。

03 单击"新图块入库"按钮，即可以将设备存入图库。当用户需要调用该设备，在插入设备时在【天正电气图块】对话框中选择设备类型，即可以看到已入库的设备，如图 2-96 所示。

图 2-95 【入库定位】对话框

图 2-96 已入库设备

> **提示**
>
> 可以在需要的位置点取，设置接线点。如果所选设备的外形为圆形，则不必添加接线点，因为在 T20-Elec V6.0 中圆形设备连接导线的时候，导线的延长线是经过圆心的。

2.3 导线

导线用于连接各种类型的电气设备，在平面图中占了很大的一部分。用户打开【选项】对话框，单击"平面导线设置"选项组中的"平面导线设置"按钮，如图 2-97 所示。可以打开【平面导线设置】对话框，如图 2-98 所示。

图 2-97 【选项】对话框

图 2-98 【平面导线设置】对话框

在对话框中导线的类型被分为三个部分，分别是强电、弱电以及消防。在对话框中可以对导线的线宽、颜色、线型等属性进行设置。

本节介绍绘制导线的方法。

2.3.1 平面布线

调用"平面布线"命令，可以在图中绘制直导线以连接各设备元件，且在布线的同时自带"轴锁"功能。如图 2-99 所示是调用平面布线命令的结果。

"平面布线"命令的执行方式如下：

➢ 命令行：输入"PMBX"按 Enter 键。

➢ 菜单栏：单击"导线"→"平面布线"命令。

下面以绘制如图 2-99 所示的导线为例，讲解调用"平面布线"命令的方法。

图 2-99 平面布线

[01] 按 Ctrl+O 组合键，打开配套资源提供的"第 2 章/ 2.3.1 平面布线.dwg"素材文件，如图 2-100 所示。

图 2-100 打开素材文件

[02] 在命令行中输入"PMBX"按 Enter 键，弹出【设置当前导线信息】对话框，设置参数，如图 2-101 所示。

图 2-101 【设置当前导线信息】对话框

[03] 命令行提示如下：

命令：PMBX↙

请点取导线的起始点{弧段(A)/导线类型(上一个 W/下一个 S)/导线(置上/置下/不断)(D)/连接方式(智能/自由/垂直)(F)}<退出>：   //单击素材文件中的 A 点。

直段下一点{弧段(A)/导线类型(上一个 W/下一个 S)/选取行向线(G)/导线(置上/置下/不断)(D)/连接方式(智能/自由/垂直)(F)/回退(U)}<结束>:

　　　　　　　//单击素材文件中的 B 点,按 Enter 键退出,布置导线的结果如图 2-99 所示。

命令行中选项的含义如下:

弧段(A):输入"A",可绘制弧形导线。

导线类型(上一个 W/下一个 S):输入"W",在【设置当前导线信息】对话框中向上翻转左上角的导线类型表,帮助用户选择导线类型。输入"S",可向下翻转、查找导线类型。

选取行向线(G):输入"G",可以参照图中已有的线段绘制导线,导线的方向与所参照的线段相同。

导线(置上/置下/不断)(D):输入"D",可以切换相交导线的打断方式。

连接方式(智能/自由/垂直)(F):输入"F",可选择导线的连接方式。

2.3.2 沿墙布线

调用"沿墙布线"命令,以墙线为参考,平行绘制导线。图 2-102 所示为调用"沿墙布线"命令的结果。

"沿墙布线"命令的执行方式如下:

➢ 命令行:输入"YQBX"按 Enter 键。

➢ 菜单栏:单击"导线"→"沿墙布线"命令。

下面以绘制如图 2-102 所示的导线为例,讲解调用"沿墙布线"命令的方法。

01 按 Ctrl+O 组合键,打开配套资源提供的"第 2 章/ 2.3.2 沿墙布线.dwg"素材文件,如图 2-103 所示。

图 2-102　沿墙布线

图 2-103　打开素材

02 在命令行中输入"YQBX"按 Enter 键,在【设置当前导线信息】对话框中选择导线图层为"插座"图层,如图 2-104 所示。

03 命令行提示如下:

命令:YQBX↙
请点取导线的起始点[输入参考点(R)]<退出>:　　　　//单击 A 点。
请拾取布置导线需要沿的直线、弧线 <退出>:　　　　//单击 B 点。
请输入距线距离<250>:　　　　//按 Enter 键退出绘制,沿墙布线的结果如图 2-102 所示。

图 2-104 选择导线图层

2.3.3 系统导线

调用"系统导线"命令，可以引出系统图或者原理图中的导线，并且在导线上按固定的间隔绘制短分隔线。

"系统导线"命令的执行方式如下：

➤ 命令行：输入"XTDX"按 Enter 键。

➤ 菜单栏：单击"导线"→"系统导线"命令。

执行上述任意一项操作，弹出【系统图—导线设置】对话框，如图 2-105 所示。选勾选"馈线"按钮，在图中分别点取导线的起点和终点，绘制常规状态馈线，结果如图 2-106 所示。

勾选"绘制分隔线"复选框，则绘制的馈线显示分格，且分隔的间距均为 750，结果如图 2-107 所示。

图 2-105 【系统图—导线设置】对话框　图 2-106 绘制常规状态馈线　　　　图 2-107 绘制分隔线

勾选"母线"按钮，绘制母线，结果如图 2-108 所示。

勾选"空心母线"复选框，绘制空心母线的结果如图 2-109 所示。

勾选"绘制分隔线"复选框，绘制带分隔线的母线，结果如图 2-110 所示。

图 2-108 绘制母线　　　　　　　图 2-109 绘制空心母线　　　　　图 2-110 绘制带分隔线的母线

使用"系统导线"命令与使用"平面布线"命令绘制导线的区别如下：

利用"系统导线"命令绘制的导线按等间距绘制短分隔线，这些分隔线的间距为 750，刚好是元件块长度的一半。在导线上插入电气元件时，插入点可以选择在分隔线与导线的交点上，保证绘图的准确和图形的美观。

只能绘制直导线，不能绘制弧线。

用户可以在如图 2-111 所示的【选项】对话框中的"电气设定"选项卡中设置系统图参数。在"系统图设置"选项组中，用户可以设置"系统母线""系统导线"的线宽和颜色。通过选择或者取消选择"系统导线带分隔线""关闭分隔线层"选项，可设置分隔线的显示效果。

图 2-111　【选项】对话框

2.3.4　任意导线

调用"任意导线"命令，可以在图中绘制直导线或者弧形导线。图 2-112 所示为调用任意导线命令的结果。

"任意导线"命令的执行方式如下：

➤　命令行：输入"RYDX"按 Enter 键。

➤　菜单栏：单击"导线"→"任意导线"命令。

下面以绘制如图 2-112 所示的导线为例，讲解调用"任意导线"命令的方法。

01　按 Ctrl+O 组合键，打开配套资源提供的"第 2 章/ 2.3.4 任意导线.dwg"素材文件，如图 2-113 所示。

图 2-112　任意导线

图 2-113　打开素材文件

[02] 在命令行中输入"RYDX"按 Enter 键,在【设置当前导线信息】对话框中选择导线图层为"照明"图层,如图 2-114 所示。

[03] 命令行提示如下:

命令:RYDX✔

请点取导线的起始点:(当前导线层->WIRE-照明;宽度->0.35;颜色->红)或[点取图中曲线(P)/点取参考点(R)]<退出>:   //单击 A 点。

直段下一点[弧段(A)/回退(U)}<结束>:   //单击 B 点。

直段下一点[弧段(A)/回退(U)]<结束>:   //单击 C 点。

直段下一点[弧段(A)/回退(U)]<结束>:   //单击 D 点,绘制导线的结果如图 2-115 所示。

图 2-114 选择导线图层

图 2-115 绘制导线

[04] 重复执行"RYDX"命令,继续绘制灯具与开关之间的连接导线,结果如图 2-112 所示。

提示

点取图中曲线(P):输入"P",再选择图中的直线或者多段线,可以发现在所选的线段上方创建了导线。

2.3.5 绘制光缆

调用"绘制光缆"命令,可以自定义光缆的路径以及光缆标识的间距。图 2-116 所示为调用"绘制光缆"命令的结果。

"绘制光缆"命令的执行方式如下:

➢ 命令行:输入"HZGL"按 Enter 键。

➢ 菜单栏:单击"导线" → "绘制光缆"命令。

执行上述任意一项操作,命令行提示如下:

命令:HZGL✔

请点取光缆的起始点:或[点取图中曲线(P)/点取参考点(R)]<退出>:

        //指定光缆的起点。

直段下一点 [弧段(A)/回退(U)}<结束>:   //移动光标指定光缆的终点。

请输入光缆标识的间距(ESC 退出) <500>:1500

        //输入间距,按 Enter 键即可绘制光缆,加工如图 2-116

所示。

图 2-116　绘制光缆

2.3.6　配电引出

调用"配电引出"命令，可以从配电箱中引出导线。图 2-117 所示为调用"配电引出"命令的绘制结果。

"配电引出"命令的执行方式如下：

➢ 命令行：输入"PDYC"按 Enter 键。

➢ 菜单栏：单击"导线"→"配电引出"命令。

下面以绘制如图 2-117 所示的导线为例，讲解调用"配电引出"命令的方法。

01 按 Ctrl+O 组合键，打开配套资源提供的"第 2 章/2.3.6 配电引出.dwg"素材文件，如图 2-118 所示。

图 2-117　配电引出

图 2-118　打开素材文件

02 在命令行中输入"PDYC"按 Enter 键，在【配电引出】对话框设置参数，如图 2-119 所示。

03 命令行提示如下：

命令：PDYC↙

请选取配电箱<退出>：　　　　//选择素材文件中的配电箱，光标向上移动，在合适的位置单击，按 Enter 键退出绘制，结果如图 2-117 所示。

在【配电引出】对话框中勾选"引出式"按钮，设置"引线距离"为 300，其他参数保持不变，如图 2-119 所示。绘制配电引出线的结果如图 2-120 所示。

图 2-119　【配电引出】对话框

图 2-120　绘制配电引出线

2.3.7 快速连线

调用"快速连线"命令，可迅速地将电气设备自动连接到桥架、母线、电缆沟。

"快速连线"命令的执行方式如下：

➤ 命令行：输入"KSLX"按 Enter 键。

➤ 菜单栏：单击"导线"→"快速连线"命令。

下面以绘制如图 2-121 所示的连接导线为例，讲解调用"快速连线"命令的方法。

[01] 按 Ctrl+O 组合键，打开配套资源提供的"第 2 章/2.3.7 快速连线.dwg"素材文件，如图 2-122 所示。

图 2-121　快速连线　　　　　　　　　　　图 2-122　打开素材文件

[02] 输入"KSLX"按 Enter 键，打开【快速连线】对话框，选择"分别连接"选项卡，设置参数，如图 2-123 所示。

[03] 单击"开始连接"按钮，在图中选择要连接的设备和线路，如图 2-124 所示。

[04] 按 Enter 键创建连接，结果如图 2-121 所示。

图 2-123　【快速连线】对话框　　　　　　　图 2-124　选择设备和线路

连接操作结束后，仍旧弹出【快速连线】对话框。选择"直线连接"选项卡，设置参数后单击"开始连接"按钮，在图中选择设备与线路，按 Enter 键创建连接，结果如图 2-125 所示。

图 2-125　创建"直线连接"

在"接线设置"选项组中取消选择"全选"选项，激活右侧的选项。在选项列表中显示出接线的类型，如图 2-126 所示。选择其中一种，即可创建指定的接线类型。

如果取消选择"全选"选项，系统会自动识别所选设备的类型来创建连接。

在"导线类型"列表中提供了多种类型的导线供用户选择，如图 2-127 所示。选择"自动连接导线"选项，则"导线类型"选项不可用。系统会自动识别所选设备并创建相应的导线类型。

图 2-126　接线类型

图 2-127　导线类型

2.3.8　设备连线

执行"设备连线"命令，可以使用相应导线连接同名设备，或者连接设备与主导线。图 2-128 所示为执行"设备连线"命令的操作结果。

设备连线命令的执行方式如下：

➢　命令行：输入"SBLX"按 Enter 键。

➢　菜单栏：单击"导线"→"设备连线"命令。

下面以绘制如图 2-128 所示的连接导线为例，讲解调用"设备连线"命令的方法。

01　按 Ctrl+O 组合键，打开配套资源提供的"第 2 章/ 2.3.8 设备连线.dwg"素材文件，如图 2-129 所示。

图 2-128　设备连线

图 2-129　打开素材文件

02　输入"SBLX"按 Enter 键,打开【设备连线】对话框。在"连接方式"选项组下选择"同名设备之间连线",设置"批量连线"样式,如图 2-130 所示。

03　在图中选择所有的设备,即可快速在不同类型的设备之间创建连接线路,如图 2-128 所示。

选择"分别连线"方式,可激活"回路编号"选项,用户可以自定义回路编号值,如图 2-131 所示。但是每次只能为同类型的设备创建连接线路。

图 2-130　【设备连线】对话框

图 2-131　选择连接类型

选择"将设备与主导线相连"选项,在图中分别选择主导线与设备,可在二者之间创建连接导线,如图 2-132 所示。

图 2-132　将设备与主导线相连

2.3.9　插入引线

调用"插入引线"命令,可以插入表示导线向上、向下引入或者引出的图块。图 2-133 所示为引线示例。

"插入引线"命令的执行方式如下：

➢ 命令行：输入"CRYC"按 Enter 键。

➢ 菜单栏：单击"导线"→"插入引线"命令。

下面以绘制如图 2-133 所示的引线为例，讲解调用"插入引线"命令的方法。

下引线　　　　　上引线　　　　　上下引线　　　　　同侧双引

图 2-133　引线示例

01 在命令行中输入 CRYC 按 Enter 键，弹出【插入引线】对话框，如图 2-134 所示。

02 命令行提示如下：

命令：CRYX↙

请点取要插入引线的位置点{引线翻转(A)} <退出>：

　　　　　　　　//在【插入引线】对话框中选择引线的类型，在图中点取位置，即可插入引线。

在执行命令的过程中，输入"A"，选择"引线翻转"选项，可以翻转引线的方向。

提示

在【插入引线】对话框中单击"尺寸"选项，在下拉列表中选择引线的尺寸，如图 2-135 所示。选择"引线翻转"选项，可以翻转引线的方向。

图 2-134　【插入引线】对话框

图 2-135　选择引线的尺寸

2.3.10　引线翻转

调用"引线翻转"命令，以 Y 轴为基准翻转引线。如图 2-136 所示为引线翻转的前后对比。

"引线翻转"命令的执行方式如下：

➢ 命令行：输入"YCFZ"按 Enter 键。

➢ 菜单栏：单击"导线"→"引线翻转"命令。

执行上述任意一项操作，命令行提示如下：

命令:YXFZ↙

请选定一个要翻转的引线 <退出>： //选择如图 2-136a 所示的引线，翻转结果如图
2-136b 所示。

a）翻转前 b）翻转后

图 2-136 引线翻转的前后对比

2.3.11 箭头转向

调用"箭头转向"命令，可以改变引线中箭头引线的方向。图 2-137 所示为执行"箭头转向"命令的操作结果。

"箭头转向"命令的执行方式如下：

➢ 命令行：输入"JTZX"按 Enter 键。

➢ 菜单栏：单击"导线"→"箭头转向"命令。

执行上述任意一项操作，命令行提示如下：

命令:JTZX↙

请选定一个要翻转的引线 <退出>： //选择如图 2-137a 所示的引线，结果如图
2-137b 所示。

a）操作前 b)操作后

图 2-137 箭头转向的前后对比

2.4 修改导线

修改导线的命令有导线置上、导线置下、断直导线等，执行这些命令可以对选中的导线进行再编辑，本节将介绍操作方法。

2.4.1 编辑导线

调用"编辑导线"命令，可以改变导线的线型、图层、颜色、线宽、回路编号、导线标注信息。

"编辑导线"命令的执行方式如下：

➢ 命令行：输入"BJDX"按 Enter 键。

➢ 菜单栏：单击"导线"→"编辑导线"命令。

执行上述任意一项操作，命令行提示如下：

命令：BJDX↵

请选取要编辑导线 <退出>：　　　　//选择导线，弹出【编辑导线】对话框，如图 2-138 所示。

在【编辑导线】对话框中可以修改导线的一系列属性，包括图层、颜色、线宽等。单击"天正线型库"按钮，弹出【天正线型库】对话框，如图 2-139 所示。在该对话框中可加载所需要的线型。

图 2-138　【编辑导线】对话框

图 2-139　【天正线型库】对话框

如果没有适用的线型，用户可以单击"文字线型"按钮，打开【带文字线型管理器】对话框，如图 2-140 所示。通过自定义参数，创建合适的线型，并存储入库，方便后续调用。

在【编辑导线】对话框中单击"导线标注"按钮，打开【导线标注】对话框。在该对话框中可以修改参数，重定义标注导线的方式，如图 2-141 所示。

图 2-140　【带文字线型管理器】对话框

图 2-141　【导线标注】对话框

2.4.2 导线置上

调用"导线置上"命令，调整选中导线的位置，使之位于其他导线之上，并在相交处打断，方便显示位于最上方的导线。图 2-142 所示为调用"导线置上"命令的结果。

"导线置上"命令的执行方式如下：

➢ 命令行：输入"DXZS"按 Enter 键。

➢ 菜单栏：单击"导线"→"导线置上"命令。

下面以调整如图 2-142 所示导线的位置为例，讲解调用"导线置上"命令的方法。

01 按 Ctrl+O 组合键，打开配套资源提供的"第 2 章 / 2.4.2 导线置上.dwg"素材文件，如图 2-143 所示。

02 在命令行中输入"DXZS"按 Enter 键，命令行提示如下：

命令：DXZS↙

请选取导线 <退出>:找到 2 个，总计 2 个   //分别选择 A 导线和 B 导线，按 Enter 键完成操作，导线置上的操作结果如图 2-142 所示。

图 2-142　导线置上

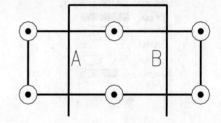

图 2-143　打开素材

提示

导线打断的间距可以通过以下方式进行调整：执行【工具】|【选项】命令，打开【选项】对话框，选择"电气设定"选项卡，在"平面图设置"选项组中的"导线打断间距"文本框中修改打断间距，如图 2-144 所示。

图 2-144　设置打断间距

2.4.3 导线置下

调用"导线置下"命令，可以调整选中导线的位置，使之位于其他导线的下方，并在相交处打断。图 2-145 所示是执行"导线置下"命令的结果。

"导线置下"命令的执行方式如下：

➤ 命令行：输入"DXZX"按 Enter 键。

➤ 菜单栏：单击"导线"→"导线置下"命令。

下面以调整如图 2-145 所示导线的位置为例，讲解调用导线置下命令的方法。

01 按 Ctrl+O 组合键，打开配套资源提供的"第 2 章/ 2.4.3 导线置下.dwg"素材文件，如图 2-146 所示。

02 在命令行中输入"DXZX"按 Enter 键，命令行提示如下：

命令:DXZX↙

请选取要被截断的导线 <退出>:找到 2 个，总计 2 个　　　//分别选择 A 导线和 B 导线，按 Enter 键完成操作，导线置下的操作结果如图 2-145 所示。

图 2-145　导线置下

图 2-146　打开素材文件

提示

可以通过绘制选框的方式选择待编辑的导线，被选中的导线会统一进行打断处理。

2.4.4 断直导线

调用"断直导线"命令，可以将直导线从与其相交的设备处断开。图 2-147 所示为执行"断直导线"命令的结果。

"断直导线"命令的执行方式如下：

➤ 命令行：输入"DZDX"按 Enter 键。

➤ 菜单栏：单击"导线"→"断直导线"命令。

下面以如图 2-147 所示的操作结果为例，讲解调用"断直导线"命令编辑导线的方法。

01 按 Ctrl+O 组合键，打开配套资源提供的"第 2 章/ 2.4.4 断直导线.dwg"素材文件，如图 2-148 所示。

02 在命令行中输入"DZDX"按 Enter 键,命令行提示如下:

命令:DZDX↙

请选取要从设备处断开的直导线 <退出>:　　　//选择 A 导线,断直导线的操作结果如图 2-147 所示。

图 2-147　断直导线　　　　　　　　　　　　图 2-148　打开素材文件

> [!提示]
> 本命令对弧导线没有用。

2.4.5 断导线

调用"断导线"命令,在导线上指定两点截断导线。图 2-149 所示为执行"断导线"命令的操作结果。

"断导线"命令的执行方式如下:

➤ 命令行:输入"DDX"按 Enter 键。

➤ 菜单栏:单击"导线"→"断导线"命令。

下面以打断如图 2-149 所示的导线为例,讲解调用"断导线"命令的方法。

01 按 Ctrl+O 组合键,打开配套资源提供的"第 2 章/ 2.4.5 断导线.dwg"素材文件,如图 2-150 所示。

02 在命令行中输入"DDX"按 Enter 键,命令行提示如下:

命令:DDX↙

请选取要打断的导线 <退出>:　　　　　//点取 A 点。

再点取该导线上另一截断点 <导线分段>:　　//点取 B 点,断导线的操作结果如图 2-149 所示。

图 2-149　断导线　　　　　　　　　　　　图 2-150　打开素材

2.4.6 导线连接

调用"导线连接"命令，可以连接被截断的两根导线。图 2-151 所示为执行"导线连接"命令的操作结果。

"导线连接"命令的执行方式如下：

➢ 命令行：输入"DXLJ"按 Enter 键。

➢ 菜单栏：单击"导线"→"导线连接"命令。

下面以连接如图 2-151 所示的导线为例，讲解调用导线连接命令的方法。

01 按 Ctrl+O 组合键，打开配套资源提供的"第 2 章/ 2.4.6 导线连接.dwg"素材文件，如图 2-152 所示。

02 在命令行中输入"DXLJ"按 Enter 键，命令行提示如下：

命令:DXLJ↙

请拾取要连接的第一根导线<退出>：　　　　//选择 A 导线。

请拾取要连接的第二根导线<退出>：　　　　//选择 B 导线，导线连接的结果如图 2-151 所示。

图 2-151 导线连接　　　　　　　　　　图 2-152 打开素材文件

提示

导线连接只能选择两根被打断的导线，且要求选中的两根导线位于同一直线或者同一弧线上。

2.4.7 导线圆角

调用"导线圆角"命令，可以用弧导线连接选中的直导线。图 2-153 所示为执行"导线圆角"命令的结果。

"导线圆角"命令的执行方式如下：

➢ 命令行：输入"DXYJ"按 Enter 键。

➢ 菜单栏：单击"导线"→"导线圆角"命令。

下面以绘制如图 2-153 所示的导线圆角为例，讲解调用"导线圆角"命令的方法。

01 按 Ctrl+O 组合键，打开配套资源提供的"第 2 章/ 2.4.7 导线圆角.dwg"素材文件，如图 2-154 所示。

02 在命令行中输入"DXYJ"按 Enter 键，命令行提示如下：

命令:DXYJ↙

圆角半径=300.000000

请拾取连接的主导线<退出>：　　　　　　　　　　　　　//拾取 A 导线。

请拾取要圆角的分支导线<倒拐角>：找到 1 个　　　　　　//拾取 a 导线。

请拾取要圆角的分支导线<倒拐角>：找到 1 个，总计 2 个 　　　　//拾取 b 导线。

请拾取要圆角的分支导线<倒拐角>：找到 1 个，总计 3 个 　　　　//拾取 c 导线。

请拾取要圆角的分支导线<倒拐角>：找到 1 个，总计 4 个 　　　　//拾取 d 导线。

请输入倒角大小（0 为导线延长）：500 　　　　　　　　　　//输入参数，光标向下

移动，单击鼠标左键，完成圆角操作，结果如图 2-153 所示。

图 2-153　导线圆角

图 2-154　打开素材文件

2.4.8 导线打散

调用"导线打散"命令，可以将 PLINE 导线打断，形成 N 个不相连的导线。图 2-155 所示为执行"导线打散"命令的结果。

"导线打散"命令的执行方式如下：

➢ 命令行：输入"DXDS"按 Enter 键。

➢ 菜单栏：单击"导线"→"导线打散"命令。

下面以打散如图 2-155 所示的导线为例，讲解调用"导线打散"命令的方法。

[01] 按 Ctrl+O 组合键，打开配套资源提供的"第 2 章/ 2.4.8 导线打散.dwg"素材文件，如图 2-156 所示。

[02] 在命令行中输入"DXDS"按 Enter 键，命令行提示如下：

命令：DXDS↙

请选取要打散的导线<退出>：找到 1 个 　　　　//选择 A 导线，按 Enter 键，导线被打散成

a、b、c、d 四根独立的导线，结果如图 2-155 所示。

图 2-155　导线打散

图 2-156　打开素材文件

2.4.9 导线擦除

调用"导线擦除"命令，可以擦除导线图层上的导线。如图 2-157 所示为执行"导线擦除"命令的结果。

"导线擦除"命令的执行方式如下：

➤ 命令行：输入"DXCC"按 Enter 键。

➤ 菜单栏：单击"导线"→"导线擦除"命令。

下面以如图 2-157 所示的操作结果为例，讲解调用"导线擦除"命令的方法。

[01] 按 Ctrl+O 组合键，打开配套资源提供的"第 2 章/2.4.9 导线擦除.dwg"素材文件，如图 2-158 所示。

[02] 在命令行中输入"DXCC"按 Enter 键，命令行提示如下：

命令：DXCC↙

请选取要擦除的导线 <退出>:找到 1 个   //选择 A 导线，按 Enter 键即可擦除导线，结果如图 2-157 所示。

图 2-157　导线擦除

图 2-158　打开素材文件

> **提示**
>
> 调用本命令，在选择导线的过程中不用担心会选中除了导线之外的其他图元。

2.4.10 擦短斜线

调用"擦短斜线"命令，可以擦除接地线和通信线等特殊线型中的短斜线。

"擦短斜线"命令的执行方式如下：

➤ 命令行：输入 CDXX 按 Enter 键。

➤ 菜单栏：单击"导线"→"擦短斜线"命令。

执行上述任意一项操作，命令行提示如下：

命令：CDXX↙

请选取要擦除的导线中的短斜线<退出>*取消*   //选择短斜线，完成擦除操作。

2.4.11 线型比例

调用"线型比例"命令，可以改变虚线层线段的线型，同时改变特殊线型虚线的线型。图 2-159 所示为调整线型比例的结果。

"线型比例"命令的执行方式如下：

➢ 命令行：输入"XXBL"按 Enter 键。

➢ 菜单栏：单击"导线"→"线型比例"命令。

下面以调整如图 2-159 所示的线型比例为参考，讲解调用"线型比例"命令的方法。

01 按 Ctrl+O 组合键，打开配套资源提供的"第 2 章 / 2.4.11 线型比例.dwg"素材文件，如图 2-160 所示。

02 在命令行中输入"XXBL"按 Enter 键，命令行提示如下：

命令：XXBL↙

请选择需要设置比例的线<整图修改>：找到 1 个   //选择导线。

请输入线型比例<1>3   //输入比例因子，按 Enter 键完成操作，结果如图 2-159 所示。

图 2-159 调整线型比例   图 2-160 打开素材文件

2.5 标注与平面统计

T20-Elec V6.0 在对设备和导线进行标注时主要包括两方面：一方面是在图中写入标注内容，另一方面是将标注的有关信息附加到导线或者设备上。这样标注的好处是，在绘制材料统计表时，T20-Elec V6.0 能够自动搜索附加在导线和设备上的信息，从而统计其型号和数量。

本节为介绍标注与平面统计的方法。

2.5.1 标注灯具

调用"标注灯具"命令，可以按照国际规定的格式对图中的灯具进行标注，同时将标注数据附加在被标注的灯具上。图 2-161 所示为执行"标注灯具"命令的操作结果。

"标注灯具"命令的执行方式如下：

➢ 命令行：输入"BZDJ"按 Enter 键。

➢ 菜单栏：单击"标注统计"→"标注灯具"命令。

下面以标注如图 2-161 所示的灯具为例，讲解调用"标注灯具"命令的方法。

01 按 Ctrl+O 组合键，打开配套资源提供的"第 2 章 / 2.5.1 标注灯具.dwg"素材文件，如图 2-162 所示。

02 在命令行中输入"BZDJ"按 Enter 键，打开【灯具标注信息】对话框，选择素材文件中的一个灯具图形，在对话框中将显示灯具信息，如图 2-163 所示。

03 单击"灯具型号"按钮，在弹出的【三管荧光灯】对话框中选择灯具的型号，如图 2-164 所示。

04 单击"确定"按钮返回【灯具标注信息】对话框，设置灯具型号的结果如图 2-165 所示。

05 重复上述操作，逐一设置灯具的属性，结果如图 2-166 所示。

第2章
平面图

$$1\text{-}YG6\text{-}3\ \frac{2\times36wxYZ}{2.9}\ SW$$

图 2-161 标注灯具

图 2-162 打开素材文件

图 2-163 【灯具标注信息】对话框

图 2-164 选择灯具型号

06 同时命令行提示如下:

命令:BZDJ↙

请选择需要标注信息的灯具:<退出>找到 1 个   //选择灯具;

请输入标注起点{修改标注[S]}<退出>:   //在灯具上指定标注起点;

请给出标注引出点<不引出>:   //指定标注引出点,标注灯具结果如图 2-161 所示。

图 2-165 设置结果

图 2-166 设置灯具属性

国标《电气简图用图形符号》GB/T 4728.11—2008 对图中灯具标注文字书写格式的规定如图 2-167 所示。

图 2-167 标注格式

a—灯具的数量   b—灯具的型号   c—灯具内灯泡的个数   d—单只灯泡功率（W）

e—灯具安装高度（m）   f—安装方式   l—光源种类

81

2.5.2 标注设备

调用"标注设备"命令，可以按照国际规定形式对图中的电力和照明设备进行标注，同时将标注数据附加在被标注的设备上。图 2-168 所示为执行"标注设备"命令的操作结果。

"标注设备"命令的执行方式如下：

➤ 命令行：输入"BZSB"按 Enter 键。

➤ 菜单栏：单击"标注统计"→"标注设备"命令。

下面以标注如图 2-168 所示的设备为例，讲解"标注设备"命令的调用方法。

01 按 Ctrl+O 组合键，打开配套资源提供的"第 2 章/ 2.5.2 标注设备.dwg"素材文件，如图 2-169 所示。

图 2-168　标注设备　　　　　　　　　　　　　　图 2-169　打开素材文件

02 在命令行中输入"BZSB"按 Enter 键，在弹出的【弱电设备标注信息】对话框中设置参数，如图 2-170 所示。

图 2-170　【弱电设备标注信息】对话框

03 命令行提示如下：

命令:BZSB↙

请选择需要标注信息的用电设备: <退出>　　　　　　　　//选择设备。

请输入标注起点{修改标注[S]}<退出>:　　　　　　　　//在设备上指定标注起点。

请给出标注引出点<不引出>:　　　//指定标注引出点，绘制设备标注的结果如图 2-168 所示。

2.5.3 标注开关

调用"标注开关"命令，可以为图中的开关输入信息参数，同时将标注数据附加在被标注的开关上。图 2-171 所示为执行"标注开关"命令的结果。

"标注开关"命令的执行方式如下：

> 命令行：输入"BZKG"按 Enter 键。

> 菜单栏：单击"标注统计"→"标注开关"命令。

下面以标注如图 2-171 所示的开关为例，讲解调用"标注开关"命令的方法。

01 按 Ctrl+O 组合键，打开配套资源提供的"第 2 章/2.5.3 标注开关.dwg"素材文件，如图 2-172 所示。

图 2-171 标注开关图   图 2-172 打开素材文件

02 在命令行中输入"BZKG"按 Enter 键，在【开关标注信息】对话框中设置参数，如图 2-173 所示。

03 命令行提示如下：

命令：BZKG↙

请选择需要标注信息的开关：<退出>：   //选择开关图形。

请输入标注起点{修改标注[S]}<退出>：   //指定标注的起点。

请给出标注引出点<不引出>：   //指定引出点，标注开关的结果如图 2-171 所示。

《电气简图用图形符号》GB/T 4728.11—2008 中对开关或者熔断器标注格式的规定如图 2-174 所示。

图 2-173 【开关标注信息】对话框

图 2-174 标注格式

a—设备编号 b—规格型号 c—额定电流（A）i—整定电流（A）

2.5.4 标注插座

调用"标注插座"命令，可以为选中的插座输入信息参数，同时将标注数据附加在被标注的插座上。图 2-175 所示为执行"标注插座"命令的结果。

"标注插座"命令的执行方式如下：

> 命令行：输入 BZCZ 按 Enter 键。

➢ 菜单栏：单击"标注统计"→"标注插座"命令。

下面以标注如图 2-175 所示的插座为例，讲解调用"标注插座"命令的方法。

☐01 按 Ctrl+O 组合键，打开配套资源提供的"第 2 章/ 2.5.4 标注操作.dwg"素材文件，如图 2-176 所示。

☐02 在命令行中输入"BZCZ"按 Enter 键，在【插座标注信息】对话框中设置参数，如图 2-177 所示。

图 2-175　标注插座

图 2-176　打开素材文件

图 2-177　【插座标注信息】对话框

☐03 命令行提示如下：

```
命令：BZCZ↙
请选择需要标注信息的插座：<退出>：              //选择插座。
请输入标注起点{修改标注[S]}<退出>：            //指定标注起点。
请给出标注引出点<不引出>：                      //指定引出点,标注插座的结果如图2-175所示。
```

2.5.5 标导线数

调用"标导线数"命令，在导线上标注其根数。图 2-178 所示为执行"标导线数"命令的结果。

"标导线数"命令的执行方式如下：

➢ 命令行：输入 BDXS 按 Enter 键。

➢ 菜单栏：单击"标注统计"→"标导线数"命令。

下面以标注如图 2-178 所示的导线根数为例，讲解调用"标导线数"命令的方法。

☐01 按 Ctrl+O 组合键，打开配套资源提供的"第 2 章/ 2.5.5 标导线数.dwg"素材文件，如图 2-179 所示。

☐02 在命令行中输入"BDXS"按 Enter 键，在【标注】对话框中单击"3 根"按钮勾选"多线标注"按钮，如图 2-180 所示。

☐03 命令行提示如下：

命令：BDXS↙

请选取要标注的导线(多选，标注在导线中间)<退出>:找到 5 个，总计 5 个
　　　　　　//选择导线，按 Enter 键完成操作，结果如图 2-178 所示。

图 2-178　标导线数

图 2-179　打开素材

执行【工具】|【选项】命令，打开【选项】对话框。选择"电气设定"选项卡，在"标导线数"选项组中设置标注导线根数的样式，如图 2-181 所示。

图 2-180　【标注】对话框

图 2-181　【选项】对话框

2.5.6 改导线数

调用"改导线数"命令，可以修改已有导线根数标注。图 2-182 所示为执行"改导线数"命令的结果。

"改导线数"命令的执行方式如下：

➢　命令行：输入 GDXS 按 Enter 键。

➢　菜单栏：单击"标注统计"→"改导线数"命令。

下面以修改如图 2-182 所示的导线标注为例，讲解调用"改导线数"命令的方法。

01　按 Ctrl+O 组合键，打开配套资源提供的"第 2 章/ 2.5.6 改导线数.dwg"素材文件，如图 2-183 所示。

02　在命令行中输入"GDXS"按 Enter 键，命令行提示如下：

命令:GDXS↙

请选择要修改的导线根数标注<退出>:　　　　　　　　　　//单击导线根数标注，在【修改导线根数】对话框中修改参数如图 2-184 所示。

03　单击"确定"按钮关闭对话框，修改结果如图 2-182。

图 2-182 改导线数

图 2-183 打开素材文件

图 2-184 【修改导线根数】对话框

2.5.7 导线标注

调用"导线标注"命令，可以按照国际规定的格式标注平面图中的导线。图 2-185 所示为执行"导线标注"命令的结果。

"导线标注"命令的执行方式如下：

➢ 命令行：输入 DXBZ 按 Enter 键。

➢ 菜单栏：单击"标注统计"→"导线标注"命令。

下面以标注如图 2-185 所示的导线为例，讲解调用"导线标注"命令的方法。

图 2-185 导线标注

01 按 Ctrl+O 组合键，打开配套资源提供的"第 2 章 / 2.5.7 导线标注.dwg"素材文件，如图 2-186 所示。

02 在命令行中输入"DXBZ"按 Enter 键，在导线上单击鼠标右键，在弹出的【导线标注】对话框中设置参数，如图 2-187 所示。

03 命令行提示如下：

命令：DXBZ↵

请选择导线(左键进行标注，右键进行修改信息)<退出>　　　　　　//在【导线标注】对话框中单击"确定"按钮，在图中选择待标注的导线。

请给出文字线落点<退出>：   //向右上角移动光标，然后单击，导线标注的结
果如图 2-185 所示。

图 2-186　打开素材文件

图 2-187　【导线标注】对话框

> **提示**
>
> 　　在【导线标注】对话框中，先设置"导线型号""配线方式" "导线规格"选项参数，然后单击
> "穿管直径"按钮，即可自动计算所需要的导线穿线管直径。

2.5.8　多线标注

　　调用"多线标注"命令，可同时标注多根导线信息。如图 2-188 所示为执行"多线标注"命令的结果。

　　"多线标注"命令的执行方式如下：

> ➤　　命令行：输入"DDXB"按 Enter 键。
> ➤　　菜单栏：单击"标注统计"→"多线标注"命令。

　　下面以标注如图 2-188 所示的多根导线为例，讲解调用"多线标注"命令的方法。

01　按 Ctrl+O 组合键，打开配套资源提供的"第 2 章/2.5.8 多线标注.dwg"素材文件，如图 2-189 所示。

图 2-188　多线标注

图 2-189　打开素材文件

02　在命令行中输入"DDXB"按 Enter 键，命令行提示如下：

命令：DDXB✔

请点取标注线的第一点<退出>：   //指定 A 点。

请拾取第二点<退出>:	//指定 B 点。
请选择文字的落点[简标(A)]:	//指定文字的落点，绘制多线标注的结果如

图 2-188 所示。

在命令行提示"请选择文字的落点[简标（A）]:"时，输入"A"，选择"简标"选项，仅标注多根导线的回路编号，如图 2-190 所示。

图 2-190　"简标"格式

2.5.9　沿线文字

调用"沿线文字"命令，可以在导线上方写入文字，或者断开导线并在导线的断开处写入文字。图 2-191 所示为执行沿线文字"命令的操作结果。

沿线文字"命令的执行方式如下：

➢ 命令行：输入 YXWZ 按 Enter 键。

➢ 菜单栏：单击"标注统计"→"沿线文字"命令。

下面以绘制如图 2-191 所示的文字为例，讲解调"沿线文字"命令的方法。

01 单击"导线"→"沿线文字"命令，在弹出的【沿线文字】对话框中设置参数，如图 2-192 所示。

02 命令行提示如下：

命令:YXWZ2↙

请拾取要标注的导线[回退(U)]<退出>:	//拾取要标注的导线，完成文字标注的结果

如图 2-191 所示。

————F————————————F————

图 2-191　沿线文字　　　　　　　　图 2-192　【沿线文字】对话框

03 在【沿线文字】对话框中的"沿线文字"文本框中输入"TV",选择"导线之上"按钮,绘制沿线文字标注的结果如图 2-193 所示。

04 在【沿线文字】对话框中的"沿线文字"文本框中输入"B",选择"带导线"按钮,绘制沿线文字标注的结果如图 2-194 所示。

TV TV	B/ B/
图 2-193　在导线之上创建标注	图 2-194　绘制带导线文字标注

2.5.10　回路编号

调用"回路编号"命令,可以为线路和设备标注回路编号。图 2-195 所示为标注回路编号的结果。

"回路编号"命令的执行方式如下:

➢ 命令行:输入"HLBH"按 Enter 键。

➢ 菜单栏:单击"标注统计"→"回路编号"命令。

下面以标注如图 2-195 所示的回路编号为例,讲解调用"回路编号"命令的方法。

01 按 Ctrl+O 组合键,打开配套资源提供的"第 2 章/ 2.5.10 回路编号.dwg"素材文件,如图 2-196 所示。

图 2-195　回路编号

图 2-196　打开素材文件

02 在命令行中输入"HLBH"按 Enter 键,弹出【回路编号】对话框,如图 2-197 所示。

03 单击"回路编号"按钮,在弹出的对话框中选择编号,如图 2-198 所示。

图 2-197　【回路编号】对话框

图 2-198　选择编号

04 命令行提示如下：

命令：HLBH↙

请选取要标注的导线 <退出>：　　　　　　//选择待标注的导线。

请给出文字线落点<退出>：　　　　　　//指定点，标注回路编号的结果如图 2-195 所示。

【回路编号】对话框中三种编号方式的介绍如下：

➢ 自由标注：根据"回路编号"选项中的值，标注选中的导线。

➢ 自动加一：以"回路编号"选项中的值为基数，创建一次标注，回路编号的值就自动加一，实现递增标注。

➢ 自动读取：不受"回路编号"选项值的影响，自动读取导线信息创建标注。

2.5.11 沿线箭头

调用"沿线箭头"命令，可以沿导线插入表示电源引入或者引出的箭头。图 2-199 所示为绘制沿线箭头的结果。

"沿线箭头"命令的执行方式如下：

➢ 命令行：输入"YXJT"按 Enter 键。

➢ 菜单栏：单击"标注统计"→"沿线箭头"命令。

执行上述任意一项操作，命令行提示如下：

命令：YXJT↙

请拾取要标箭头的导线 <退出>：　　　　　//选择导线，指定箭头的方向，绘制沿线箭头的结果如图 2-199 所示。

图 2-199　绘制沿线箭头

2.5.12 引出标注

调用"引出标注"命令，可以对指定的标注点做内容标注。图 2-200 所示为绘制引出标注的结果。

"引出标注"命令的执行方式如下：

➢ 命令行：输入"YCBZ"按 Enter 键。

➢ 菜单栏：单击"标注统计"→"引出标注"命令。

下面以绘制如图 2-200 所示的标注为例，讲解调用引出标注命令的方法。

01 按 Ctrl+O 组合键，打开配套资源提供的"第 2 章/2.5.12 引出标注.dwg"素材文件，如图 2-201 所示。

02 在命令行中输入"YCBZ"按 Enter 键，在【引出标注】对话框中设置参数，如图 2-202 所示。

03 命令行提示如下：

命令：YCBZ↙

请给出标注第一点<退出>：　　　　　　　　//单击指定起点。

输入引线位置或〔更改箭头型式(A)〕<退出>:　　　//向上移动光标。

点取文字基线位置<退出>:　　　　　　　　//向右移动光标,单击完成操作,标注结果

如图 2-200 所示。

图 2-200　绘制引出标注

图 2-201　打开素材文件

图 2-202　【引出标注】对话框

2.5.13 回路检查

调用"回路检查"命令,可以检查图中各个回路的设备与线路,并给回路赋值,统计本回路的总功率和设备数量。图 2-203 所示为执行"回路检查"命令后所绘制的统计表。

回路编号	回路功率	材料名称	规格	数量
WL1	0.00	伞形纱罩宣杆灯(非标)	W	6
		穿低压流体输送用焊接钢管(钢导管)敷设	SC15	9.82
		BV导线	BV,2.5	19.64

图 2-203　回路检查

"回路检查"命令的执行方式如下:

➤　命令行:输入"HLJC"按 Enter 键。

➤　菜单栏:单击"标注统计"→"回路检查"命令。

执行上述任意一项操作,命令行提示如下:

命令:HLJC↙

请选择图纸范围<整张图>:指定对角点:找到 14 个　　　　　　　　　　　//选择图形并按 Enter 键。

命令：点取表格位置(如果想在已有表格追加表行，请点选已有表格)<退出>

　　　　　　　　　　　//在如图 2-204 所示的【回路赋值检查】对话框中显示统计信息。

单击对话框左下角的"显示统计信息"按钮，向右弹出统计结果。单击右下角的"统计表"按钮，点取插入点，绘制统计表格，结果如图 2-203 所示。

图 2-204　【回路赋值检查】对话框

2.5.14　消重设备

调用"消重设备"命令，可以删除重合的相同设备和相同导线，以免在材料统计或者生成系统时发生错误。

"消重设备"命令的执行方式如下：

➤　命令行：输入"XCSB"按 Enter 键。

➤　菜单栏：单击"标注统计"→"消重设备"命令。

执行上述任意一项操作，命令行提示如下：

命令:XCSB✓

请选择范围<退出>:指定对角点:找到 30 个

请选择范围<退出>：共删除 5 个重复设备和导线！

选择图形范围，按 Enter 键即可完成操作。

2.5.15　拷贝信息

调用"拷贝信息"命令，可以浏览图中平面导线及设备的信息，并将信息复制到指定的对象中。值得注意的是，回路信息不能被复制。

"拷贝信息"命令的执行方式如下：

➤　命令行：输入"KBXX"按 Enter 键。

➤　菜单栏：单击"标注统计"→"拷贝信息"命令。

下面以如图 2-205 所示的拷贝结果为例，介绍"拷贝信息"命令的操作方式。

01 按 Ctrl+O 组合键，打开配套资源提供的"第 2 章/ 2.5.15 拷贝信息.dwg"素材文件，结果如图 2-206 所示。

图 2-205 拷贝信息

图 2-206 打开素材文件

请注意观察源文件和目标文件中灯具信息的显示结果。在源文件中，灯具被赋予多种属性，包括灯具名称、灯具型号、灯泡功率以及安装方式等。

在目标文件中，灯具的属性显示为"无信息"。通过执行"拷贝信息"命令，可以将源文件中的灯具信息拷贝至目标文件中。

02 输入"KBXX"按 Enter 键，命令行提示如下：

命令：KBXX↙

请选择拷贝源设备或导线 (左键进行拷贝，右键进行编辑) <退出>   // 在源文件中选择灯具，接着移动光标，在目标文件中选择灯具，此时被选中的两个灯具均显示为红色，如图 2-207 所示。

图 2-207 选择图形

03 执行上述操作后，源文件中的灯具信息被复制到目标文件中。

04 按 Enter 键再调用 "KBXX" 命令，将光标置于目标文件中的灯具之上，可以显示灯具信息，如图 2-205 所示。

执行 "KBXX" 命令后，在图形上单击右键，可在弹出的对话框中修改设备的信息。分别在灯具及开关上单击右键，可弹出相应的对话框，如图 2-208 和图 2-209 所示。

图 2-208 【灯具标注信息】对话框

图 2-209 【开关标注信息】对话框

执行 "拷贝信息" 命令仅能复制图形的信息。以灯具为例，可以拷贝的信息包括灯具的型号、灯泡功率、灯泡个数等，不能拷贝图形本身。

2.5.16 设备定义

调用 "设备定义" 命令，按图例集体定义整张图纸中的设备信息。

"设备定义" 命令的执行方式如下：

➤ 命令行：输入 "SBDY" 按 Enter 键。

➤ 菜单栏：单击 "标注统计" → "设备定义" 命令。

执行 "SBDY" 命令，调出如图 2-210 所示的【设备定义】对话框。可在该对话框中分别对灯具、开关、插座、配电箱以及用电设备进行定义。

在 "灯具参数" 选项卡中的 "灯具种类" 列表中显示出了灯具的名称，选择灯具，可在左下角的预览框中预览灯具的样式。

单击 "灯具型号" 按钮，可在对话框中设置灯具的型号。

在 "灯泡数" 选项中设置灯泡数量。

分别单击 "灯泡功率" 按钮、"安装方式" 按钮、"光源种类" 按钮、"安装高度" 按钮，可以在相应的对话框中设置灯具的信息。

单击 "删除灯具" 按钮，可删除 "灯具种类" 列表中选中的灯具。

单击 "新增灯具" 按钮，可调出灯具列表，如图 2-211 所示。选择灯具，可将选中的灯具显示在 "灯具种类" 列表中。

如果在 "应急灯具" 选项卡 "灯具种类" 列表中显示空白，用户可以单击 "新增灯具" 按钮，在弹出的列表中选择灯具，如图 2-212 所示。添加灯具后，在右侧的参数面板中可设置灯具信息，如图 2-213 所示。

在 "开关参数" 选项卡中可对开关的种类、额定电流、整定电流、设备型号、安装高度等信息进行设置，如图 2-214 所示。

图 2-210　"灯具参数"选项卡

图 2-211　灯具列表

图 2-212　选择灯具

图 2-213　设置参数

在"插座参数"选项卡中可设置插座的种类、额定电流、设备型号、功率、安装高度等信息，如图 2-215 所示。

图 2-214　"开关参数"选项卡

图 2-215　"插座参数"选项卡

95

在"配电箱参数"选项卡中可设置配电箱的种类、箱体编号、设备型号、安装高度等信息,如图2-216所示。

选择"动力参数"选项卡,单击"新增设备"按钮,可添加设备,并在右侧的参数面板中设置设备的信息,如图2-217所示。

图 2-216 "配电箱参数"选项卡

图 2-217 "动力参数"选项卡

单击"图面赋值"按钮,可选择要更新赋值的设备完成修改。

2.5.17 平面统计

调用"平面统计"命令,可统计平面图中的设备信息,并根据这些信息生成统计表。图 2-218 所示为绘制的统计表。

"平面统计"命令的执行方式如下:

➤ 命令行:输入"PMTJ"按 Enter 键。

➤ 菜单栏:单击"标注统计"→"平面统计"命令。

下面以绘制如图 2-218 所示的统计表为例,讲解调用"平面统计"命令的方法。

序号	图例	名称	规格	单位	数量	备注
1		双管荧光灯		盏	6	
2		普通灯		盏	34	
3		三联开关		个	4	
4		四联开关		个	2	
5		BV导线	BV,2.5	米	139.9	(结果不含垂直长度)
6		穿低压流体输送用焊接钢管(钢导管)敷设	SC15	米	69.9	(结果不含垂直长度)

图 2-218 绘制统计表

01 按 Ctrl+O 组合键,打开配套资源提供的"第 2 章/2.5.17 平面统计.dwg"素材文件,如图 2-219 所示。

02 在命令行中输入"PMTJ"按 Enter 键,命令行提示如下:

命令:PMTJ↙

请选择统计范围[按楼层统计(A)/选取闭合 PLINE(P)]<整张图>指定对角点:找到 86 个

//选择统计范围，按 Enter 键，在【平面设备统计】对话框中显示统计信息，如图 2-220 所示。

点取表格左上角位置或 [参考点 (R)]<退出>：　　　//点取插入点，绘制统计表的结果如图 2-218 所示。

图 2-219　打开素材文件

图 2-220　【平面设备统计】对话框

2.5.18 统计查询

调用"统计查询"命令，可重新统计材料表中某项的数量，并将查询结果与材料表中的数量做对比。

"统计查询"命令的执行方式如下：

➤ 命令行：输入"TJCX"并按 Enter 键。

➤ 菜单栏：单击"标注统计"→"统计查询"命令。

下面以在 2.5.17 节中绘制的统计表为例，讲解调用"统计查询"命令的方法。

输入"TJCX"并按 Enter 键，命令行提示如下：

命令：TJCX↙

请点取要查询材料的表行<退出>　　　//选择表行，如图 2-221 所示。

总共选中了 48 个图块

序号	图例	名称	规格	单位	数量	备注
1	⊨	双管荧光灯		盏	6	
3	●	三联开关		个	4	
4	●	四联开关		个	2	
5		BV导线	BV,2.5	米	139.9	(结果不含垂直长度)
6		穿低压流体输送用焊接钢管(钢导管)敷设	SC15	米	69.9	(结果不含垂直长度)

图 2-221　选择表行

在与统计表相对应的图形中，普通灯被全部选中，如图 2-222 所示。不属于选定表行统计范围的其他图形不在被选取的范围内。

97

图 2-222　选中普通灯

2.5.19　合并统计

调用"合并统计"命令，可以合并两个统计表，使其成为一张统计表。该命令只对天正表格有效。图 2-223 所示为执行"合并统计"命令的结果。

"合并统计"命令的执行方式如下：

➢　命令行：输入"HBTJ"并按 Enter 键。

➢　菜单栏：单击"标注统计"→"合并统计"命令。

下面以合并如图 2-223 所示的表格为例，讲解调用"合并统计"命令的方法。

序号	图例	名称	规格	单位	数量	备注
1		BV导线	2.5	米	139.9	222，(结果不含垂直长度)
2		焊接钢管	SC15	米	69.9	(结果不含垂直长度)
3		三联开关		个	4	
4		单相暗装插座		个	1	
5		双联开关		个	1	
6		四联开关		个	2	
7		带保护接点插座		个	2	
8		带保护接点暗装插座		个	2	
9		电视插座		个	1	
10		双管荧光灯		盏	6	
11		普通灯		盏	34	

图 2-223　合并统计的结果

01　按 Ctrl+O 组合键，打开配套资源提供的"第 2 章 / 2.5.19 合并统计.dwg"素材文件，结果如图 2-224 所示。

序号	图例	名称	规格	单位	数量	备注
1		双管荧光灯		盏	6	
2		普通灯		盏	34	
3		三联开关		个	4	
4		四联开关		个	2	
5		BV导线	2.5	米	139.9	222，(结果不含垂直长度)
6		焊接钢管	SC15	米	69.9	(结果不含垂直长度)

序号	图例	名称	规格	单位	数量	备注
1		带保护接点暗装插座		个	2	
2		双联插座		个	1	
3		带保护接点插座		个	2	
4		电视插座		个	1	
5		单相暗装插座		个	1	

图 2-224　打开素材文件

02　在命令行中输入"HBTJ"按 Enter 键，命令行提示如下：

命令：HBTJ↙

请选择要合并的天正统计表格:<退出>指定对角点:找到 2 个　　　//选择两个表格;
　点取新表格左上角位置或[参考点(R)]<退出>:　　　　　　　//点取插入点,合并表
格的结果如图 2-223 所示。

2.5.20　显示半径

调用"显示半径"命令,可在图中显示设备的有效半径圆圈。

"显示半径"命令的执行方式如下:

➢　命令行:输入"XSBJ"并按 Enter 键。

➢　菜单栏:单击"标注统计"→"显示半径"命令。

执行上述任意一项操作,命令行提示如下:

命令:XSBJ✓

请选择一个样板设备或[多样板设备选择(M)]<退出>:　　　//选择设备,如图 2-225 所示。

请选择范围(或选择闭合曲线):

操作成功

选择设备并按 Enter 键,即可在图中显示设备的半径圆圈,如图 2-226 所示。

图 2-225　选择设备

图 2-226　显示半径圆圈

在执行"显示半径"命令之前,首先要定义设备的有效半径。选择设备,执行"设备定义"命令,在【设备定义】对话框中的"有效半径"选项中设置参数,如图 2-227 所示。

值得注意的是,普通灯具不需要为其设置"有效半径"值,在【设备定义】对话框中也没有提供设置"有效半径"值的选项,如图 2-228 所示。

图 2-227　设置半径值

图 2-228　没有"有效半径"选项

2.5.21 隐藏半径

调用"隐藏半径"命令，可以隐藏图中设备有效半径值的圆圈。

"隐藏半径"命令的执行方式如下：

➢ 命令行：输入"YCBJ"并按 Enter 键。

➢ 菜单栏：单击"标注统计"→"隐藏半径"命令。

执行上述任意一项操作，命令行提示如下：

命令:YCBJ↙

请选择一个样板设备或[多样板设备选择(M)]<退出>：

请选择范围（或选择闭合曲线）：

操作成功

选择设备，按 Enter 键，即可隐藏其半径圆圈。

2.6 接地防雷

T20-Elec V6.0 提供了专门的接地防雷命令，例如自动避雷、自动接地、绘制避雷线等。使用专门的命令绘制避雷线，可以避免在自动搜索导线来制作材料表时将避雷线误认为是导线。

本节将介绍绘制和编辑避雷线的方法。

2.6.1 自动避雷

调用"自动避雷"命令，可自动搜索封闭的外墙线，沿墙线按一定的偏移距离绘制避雷线，同时插入支持卡。图 2-229 所示为执行"自动避雷"命令的结果。

"自动避雷"命令的执行方式如下：

➢ 命令行：输入"ZDBL"按 Enter 键。

➢ 菜单栏：单击"接地防雷"→"自动避雷"命令。

下面以绘制如图 2-229 所示的避雷线为例，讲解调用"自动避雷"命令的方法。

外墙线

避雷线

支持卡

图 2-229　绘制避雷线

01 按 Ctrl+O 组合键，打开配套资源提供的"第 2 章/ 2.6.1 自动避雷.dwg"素材文件，结果如图 2-230 所示。

02 在命令行中输入"ZDBL"按 Enter 键，命令行提示如下：

> 命令：ZDBL↙
>
> 请选择范围：<退出>指定对角点：找到 4 个　　　　　//选择墙体按 Enter 键，在【自动避雷】对话框中设置参数，如图 2-231 所示。

图 2-230　打开素材文件

图 2-231　【自动避雷】对话框

03 单击"确定"按钮，绘制避雷线，并按指定的间距布置支持卡，如图 2-229 所示。

在【自动避雷】对话框中选择"墙体外轮廓线"选项，设置"偏移距离"值，如图 2-232 所示。单击"确定"按钮，命令行提示如下：

> 命令：ZDBL↙
>
> 请选择范围：<退出>指定对角点：找到 4 个
>
> 是否确认是建筑外包围线<Y>：　　　　　//按 Enter 键。

将"偏移距离"设置为负值，将使避雷线向外偏移，反之则向内偏移。绘制向外偏移避雷线的结果如图 2-233 所示。

图 2-232　设置参数

图 2-233　绘制避雷线

2.6.2　自动接地

调用"自动接地"命令，可自动搜索封闭的外墙线，沿墙线按一定的偏移距离绘制接地线。绘制结果如图 2-234 所示。

"自动接地"命令的执行方式如下：

➢ 命令行：输入"ZDJD"按 Enter 键。

➢ 菜单栏：单击"接地防雷"→"自动接地"命令。

下面以绘制如图 2-234 所示的接地线为例，讲解调用"自动接地"命令的方法。

01 按 Ctrl+O 组合键，打开配套资源提供的"第 2 章/ 2.6.2 自动接地.dwg"素材文件，结果如图 2-235 所示。

图 2-234　绘制接地线

图 2-235　打开素材文件

02 在命令行中输入"ZDJD"按 Enter 键，命令行提示如下：

命令：ZDJD↙

请选择范围：<退出>指定对角点：找到 10 个

03 选择范围后按 Enter 键，在【自动接地】对话框中设置参数，如图 2-236 所示。

04 单击"确定"按钮，绘制接线，结果如图 2-234 所示。

在【自动接地】对话框中选择"墙体外轮廓线"选项，设置"偏移距离"值可以自定义接地线的位置。图 2-237 所示为沿着外墙线绘制接地线的效果。

图 2-236　设置参数

图 2-237　沿着外墙线绘制接地线

2.6.3 接闪线

调用"接闪线"命令，可以手动点取外墙线，并沿墙线按一定的偏移距离绘制接闪线（即避雷线）。绘制结果如图 2-238 所示。

"接闪线"命令的执行方式如下：

➤ 命令行：输入"JSX"按 Enter 键。

➤ 菜单栏：单击"接地防雷"→"接闪线"命令。

下面以绘制如图 2-238 所示的接闪线为例，讲解调用"接闪线"命令的方法。

01 按 Ctrl+O 组合键，打开配套资源提供的"第 2 章/ 2.6.3 接闪线.dwg"素材文件，如图 2-239 所示。

02 在命令行中输入"JSX"按 Enter 键，命令行提示如下：

```
命令:JSX↙
请点取接闪线的起始点:或[点取图中曲线(P)/点取参考点(R)]<退出>：    //点取 A 点。
直段下一点[弧段(A)/回退(U)}  <结束>：              //点取 B 点。
直段下一点[弧段(A)/回退(U)]  <结束>：              //点取 C 点。
直段下一点[弧段(A)/回退(U)]  <结束>：              //点取 D 点。
请点取接闪线偏移的方向 <不偏移>：                  //在房间内单击。
请输入接闪线到外墙线或屋顶线的距离 <120.00>:200
                          //输入距离按 Enter 键，绘制接闪线的结果如图 2-238 所示。
```

图 2-238　绘制接闪线

图 2-239　打开素材文件

> **提示**
>
> 在执行"JSX"命令的过程中，输入"P"，选择"点取图中曲线"选项，可以在 PLINE、LINE、ARC 的基础上绘制接闪线。

2.6.4　接地线

调用"接地线"命令，可在图中绘制接地线，图 2-240 所示为绘制结果。

"接地线"命令的执行方式如下：

➤ 命令行：输入"JDX"按 Enter 键。

➤ 菜单栏：单击"接地防雷"→"接地线"命令。

执行上述任意一项操作，命令行提示如下：

命令:JDX✔

请点取接地线的起始点或[点取图中曲线(P)/点取参考点(R)]<退出>:   //单击起始点。

直段下一点[弧段(A)/回退(U)]<结束>:   //单击终止点,

按 Enter 键,绘制接地线的结果如图 2-240 所示。

图 2-240 绘制接地线

提示

使用"导线擦除"命令可以删除接地线。

2.6.5 绘接地网

调用"绘接地网"命令,可设置间距绘制接地网。图 2-241 所示为绘制结果。

"绘接地网"命令的执行方式如下:

➢ 命令行:输入"HJDW"按 Enter 键。

➢ 菜单栏:单击"接地防雷"→"绘接地网"命令。

下面以绘制如图 2-241 所示的接地网为例,讲解调用"绘接地网"命令的方法。

01 按 Ctrl+O 组合键,打开配套资源提供的"第 2 章/ 2.6.5 绘接地网.dwg"素材文件,结果如图 2-242 所示。

图 2-241 绘制接地网

图 2-242 打开素材文件

02 输入"HJDW"按 Enter 键,打开【绘接地网】对话框。选择"水平方向"选项,设置"间距" "个数"参数,如图 2-243 所示。

03 选择"垂直方向"选项,设置参数,如图 2-244 所示。

04 命令行提示如下:

命令:HJDW✔

请选择插入点[旋转 90 度(A)/左右翻转(S)/上下翻转(D)/改转角(R)]

05 在墙中心线的位置指定点,绘制接地网的结果如图 2-241 所示。

【绘接地网】对话框介绍如下:

水平方向、垂直方向:选择此组互锁按钮,确定绘制接地线的方向。

间距：设置水平或垂直方向上的数据，可单击右方数值栏或在下拉列表中获得，也可以直接输入。

图 2-243　设置"水平方向"参数

图 2-244　设置"垂直方向"参数

个数：设置"间距"栏中数据的重复次数，可以手动输入参数。

键入：输入一组数据，用空格隔开，数据自动输入到电子表格中。

清空、恢复上次：把某一组尺寸"间距"数据栏清空，或者把上次绘制的参数恢复到对话框中。

接地极：设置是否插入接地极以及接地极间距。不勾选时控件暗显不可用，且生成的接地线上没有接地极。该选项只有在接地线样式为"普通线型+图块"时才能被激活，如图 2-245 所示。

图 2-245　设置线型样式

单向线长：设定单向接地线的长度。仅在只有一个方向参数时可用，如"水平方向"或"垂直方向"。可以在对话框中直接输入"线长"，也可以单击"单向线长"按钮 单向线长< ，通过指定起始点和第二点的方式设定接地线的长度。

2.6.6　插支持卡

调用"插支持卡"命令，可以在避雷线指定位置插入支持卡，图 2-246 所示为绘制结果。

"插支持卡"命令的执行方式如下：

➤　命令行：输入"CZCK"按 Enter 键。

> 菜单栏：单击"接地防雷"→"插支持卡"命令。

下面以布置如图 2-246 所示的支持卡为例，讲解调用"插支持卡"命令的方法。

01 按 Ctrl+O 组合键，打开配套资源提供的"第 2 章/ 2.6.6 插支持卡.dwg"素材文件，如图 2-247 所示。

02 在命令行中输入"CZCK"按 Enter 键，命令行提示如下：

命令:CZCK↙

请指定支持卡的插入点 <退出>：   //在避雷线上指定位置。

请指定支持卡的插入点 <退出>：   //继续指定位置，插支持卡的结果如图 2-246 所示。

图 2-246　插支持卡

图 2-247　打开素材文件

2.6.7　删支持卡

调用"删支持卡"命令，可删除图中避雷线上的支持卡。调用本命令删除支持卡，可以保证不会误选其他图形。

"删支持卡"命令的执行方式如下

> 命令行：输入"SZCK"按 Enter 键。
> 菜单栏：单击"接地防雷"→"删支持卡"命令。

在命令行中输入"SZCK"按 Enter 键，命令行提示如下：

命令:SZCK↙

请选择要删除支持卡的范围<退出>指定对角点：找到 6 个

选择支持卡，按 Enter 键，即可将之删除。

2.6.8　擦接闪线

调用"擦接闪线"命令，可以将图上的接闪线（避雷线）擦除。调用本命令删除接闪线，可以保证接闪线以外的图形不会被误选。

"擦接闪线"命令的执行方式如下：

> 命令行：输入"CJSX"按 Enter 键。
> 菜单栏：单击"接地防雷"→"擦接闪线"命令。

在命令行中输入"CJSX"按 Enter 键，命令行提示如下：

命令:CJSX↙

请选择要删除的接闪线<退出>找到 5 个

选择接闪线，按 Enter 键即可将其擦除。

2.6.9 插接地极

调用"插接地极"命令，可在接地线中插入接地极，图 2-248 所示为绘制结果。

"插接地极"命令的执行方式如下：

➤ 命令行：输入"CJDJ"命令按 Enter 键。

➤ 菜单栏：单击"接地防雷"→"插接地极"命令。

下面以布置如图 2-248 所示的接地极为例，讲解调用"插接地极"命令的方法。

[01] 按 Ctrl+O 组合键，打开配套资源提供的"第 2 章/2.6.9 插接地极.dwg"素材文件，如图 2-249 所示。

[02] 在命令行中输入"CJDJ"按 Enter 键，命令行提示如下：

命令：CJDJ↙

请点取要接地极端子的点<退出>：   //单击 A 点;

请点取要接地极端子的点<退出>：   //单击 B 点，插接地极的结果如图 2-248 所示。

图 2-248 插接地极   图 2-249 打开素材文件

2.6.10 删除地极

调用"删接地极"命令，可以将接地线中的接地极删除。

"删接地极"命令的执行方式如下：

➤ 命令行：输入"DZCC"按 Enter 键。

➤ 菜单栏：单击"接地防雷"→"删接地极"命令。

在命令行中输入"DZCC"按 Enter 键，命令行提示如下：

命令:DZCC↙

请选择要删除的端子、接地极或线中文字:<退出>找到 3 个

选择接地极，按 Enter 键即可将其删除。

2.6.11 避雷设置

调用"避雷设置"命令，可设置避雷参数，包括保护范围颜色、标注设置、字体大小及颜色等。

"避雷设置"命令的执行方式如下：

单击"接地防雷"→"滚球避雷"→"避雷设置"命令，弹出【避雷计算（滚球法）设置】对话框。在该对话框中设置颜色、线宽、标注以及字体等参数，如图 2-250 所示。

如果要修改颜色的类型，可以在"颜色"列表中选择"选择颜色"选项，打开【选择颜色】对话框，

如图 2-251 所示。在该对话框中选择颜色，单击"确定"按钮即可。

图 2-250　设置参数

图 2-251　【选择颜色】对话框

2.6.12　插接闪杆

接闪杆就是指避雷针，直接接受雷击的金属杆。

调用"插接闪杆"命令，可在图中插入接闪杆。图 2-252 所示为绘制结果。

"插接闪杆"命令的执行方式如下：

➢　命令行：输入 CJSG 命令按 Enter 键。

➢　菜单栏：单击"接地防雷"→"滚球避雷"→"插接闪杆"命令。

下面以绘制如图 2-252 所示的图形为例，讲解调用"插接闪杆"命令的方法。

01　在命令行中输入"CJSG"按 Enter 键，弹出【插接闪杆】对话框，设置参数，如图 2-253 所示。

02　命令行提示如下：

命令：CJSG↵

请选择插入点/旋转<A><退出>：　　　　　　//指定插入点，插接闪杆的结果如图 2-252 所示。

图 2-252　插接闪杆

图 2-253　【插接闪杆】对话框

> 提示
>
> 接闪杆（避雷针）插入平面图之后会自动形成保护范围。如果插入多个接闪杆（避雷针），则自动生成联合保护范围。

2.6.13 改接闪杆

调用"改接闪杆"命令，可修改已有接闪杆（避雷针）的参数，图 2-254 所示为修改结果。

"改接闪杆"命令的执行方式如下：

➤ 命令行：输入"GJSG"按 Enter 键。

➤ 菜单栏：单击"接地防雷"→"滚球避雷"→"改接闪杆"命令。

下面以如图 2-254 所示的修改结果为例，讲解调用"改接闪杆"命令的方法。

01 按 Ctrl+O 组合键，打开配套资源提供的"第 2 章/2.6.13 改接闪杆.dwg"素材文件，如图 2-255 所示。

图 2-254　改接闪杆结果

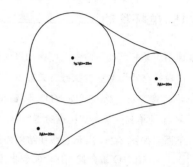

图 2-255　打开素材文件

02 在命令行中输入"GJSG"按 Enter 键，命令行提示如下：

命令：命令:GJSG✓

请选择要编辑的接闪杆<退出>：　　　　　　//选择接闪杆，弹出【单杆编辑（滚球法）】对话框，修改参数，如图 2-256 所示。

图 2-256　【单杆编辑（滚球法）】对话框

03 单击"更新"按钮，完成接闪杆的修改，结果如图 2-254 所示。

2.6.14 删接闪杆

调用"栅接闪杆"命令，可删除已布置的接闪杆（避雷针）。选择需要删除的接闪杆（避雷针），按

Enter 键也可将其删除。调用 AutoCAD 中的 ERASE（删除）命令，也可以直接删除接闪杆（避雷针）。接闪杆被删除后，其联合防护区域会自动更新。

"栅接闪杆"命令的执行方式如下：

➤ 命令行：输入"SJSG"按 Enter 键。

➤ 菜单栏：单击"接地防雷"→"滚球避雷"→"删接闪杆"命令。

输入"SJSG"按 Enter 键，命令行提示如下：

```
命令：SJSG↙
    请选择要删除的接闪杆：<退出>找到 1 个
```

选择接闪杆，按 Enter 键即可将之删除。

2.6.15 单杆移动

调用"单杆移动"命令，可移动接闪杆（避雷针）的位置，图 2-257 所示为移动结果。

"单杆移动"命令的执行方式如下：

➤ 命令行：输入"DGYD"按 Enter 键。

➤ 菜单栏：单击"接地防雷"→"滚球避雷"→"单杆移动"命令。

下面以如图 2-257 所示的移动结果为例，讲解调用单杆移动命令的方法。

01 按 Ctrl+O 组合键，打开配套资源提供的"第 2 章/2.6.15 单杆移动.dwg"素材文件，如图 2-258 所示。

02 在命令行中输入"DGYD"按 Enter 键，命令行提示如下：

```
命令：DGYD↙
    请选择要移动的接闪杆<退出>：                  //选择接闪杆。
    请选择要移动到的位置<退出>：                  //将接闪杆移动到目标点，松开鼠标左键即可完
成操作，结果如图 2-257 所示。
```

图 2-257 单杆移动

图 2-258 打开素材文件

提示

调用"MOVE"命令也可对避雷针执行移动操作。

2.6.16 插接闪塔

调用"插接闪塔"命令，可按照所设置的参数布置接闪塔，图 2-259 和图 2-260 所示为绘制结果。

"插接闪塔"命令的执行方式如下：

➢ 命令行：输入"CJST"按 Enter 键。

➢ 菜单栏：单击"接地防雷"→"滚球避雷"→"插接闪塔"命令。

下面以绘制如图 2-259、图 2-260 所示的接闪塔为例，讲解调用"插接闪塔"命令的方法。

图 2-259　接闪塔的二维样式

图 2-260　接闪塔的三维样式

01 输入"CJST"按 Enter 键，打开【插接闪塔】对话框，设置参数如图 2-261 所示。

图 2-261　【插接闪塔】对话框

02 命令行提示如下：

命令:tel_CJST↵

请选择插入点<退出>：　　　//指定点插入接闪塔，如图 2-259 所示。

03 切换至三维视图，观察接闪塔的三维效果，如图 2-260 所示。

2.6.17 绘接闪线

调用"绘接闪线"命令，可在图中绘制接闪线（即避雷线）。图 2-262 所示为绘接闪线的结果。

"绘接闪线"命令的执行方式如下：

➢ 命令行：输入"HJSX"按 Enter 键。

➢ 菜单栏：单击"接地防雷"→"滚球避雷"→"绘接闪线"命令。

下面以绘制如图 2-262 所示的接闪线为例，讲解调用"绘接闪线"命令的方法。

01 在命令行中输入"HJSX"按 Enter 键，在【绘接闪线】对话框中设置参数，如图 2-263 所示。

02 命令行提示如下：

命令:HJSX↵

请点取接闪线起始点[平行于参照接闪线(P)/指定角度 0~360(A)]<P>：　　　　　　//点取 A 点。

请点取接闪线结束点<退出>：　　　　　　　　　　　　//点取 B 点，绘制结果如图 2-262 所示。

图 2-262　绘接闪线

图 2-263　【绘接闪线】对话框

在【绘接闪线】对话框中选择"最大弧垂"选项，分别设置"塔高""弧垂"参数，如图 2-264 所示。然后在图中依次指定点绘制接闪线，结果如图 2-265 所示。

图 2-264　设置参数

图 2-265　绘接闪线

命令行中的选项介绍如下：

平行于参照接闪线（P）：输入"P"，所绘制的接闪线与作为参照的接闪线方向一致，即水平、垂直、倾斜。

指定角度 0~360（A）：输入"A"，指定角度创建接闪线。

2.6.18　改接闪线

调用"改接闪线"命令，可修改接闪线。

"改接闪线"命令的执行方式如下：

➢　命令行：输入"GJSX"按 Enter 键。

➢　菜单栏：单击"接地防雷"→"滚球避雷"→"改接闪线"命令。

输入"GJSX"按 Enter 键，命令行提示如下：

命令：TEL_GJSX✔

请选择需要修改的接闪线：<退出>　　//选择接闪线，打开【改接闪线】对话框，如图 2-266 所示。

图 2-266 【改接闪线】对话框

在对话框中修改参数，单击"确定"按钮关闭对话框，完成操作。

2.6.19 删接闪线

调用"删接闪线"命令，可删除选中的接闪线。利用本命令的好处是，除了接闪线之外其他的图形不会被误选。

"删接闪线"命令的执行方式如下：

➢ 命令行：输入"SJSX"按 Enter 键。

➢ 菜单栏：单击"接地防雷"→"滚球避雷"→"删接闪线"命令。

输入"SJSX"按 Enter 键，命令行提示如下：

命令:tel_SJSX↙

请选择要删除的接闪线:<退出>找到 1 个　　　//选择接闪线，按 Enter 键即可将之删除。

2.6.20 单线移动

调用"单线移动"命令，可移动图上的接闪线。

"单线移动"命令的执行方式如下：

➢ 命令行：输入"DXYD"按 Enter 键。

➢ 菜单栏：单击"接地防雷"→"滚球避雷"→"单线移动"命令。

输入"DXYD"按 Enter 键，命令行提示如下：

命令:tel_DXYD↙

请选择要移动的接闪线:<退出>　　　　//选择接闪线。

请指定基点<退出>:　　　　//指定基点。

请选择要移动到的位置<退出>　　　　//指定点，移动接闪线的位置。

2.6.21 标注半径

调用"标注半径"命令，可标注接闪杆的保护半径值，图 2-267 所示为标注半径的结果。

"标注半径"命令的执行方式如下：

➢ 命令行：输入"BZBJ"按 Enter 键。

> 菜单栏：单击"接地防雷"→"滚球避雷"→"标注半径"命令。

下面以标注如图 2-267 所示的半径为例，讲解调用"标注半径"命令的方法。

01 按 Ctrl+O 组合键，打开配套资源提供的"第 2 章/ 2.6.21 标注半径.dwg"素材文件，如图 2-268 所示。

02 输入"BZBJ"按 Enter 键，命令行提示如下：

命令：BZBJ↙

请选择要标注的对象：<退出>   //选中外圆轮廓。

选择标注的方向：   //移动光标，指定标注方向，标注半径如图 2-267 所示。

图 2-267　标注半径

图 2-268　打开素材文件

2.6.22 标注 BX 值

调用"标注 BX 值"命令，可标注双杆间距及双杆连线到联合保护区域边线的最短距离 BX 值，图 2-269 所示为标注 BX 值的结果。

"标注 BX 值"命令的执行方式如下：

> 命令行：输入"BZBX"按 Enter 键。
> 菜单栏：单击"接地防雷"→"滚球避雷"→"标注 BX 值"命令。

下面以如图 2-269 所示的标注结果为例，讲解调用"标注 BX 值"命令的方法。

01 按 Ctrl+O 组合键，打开配套资源提供的"第 2 章/ 2.6.22 标注 BX 值.dwg"素材文件，如图 2-270 所示。

02 输入"BZBX"按 Enter 键，命令行提示如下：

命令：BZBX↙

标注接闪杆(Z)/标注接闪线(L)：<Z>   //按 Enter 键。

请选择第一个保护圆<退出>：   //框选左边的接闪杆。

请选择第二个保护圆<退出>：   //框选右边的接闪杆。

请选择两保护圆之间的保护区域边界<退出>：   //单击两圆间保护区域边界，标注结果如图 2-269 所示。

图 2-269　标注 BX 值

图 2-270　打开素材文件

2.6.23 单避雷表

调用"单避雷表"命令，可绘制防雷范围单杆保护表，图 2-271 所示为绘制单避雷表的结果。

"单避雷表"命令的执行方式如下：

➤ 命令行：输入"DBLB"按 Enter 键。

➤ 菜单栏：单击"接地防雷"→"滚球避雷"→"单避雷表"命令。

输入"DBLB"按 Enter 键，命令行提示如下：

命令：DBLB↙

统计接闪杆(Z)/统计接闪线(L)：<Z>   //按 Enter 键。

请选择单杆防护表的插入位置<退出>：   //点取插入位置，结果如图 2-271 所示。

接闪杆单杆保护范围表

接闪杆组号	接闪杆编号	滚球半径r(米)	接闪杆高度h(米)	保护高度hx(米)/ 保护半径rx(米)	备注
1	1#	45	25.00	15.00/6.77	
1	2#	45	20.00	15.00/3.88	

图 2-271　单避雷表

2.6.24 双避雷表

调用"双避雷表"命令，可绘制防雷范围双杆保护表，图 2-272 所示为绘制双避雷表的结果。

"双避雷表"命令的执行方式如下：

➤ 命令行：输入"SBLB"按 Enter 键。

➤ 菜单栏：单击"接地防雷"→"滚球避雷"→"双避雷表"命令。

输入"SBLB"按 Enter 键，命令行提示如下：

命令：SBLB↙

统计接闪杆(Z)/统计接闪线(L)：<Z>   //按 Enter 键。

请选择双杆防护表的插入位置<退出>：   //点取插入位置，结果如图 2-272 所示。

接闪杆双杆联合保护范围表

接闪杆组号	接闪杆编号	滚球半径r(米)	保护高度hx(米)	两杆间距d(米)	联合保护范围bx(米)	备注
1	1# - 2#	60	15.00	17.45	4.99	
1	1# - 3#	60	15.00	30.96	4.03	
1	1# - 4#	60	15.00	25.83	4.68	
1	2# - 3#	60	15.00	15.00	4.40	
1	2# - 4#	60	15.00	17.70	4.15	
1	3# - 4#	60	15.00	14.15	4.47	

图 2-272　双避雷表

2.6.25 避雷剖切

调用"避雷剖切"命令，可对防雷三维的保护范围进行剖切并生成剖面图，图 2-273 所示为生成的剖面图的结果。

"避雷剖切"命令的执行方式如下：

➤ 命令行：输入"BLPQ"按 Enter 键。

➤ 菜单栏：单击"接地防雷"→"滚球避雷"→"避雷剖切"命令。

输入"BLPQ"并按 Enter 键，命令行提示如下：

```
命令:BLPQ↙
请输入剖切编号<1>:              //按 Enter 键默认剖切编号。
点取第一个剖切点<退出>:         //在避雷针上方单击鼠标左键。
点取第二个剖切点<退出>:         //在避雷针下方单击鼠标左键。
点取剖视方向<当前方向>:         //在避雷针右边单击鼠标左键，绘制剖切符号，如图 2-274 所示。
请点取剖面放置位置<退出>:       //点取剖切面的位置，结果如图 2-273 所示。
```

图 2-273　生成剖面图

图 2-274　绘制剖切符号

2.6.26　计算书

调用"计算书"命令，可计算防雷范围接闪杆的相关信息并绘制保护计算书。要注意的是，图中必须存在两个或两个以上的接闪杆才能使用该命令。

"计算书"命令的执行方式如下：

➤ 命令行：输入"LJSS"按 Enter 键。

➤ 菜单栏：单击"接地防雷"→"滚球避雷"→"计算书"命令。

输入"LJSS"按 Enter 键，命令行提示如下：

```
命令:tel_LJSS↙
选择导出计算书类型[0.接闪杆1.接闪线] <0>        //按 Enter 键，保持默认选择。
```

系统会自动生成 Word 文档格式的"滚球法防雷设计计算书"，如图 2-275 所示。在文档中可以查看计算过程的步骤、参考参数等。

图 2-275　计算书

2.6.27 建筑高度

调用"建筑高度"命令，可对建筑物（闭合的 PLINE 线或者 3D 实体）进行高度赋值。

"建筑高度"命令的执行方式如下：

➤ 命令行：输入"JZGD"按 Enter 键。

➤ 菜单栏：单击"接地防雷"→"滚球避雷"→"建筑高度"命令。

输入"JZGD"按 Enter 键，根据命令行的提示选择 PLINE 线、圆或 3D 实体，输入高度参数即可完成定义建筑高度的操作。

输入"JZGD"按 Enter 键，命令行提示如下：

命令:tel_JZGD↙

请选择 PLINE 线，圆，3D 实体或建筑外轮廓[W]:找到 1 个　　　　//选择图形。

请输入高度(m):2.5　　　　//输入值，按 Enter 键，完成定义高度的操作。

2.6.28 查看三维

调用"查看三维"命令，可查看三维避雷区域，图 2-276 所示为查看三维接闪杆避雷区域的结果。

"查看三维"命令的执行方式如下：

➤ 命令行：输入"CK3W"按 Enter 键。

➤ 菜单栏：单击"接地防雷"→"滚球避雷"→"查看三维"命令。

下面以查看如图 2-276 所示的避雷区域为例，讲解调用"查看三维"命令的方法。

01 按 Ctrl+O 组合键，打开配套资源提供的"第 2 章/2.6.28 查看三维.dwg"素材文件，如图 2-277 所示。

02 输入"CK3W"按 Enter 键，命令行提示如下：

命令:CK3W↙

请选择需要查看三维显示的接闪杆<全部>:找到 1 个　　　　//选择接闪杆，按 Enter 键结束操作，结果如图 2-276 所示。

图 2-276　查看三维接闪杆避雷区域

图 2-277　打开素材文件

2.6.29 还原二维

调用"还原二维"命令，可以将三维显示转换为二维显示。

"还原二维"命令的执行方式如下：

➤ 命令行：输入"HY2W"按 Enter 键。

➤ 菜单栏：单击"接地防雷"→"滚球避雷"→"还原二维"命令。

输入"HY2W"按 Enter 键，即可将三维样式显示的避雷针转换为二维样式。

2.6.30 年雷击数

调用"年雷击数"命令，可计算某一地区单位面积一年内遭受雷击的次数。

"年雷击数"命令的执行方式如下：

➤ 命令行：输入"NLJS"按 Enter 键。

➤ 菜单栏：单击"接地防雷"→"滚球避雷"→"年雷击数"命令。

执行"NLJS"命令，弹出如图 2-278 所示的【建筑物防雷】对话框，该对话框中各选项的含义如下：

"长（L）""宽（W）""高（G）"选项：设置建筑物的长、宽、高尺寸。

"矩形建筑"按钮▢：单击该按钮，可在对话框左上角的预览框中显示矩形轮廓线，并在预览框的右侧显示矩形建筑物的各项参数。

"L 形建筑"按钮⌐：单击该按钮，可在预览框中显示 L 形轮廓线，在右侧显示 L 形建筑的各项参数，如图 2-279 所示。

图 2-278 【建筑物防雷】对话框

图 2-279 L 形轮廓线

"单边圆弧形建筑"按钮◖：单击该按钮，可在预览框中显示单边弧形圆建筑的轮廓线，且可通过设置右侧的选项参数来控制建筑物的显示样式，如图 2-280 所示。

"从图纸上拾取建筑物外轮廓"按钮🖊：单击该按钮，可在图中分别指定起始点和对角点来拾取建筑物的外轮廓线。

"绘制建筑物外轮廓"按钮▦：单击该按钮，可以按照所设定的参数来绘制建筑物外轮廓。

与周边建筑物关系列表：可在列表中设置防雷建筑与周边建筑物的关系，如图 2-281 所示。

"建筑物等效面积"选项：在选项中可设置面积参数。

"校正系数（K）"按钮：单击该按钮，弹出【选定校正系数】对话框，可设置系数类型，如图 2-282 所示。

图 2-280　单边圆弧形建筑的轮廓线　　　　　　　图 2-281　与周边建筑物关系列表

图 2-282　【选定校正系数】对话框

"建筑物属性"选项：在列表中可选择建筑物的属性，如一般工业性建筑物、高耸建筑物等，如图 2-283 所示。

图 2-283　"建筑物属性"选项

"地区参数"选项组：在其中可设置地区、年平均雷暴日、年平均密度参数，如图 2-284 所示。

单击选项组右侧的地图按钮，弹出如图 2-285 所示的【选择地区数据】对话框，可在对话框的下侧设置地区数据。

选择"添加地区数据"选项卡，在如图 2-286 所示的对话框中可设置新增地区的参数，如城市名称、年平均雷暴日等。

图 2-284　"地区参数"选项组

图 2-285　【选择地区数据】对话框　　　　　图 2-286　"添加地区数据"选项卡

"计算结果"选项组：

在"年预计雷击次数（N）"选项中可显示计算结果，在"防雷类别"选项中可设置建筑物的防雷类别，如图 2-287 所示。

"计算"按钮 [图]：单击该按钮，可按照所设定的参数来计算建筑物的年雷击次数。

"计算书"按钮 [图]：单击该按钮，将计算结果以 Word 格式输出。

"绘制表格"按钮 [图]：单击该按钮，可绘制表格来标注计算结果。

"说明"按钮 [图]：单击该按钮，弹出如图 2-288 所示的对话框，在其中可对"公式"和"防雷分类"信息进行说明。

图 2-287　"计算结果"选项组

图 2-288　说明内容

2.7 变配电室

在 T20-Elec V6.0 中，变配电室的绘制可分为房屋建筑、室内变配电设备、生成剖面及尺寸标注。其中，房屋建筑部分及尺寸标注的大部分绘制工作可以直接调用建筑绘图命令来绘制。其他类型的变配电设备（如变压器、配电柜、走线槽等）可以使用 T20-Elec V6.0 提供的变配电室绘制命令来完成。

本节将介绍变配电室命令的调用方法。

2.7.1 绘制桥架

调用"绘制桥架"命令，可在图中绘制桥架。图 2-289、图 2-290 所示为桥架的二维样式和三维样式。

图 2-289 桥架的二维样式

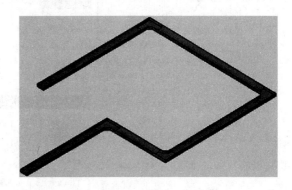

图 2-290 桥架的三维样式

"绘制桥架"命令的执行方式如下：

➢ 命令行：输入"HZQJ"再按 Enter 键。

➢ 菜单栏：单击"变配电室"→"绘制桥架"命令。

输入"HZQJ"按 Enter 键，弹出【绘制桥架】对话框，如图 2-291 所示。

图 2-291 【绘制桥架】对话框

该对话框中的选项介绍如下：

水平：有"上边""中边""下边"三种选择，默认选择"中边"。

垂直：有"底部""中心""顶部"三种选择，默认选择"底部"。

偏移：桥架与基准点的距离。当值为 0 时，桥架的中心与基准点重合，如图 2-292 所示。当值为 300

时，桥架中心与基准点的间距为 300，如图 2-293 所示。

锁定角度：基准线在允许的角度范围内（15°）偏移，绘制的电缆沟角度不偏移。取消选择该项，电缆沟的角度将随着基准线角度的改变而改变。

"＋""—"：增加或者删除一行桥架。

桥架的属性包括"系统""类型""宽×高""标高 m""大跨距""盖板""隔板""通道"，可以在列表中设置或者直接修改属性。

单击"设置"按钮，弹出【桥架样式设置】对话框，如图 2-294 所示，以幻灯片的形式显示桥架的拐角样式。

图 2-292　桥架中心与基准点重合

图 2-293　桥架中心与基准点的间距为 300

图 2-294　【桥架样式设置】对话框

"显示设置"选项组介绍如下：

显示分段：是否显示桥架分段。

分段尺寸：设置桥架分段的尺寸。

边线宽度：设置桥架边线的宽度。

边线加粗：选择该选项，将按照桥架设置的边线宽度来加粗显示桥架边线。

显示中心线：选择是否显示桥架中心线。

中线加粗：选择"显示中心线"选项可激活该选项。

中线宽度：选择"中线加粗"选项，可以在选项中设置宽度值。

显示遮挡、遮挡延伸：设置两段不同标高，对有遮挡关系的桥架可控制是否显示遮挡虚线，还可以自定义遮挡延伸的距离。

显示桥架件连接线：选择是否显示桥架构件（如弯通、三通等）与桥架相连的连接线。

显示隔板：选择是否显示设置有隔板的桥架隔板线。

"其他设置"选项组介绍如下：

移动桥架关联拉伸：控制相关联的桥架通过"MOVE"（移动）命令移动其中一段桥架时，其他相关联的桥架是否联动。

层间距离：当增加一层桥架时，标高为其上一层桥架标高+层间距离。

在【桥架样式设置】对话框中单击"标注设置"按钮，打开【桥架标注设置】对话框，如图 2-295 所示，在其中可以对字体的颜色、字高、字距等属性进行设置。在"标注样式"列表中提供了三种标注样式，在右侧可以幻灯片的方式显示。在"标注的内容"列表中可以对标注内容进行设置、选择。单击向上箭头 ↑、向下箭头 ↓ 可控制标注排列的顺序。

单击"系统设置"按钮，打开【桥架系统设置】对话框，在其中选择系统类型，可设置图层、颜色、线型等参数，如图 2-296 所示。

图 2-295 【桥架标注设置】对话框

图 2-296 【桥架系统设置】对话框

参数设置完毕后，命令行提示如下：

命令：HZQJ↙

TELCABLEADD

请选取第一点： //点取起点。

请选取下一点[回退(U)/弧形桥架(A)]：*取消* //继续点取相应的点，绘制桥架的结果如图 2-289、图 2-290 所示。

2.7.2 绘电缆沟

调用"绘电缆沟"命令，在图中绘制电缆沟，图 2-297 所示为绘制结果。

"绘电缆沟"命令的执行方式如下：

➢ 命令行：输入"HDLG"按 Enter 键。

➢ 菜单栏：单击"变配电室"→"绘电缆沟"命令。

下面以绘制如图 2-297 所示的电缆沟为例，讲解调用"绘电缆沟"命令的方法。

01 输入"HDLG"按 Enter 键，系统弹出【绘制电缆沟】对话框，选择电缆沟的样式并设置各项参数，如图 2-298 所示。

02 在"支架"选项组"形式"下拉列表中选择支架的形式，如图 2-299 所示。

03 命令行提示如下：

命令:HDLG✔

请选择电缆沟起点：　　　　　　　　//指定起点。

请选择下一点[回退(u)]：　　　　　　//继续点取相应的点，绘制电缆沟，结果如图 2-297 所示。

图 2-297　绘制电缆沟

图 2-298　【绘制电缆沟】对话框

图 2-299　选择支架的形式

2.7.3　改电缆沟

调用"改电缆沟"命令，可修改图上的电缆沟参数，图 2-300 所示为修改结果。

"改电缆沟"命令的执行方式如下：

➢　命令行：输入"GDLG"按 Enter 键。

➢　菜单栏：单击"变配电室"→"改电缆沟"命令。

下面以修改如图 2-300 所示的电缆沟为例，讲解调用"改电缆沟"命令的方法。

01　按 Ctrl+O 组合键，打开配套资源提供的"第 2 章/ 2.7.3 改电缆沟.dwg"素材文件，结果如图 2-301 所示。

图 2-300　改电缆沟

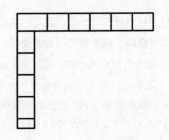

图 2-301　打开素材文件

02　输入"GDLG"按 Enter 键，命令行提示如下：

选择要编辑的电缆沟<退出>:找到 2 个,总计 2 个   //选择电缆沟,按 Enter 键,弹

出【编辑电缆沟】对话框,修改参数如图 2-302 所示。

03 单击"确定"按钮,完成电缆沟的修改,结果如图 2-300 所示。

图 2-302 【编辑电缆沟】对话框

2.7.4 连电缆沟

调用"连电缆沟"命令,可将选中的几段电缆沟进行连接,并生成三通弯头,图 2-303 所示为连接
结果。

"连电缆沟"命令的执行方式如下:

➢   命令行:输入"LDLG"按 Enter 键。

➢   菜单栏:单击"变配电室"→"连电缆沟"命令。

下面以连接如图 2-303 所示的电缆沟为例,讲解调用"连电缆沟"命令的方法。

01 按 Ctrl+O 组合键,打开配套资源提供的"第 2 章/2.7.4 连电缆沟.dwg"素材文件,如图 2-304
所示。

02 输入"LDLG"按 Enter 键,命令行提示如下:

命令:LDLG↙

请选择两段或三段电缆沟!

找到 3 个,总计 3 个   //选中三段电缆沟,按 Enter 键完成操作,结果如图 2-303 所示。

图 2-303 连电缆沟   图 2-304 打开素材文件

125

2.7.5 插变压器

调用"插变压器"命令，可在变配电设计图中插入干式或油式变压器设备，图 2-305、图 2-306 所示为插入变压器的结果。

图 2-305　干式变压器

图 2-306　油式变压器

"插变压器"命令的执行方式如下：

➤　命令行：输入"CBYQ"按 Enter 键。

➤　菜单栏：单击"变配电室"→"插变压器"命令。

执行上述任意一项操作，弹出【变压器选型插入】对话框，如图 2-307 所示。单击对话框右上角的选项，在列表中选择不同类型的变压器，对话框的界面会进行相应的改变，如图 2-308 所示为选择"油式变压器"时对话框的显示样式。

图 2-307　【变压器选型插入】对话框

图 2-308　选择"油式变压器"

在【变压器选型插入】对话框中提供了三种放置变压器方向的按钮，选择一种放置方式，可在左侧以幻灯片的方式显示放置示意图。

在对话框的下方提供了两种图形的显示方式，分别为"简图""精细"。用户可以根据需要进行选择。右下角是变压器的尺寸选项，可修改参数自定义变压器的尺寸。

参数设置完成后，单击"确定"按钮，根据命令行的提示，在图中点取位置，绘制干式变压器的结果如图 2-305 所示。

在【变压器选型插入】对话框中选择"油式变压器"选项，显示三种放置变压器的方式，选择其中一项后单击"确定"按钮，弹出【平面变压器尺寸设定】对话框，如图 2-309 所示。

在对话框的左侧示意图中显示出了变压器的样式，其与右侧的尺寸相对应。"变压器总长""变压器总宽"这两项参数是必须设置的。选择"其他尺寸随长宽变化"选项后，变压器的其他细部尺寸都会随着变压器长宽的改变而改变。取消选择该项，则需要逐一对其他尺寸参数进行设置。

图 2-309　【平面变压器尺寸设定】对话框

选择"图形镜像"选项，在插入变压器时，将按照镜像的方式插入设备。

参数设置完成后，单击"确定"按钮，根据命令行的提示，指定目标点，绘制油式变压器的结果如图 2-306 所示。

2.7.6　插电气柜

调用"插电气柜"命令，可在变配电室设计图中按要求插入电气柜设备，图 2-310 所示为调用"插电气柜"命令的结果。

"插电气柜"命令的执行方式如下：

➢　命令行：输入"CDQG"按 Enter 键。

➢　菜单栏：单击"变配电室"→"插电气柜"命令。

执行上述任意一项操作，弹出【绘制电气柜平面】对话框，如图 2-311 所示。可在对话框中设置电气柜参数，包括"数量""柜长""柜厚""柜高"等。

图 2-310　插电气柜

图 2-311　【绘制电气柜平面】对话框

【绘制电气柜平面】对话框中的选项介绍如下：

数量：设置电气柜的数量。

柜长、柜厚、柜高：分别设置电气柜的长度、厚度以及高度。

标高：电气柜的安装高度，即距离地面的高度。

类型：在列表中选择电气柜的类型，包括高压柜、低压柜、弱电柜三种。

X 偏移、Y 偏移：参数值为 0 时，电气柜的实际插入点与默认基点重合。重定义 X 轴和 Y 轴参数，可设置插入点偏移基点的距离。

线宽：设置电气柜轮廓线的宽度。

排序：包括升序和降序，用来调整电气柜的排列顺序。

编号文字：设置电气柜的编号。

字宽高比：设置编号字体的显示效果。

显示编号文字：选择该选项，可控制是否在电气柜上显示编号文字。

起始数字：定义起始的数字编号，如1。

命令行提示如下：

命令：CDQG↵

请选择电气柜的插入点[90度翻转(A)/左右翻转(F)/切换插入点(S)]:　　　//指定点，插入
电气柜的结果如图2-310所示。

2.7.7 标电气柜

调用"标电气柜"命令，可标注电气柜的编号，且可以进行递增标注，图2-312所示为标注电气柜的结果。

"标电气柜"命令的执行方式如下：

➢ 命令行：输入"BDQG"按Enter键。

➢ 菜单栏：单击"变配电室"→"标电气柜"命令。

下面以标注如图2-312所示的电气柜为例，讲解调用"标电气柜"命令的方法。

[01] 按Ctrl+O组合键，打开配套资源提供的"第2章/ 2.7.7 标电气柜.dwg"素材文件，结果如图2-313所示。

[02] 输入"BDQG"按Enter键，命令行提示如下：

命令：BDQG↵

请选择第一个柜子<退出>:　　　　　　　　//选择左边第一个柜子。

请输入起始编号<AH1>:AH01　　　　　　 //输入起始编号。

请选择最后一个柜子<退出>:　　　　　　 //选择第5个柜子，按Enter键完成标注，结果
如图2-312所示。

图2-312　标电气柜

图2-313　打开素材文件

提示

"标电气柜"命令还可以对电气柜的编号重新进行标注。

2.7.8 删电气柜

调用"删电气柜"命令，可删除选中的电气柜，且相邻的电气柜和尺寸可以自动进行调整。图2-314所示为删电气柜的结果。

"删电气柜"命令的执行方式如下：

➢ 命令行：输入"SDQG"命 Enter 键。

➢ 菜单栏：单击"变配电室"→"删电气柜"命令。

下面以如图 2-314 所示的删除结果为例，讲解调用"删电气柜"命令的方法。

01 按 Ctrl+O 组合键，打开配套资源提供的"第 2 章/ 2.7.8 删电气柜.dwg"素材文件，如图 2-315 所示。

02 输入"SDQG"按 Enter 键，命令行提示如下：

```
命令:SDQG↙
选择要删除的柜子<退出>:找到 1 个                //选择 A 电气柜。
选择要删除的柜子<退出>:找到 2 个,总计 2 个        //选择 B 电气柜。
选择要靠近的柜子<退出>:                        //选择剩下的任意电气柜。
是否重新对编号进行排序[是(Y)/否(N)]<N>:Y        //输入 Y。
请选择第一个柜子<退出>:
请输入起始编号<AA01>:                          //按 Enter 键，保持编号不变。
请选择最后一个柜子<退出>:                //选择电气柜，重排编号，结果如图 2-314 所示。
```

图 2-314　删电气柜

图 2-315　打开素材文件

2.7.9　增电气柜

调用"增电气柜"命令，增加新的电气柜，图 2-316 所示为操作结果。

"增电气柜"命令的执行方式如下：

➢ 菜单栏：单击"变配电室"→"增电气柜"命令。

下面以如图 2-316 所示的增加电气柜为例，讲解调用"增电气柜"命令的方法。

01 按 Ctrl+O 组合键，打开配套资源提供的"第 2 章/ 2.7.9 增电气柜.dwg"素材文件，结果如图 2-317 所示。

图 2-316　增电气柜

图 2-317　打开素材文件

02 单击"变配电室"→"增电气柜"命令，命令行提示如下：

```
命令:tel_addc
```

请选择参照柜<退出>:　　　　　　　　　　　　//选择 AH4 电气柜。
请选择添加模式[柜间填补(F)/柜后插入(I)]<I>:　　//按 Enter 键默认添加模式。
确定插入电气柜个数:<1>2　　　　　　　　　//输入个数,按 Enter 键结束,
增电气柜的结果如图 2-316 所示。

2.7.10　改电气柜

调用"改电气柜"命令,可修改电气柜的参数,且相邻电气柜以及尺寸可以联动调整。图 2-318 所示为修改结果。

"改电气柜"命令的执行方式如下:

➤　命令行:输入"GDQG"按 Enter 键。
➤　菜单栏:单击"变配电室"→"改电气柜"命令。

下面以如图 2-318 所示的修改结果为例,讲解调用"改电气柜"命令的方法。

图 2-318　改电气柜

01　按 Ctrl+O 组合键,打开配套资源提供的"第 2 章/2.7.10 改电气柜.dwg"素材文件,如图 2-319 所示。

02　输入"GDQG"按 Enter 键,命令行提示如下:

命令:GDQG↙

选择要编辑的柜子<退出>:指定对角点:找到 5 个　　　//选择电气柜,在弹出的
【配电柜参数设置】对话框中修改参数,如图 2-320 所示。

图 2-319　打开素材文件

图 2-320　修改参数

03　单击"确定"按钮关闭对话框,完成改电气柜的操作,结果如图 2-318 所示。

130

提示

双击电气柜，也可以弹出【配电柜参数设置】对话框，在其中修改参数。

2.7.11 剖面地沟

调用"剖面地沟"命令，可以参数化绘制剖面地沟。

"剖面地沟"命令的执行方式如下：

➤ 命令行：输入"PMDG"按 Enter 键。

➤ 菜单栏：单击"变配电室"→"剖面地沟"命令。

输入"PMDG"按 Enter 键，弹出【剖面地沟】对话框，如图 2-321 所示，同时命令行提示如下：

命令：PMDG↙

请输入插入点<退出>

目标位置：   //指定插入点和目标位置，绘制剖面地沟，如图 2-322 所示。

图 2-321　【剖面地沟】对话框

图 2-322　绘制剖面地沟

在【剖面地沟】对话框中选择"沟沿"类型为"槽钢"，如图 2-323 所示。单击"确定"按钮，在图中创建剖面地沟，结果如图 2-324 所示。

图 2-323　选择"槽钢"选项

图 2-324　绘制剖面地沟

单击"变配电室"→"剖面地沟"命令,弹出【电缆沟剖面】对话框。在其中设置属性参数,如图 2-325 所示。单击右下角的"插入"按钮,绘制电缆沟剖面图,如图 2-326 所示。

图 2-325　【电缆沟剖面】对话框

图 2-326　绘制电缆沟剖面图

在【电缆沟剖面】对话框中选择"桥架"选项,如图 2-327 所示,可以在所绘制的电缆沟剖面图中显示电缆桥架,如图 2-328 所示。

图 2-327　选择"桥架"选项

图 2-328　显示电缆桥架

在【电缆沟剖面】对话框中可以自定义各种属性参数。用户在设置参数时,位于左侧的预览窗口能实时显示修改结果。

2.7.12　生成剖面

调用"生成剖面"命令,可根据变配电室平面图生成剖面图,图 2-329 所示为生成的剖面图。

"生成剖面"命令的执行方式如下:

➢　命令行:输入"SCPM"按 Enter 键。

➢　菜单栏:单击"变配电室"→"生成剖面"命令。

下面以生成如图 2-329 所示的剖面图为例,讲解调用"生成剖面"命令的方法。

[01] 按 Ctrl+O 组合键，打开配套资源提供的"第 2 章/ 2.7.12 生成剖面.dwg"素材文件，结果如图 2-330 所示。

图 2-329　生成剖面图

图 2-330　打开素材文件

[02] 输入"SCPM"按 Enter 键，命令行提示如下：

```
命令：SCPM↙
TEL_SYMSEC
请输入剖切编号<1>：           //按 Enter 键。
点取第一个剖切点<退出>：      //在电气柜的上方指定第一个剖切点。
点取第二个剖切点<退出>：      //在电气柜的下方指定第二个剖切点。
点取剖视方向<当前方向>：      //将光标向左移动，确定剖视方向，结果如图 2-331 所示。
点取剖面插入位置<退出>：      //弹出【电缆沟参数设置】对话框，设置参数如图 2-332 所示。
```

图 2-331　绘制剖切符号

图 2-332　【电缆沟参数设置】对话框

[03] 单击"确定"按钮关闭对话框，生成的剖面图如图 2-329 所示。

提示

柜下沟剖面图的生成结果如图 2-333 所示。

图 2-333　柜下沟剖面图

2.7.13　图标图集

调用"图标图集"命令，可以从图标图集中调用标准图。在该图集中收录了 03D-201 室内变压器布置标准图。

"图标图集"命令的执行方式如下：

➤　菜单栏：单击"变配电室"→"图标图集"命令。

执行"图标图集"命令后，打开【天正图集】对话框，在左侧的列表中选择图纸，如图 2-334 所示。单击"确定"按钮，在绘图区域中指定位置即可调用图纸，如图 2-335 所示。

图 2-334　【天正图集】对话框

图 2-335　调用图纸

2.7.14　预留孔洞

调用"预留孔洞"命令，可根据设定的孔洞类型及样式绘制预留孔洞并为其添加标注。图 2-336 所示为绘制孔洞的效果。

"预留孔洞"命令的执行方式如下：

➤ 命令行：输入 YLKD 按 Enter 键。

➤ 菜单栏：单击"变配电室"→"预留孔洞"命令。

下面以绘制如图 2-336 所示的孔洞为例，讲解调用"预留孔洞"命令的方法。

01 输入"YLKD"按 Enter 键，打开【预留孔洞】对话框，设置参数如图 2-337 所示。

02 命令行提示如下：

命令:YLKD↙

请选择插入点[旋转 90 度(A)/改转角(R)]<退出>:　　　　　//指定点，插入矩形孔洞，如图 2-336 所示。

图 2-336　绘制孔洞

图 2-337　【预留孔洞】对话框

03 双击孔洞，打开【编辑孔洞】对话框，单击左下角的"孔洞标注"按钮，如图 2-338 所示。

04 命令行提示如下：

命令:tel_edith

请给出标注第一点<退出>:

输入引线位置<退出>:

点取文字基线位置<退出>:　　　　　//依次指定各个点，标注孔洞的结果如图 2-339 所示。

图 2-338　【编辑孔洞】对话框

图 2-339　标注孔洞

【预留孔洞】对话框介绍如下：

类型：提供"楼板洞"和"墙洞"两种类型。选择不同类型，洞口参数及默认标注信息不同。类型为"墙洞"时，"底高"选项可用，在标注处会显示尺寸参数，同时也显示"底高"信息。

样式：提供"矩形洞"和"圆洞"两种样式。根据孔洞类型和样式的不同，对话框中可设定的参数项也不同。选择"圆洞"时，"直径"选项可用，但"间距"选项暗显。

将"类型"设置为"墙洞"，"样式"设置为"圆洞"，绘制圆形孔洞，并为其添加标注，结果如图2-340所示。

图 2-340　绘制圆形孔洞

洞口参数：根据当前类型及样式设置孔洞参数。

尺寸标注：选择该选项，创建孔洞的同时也创建尺寸标注。

间距：设置尺寸标注与孔洞间距。

"孔洞标注"按钮：单击该按钮，可为孔洞添加标注。在右侧的选项栏中，将根据孔洞类型及洞口参数显示标注信息。支持用户自定义参数。

自动读取：选择该选项，则参数选项栏不可用。在绘制孔洞标注时，将会读取图纸中孔洞的信息进行标注。

2.7.15　逐点标注

调用"逐点标注"命令，选定点，沿着指定的方向和位置创建尺寸标注。该命令特别适用于为没有天正对象特征的图形创建标注，或者利用其他标注命令难以完成标注的图形。图2-341所示为逐点标注图形的结果。

"逐点标注"命令的执行方式如下：

➢　菜单栏：单击"变配电室"→"逐点标注"命令。

下面以绘制如图2-341所示的标注为例，讲解调用"逐点标注"命令的方法。

[01]　按Ctrl+O组合键，打开配套资源提供的"第2章/2.7.15 逐点标注.dwg"素材文件，结果如图2-342所示。

[02]　单击"变配电室"→"逐点标注"命令，命令行提示如下：

命令：T93_TDIMMP

起点或[参考点(R)]<退出>：　　　　　　　　　//指定标注的起点。

第二点<退出>：　　　　　　　　　　　　　　//向右移动光标指定点。

请点取尺寸线位置或[更正尺寸线方向(D)]<退出>：　//向上移动光标指定位置。

请输入其他标注点或[撤消上一标注点(U)]<结束>：　//重复操作，继续绘制尺寸标注，结果如图2-341所示。

图 2-341　逐点标注

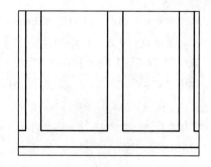

图 2-342　打开素材文件

> **提示**
>
> 使用本命令绘制的尺寸标注为一个整体,双击绘制完成的尺寸标注,可以执行"增补尺寸"操作。

2.7.16　配电尺寸

调用"配电尺寸"命令,可为高低压配电柜创建尺寸标注,图 2-343 所示为标注配电柜尺寸的结果。

"配电尺寸"命令的执行方式如下:

➤ **命令行**: 输入"**PDCC**"按 Enter 键。

➤ **菜单栏**: 单击"变配电室"→"配电尺寸"命令。

下面以绘制如图 2-343 所示的尺寸标注为例,讲解调用"配电尺寸"命令的方法。

01 按 Ctrl+O 组合键,打开配套资源提供的"第 2 章/ 2.7.16 配电尺寸.dwg"素材文件,如图 2-344 所示。

02 输入"**PDCC**"按 Enter 键,命令行提示如下:

命令:PDCC↙
请选取要标注尺寸的配电柜<退出>:指定对角点:找到 7 个　　　　　//选择配电柜;
请点取尺寸线位置<退出>:　　　　　　　　//点取尺寸线的位置,标注结果如图 2-343 所示。

图 2-343　标注配电柜尺寸

图 2-344　打开素材文件

2.7.17　卵石填充

调用"卵石填充"命令,可使用卵石图案来填充某个区域。该命令主要用于绘制变压器室内油池底部的卵石层。图 2-345 所示为卵石填充的结果。

"卵石填充"命令的执行方式如下:

> 命令行：输入"LCTC"按 Enter 键。

> 菜单栏：单击"变配电室"→"卵石填充"命令。

输入"LCTC"按 Enter 键，命令行提示如下：

```
命令:LSTC↙
请点取要填充边界的起点 <退出>：        //指定矩形选框的起点。
请输入终点 <退出>：                    //指定矩形选框的对角点。
请输入填充比例 <500>：                 //按 Enter 键完成操作，填充结果如图 2-345 所示。
```

图 2-345　卵石填充

> [!提示]
> 卵石的大小受填充比例的限制，如果想要编辑卵石填充图案的大小，可以通过调整填充比例来实现，如图 2-346 所示。

图 2-346　修改比例因子

2.7.18　桥架填充

调用"桥架填充"命令，可使用系统所提供的灰度、斜度、斜格等填充图案为桥架填充图案。图 2-347 所示为桥架填充的结果。

"桥架填充"命令的执行方式如下：

> 命令行：输入"QJTC"按 Enter 键。

> 菜单栏：单击"变配电室"→"桥架填充"命令。

下面以填充如图 2-347 所示的图案为例，讲解调用"桥架填充"命令的方法。

01 按 Ctrl+O 组合键，打开配套资源提供的"第 2 章 / 2.7.18 桥架填充.dwg"素材文件，如图 2-348 所示。

02 输入"QJTC"按 Enter 键，命令行提示如下：

```
命令:QJTC↙
请选择要填充的桥架或电缆沟：<退出>指定对角点：        //选择桥架。
```

是否为该对象?[是(Y)/否(N)]<Y>:Y　　　　　　　　　　　　//输入 Y。

请选择填充样式[斜线 ANSI31(1)/斜网格 ANSI37(2)/正网格 NET(3)/交叉网格 NET3(4)/灰度 SOLID(5)/斜角 ANGLE(6)/密斜线 ANSI32(7)/间断斜线 ANSI33(8)/间断斜网格 ANSI38(9)]<斜线 ANSI31>:　　　　　　//按 Enter 键确认填充方式,结果如图 2-347 所示。

图 2-347　桥架填充

图 2-348　打开素材文件

2.7.19 层填图案

调用"层填图案"命令,可在选定层的封闭的曲线内填充图案,作为线槽的补充图案。

"层填图案"命令的执行方式如下:

➢ 菜单栏:单击"变配电室"→"层填图案"命令。

单击"变配电室"→"层填图案"命令,命令行提示如下:

命令:LAYFILL

请点取一个填充轮廓线(取其图层) <退出>:　　　　　//选择椭圆。

再选取填充轮廓线 <全选>:　　　　　//选择矩形。

选择对象:　　　　　//单击鼠标右键,弹出【请点取所需的填充图案】对话框,设置参数如图 2-349 所示。

图 2-349　设置参数

单击"图案库"按钮,打开【选择填充图案】对话框,如图 2-350 所示。在其中选择其他类型的填充图案,并设置填充比例。

单击"填充预演"按钮，可以预览填充图案的效果。

图 2-350　【选择填充图案】对话框

在【请点取所需的填充图案】对话框中选择图案样式并设置比例后，单击"确定"按钮即可在矩形内填充图案，如图 2-351 所示。

图 2-351　在矩形内填充图案

在【选择填充图案】对话框中，有时候会因为比例的问题而无法预览图案样式，此时可以先选定一种图案并将其填充至轮廓线内。

双击填充图案，打开"图案填充编辑器"选项卡。在"图案"列表中可以预览、选择填充图案，还可以设置图案的颜色、比例以及角度等参数，如图 2-352 所示。

图 2-352　"图案填充编辑器"选项卡

2.7.20 删除填充

调用"删除填充"命令,可删除指定的填充图案。

"删除填充"命令的执行方式如下:

➢   命令行: 输入"SCTC"按 Enter 键。

➢   菜单栏: 单击"变配电室" → "删除填充"命令。

执行上述任意一项操作,命令行提示如下:

命令:SCTC✓

请选择要删除的填充:<退出>   //选择图案,按 Enter 键即可将其删除。

第 3 章
系统图

● **本章导读**

本章将介绍系统图的相关知识，包括插入元件、编辑元件，绘制强电系统图、

弱电系统图、消防系统图和原理图的方法。

● **本章重点**

◇ 系统元件

◇ 强电系统

◇ 绘制和编辑弱电系统

◇ 消防系统

◇ 原理图

3.1 系统元件

电气图由电气元件和导线组成，两者缺一不可，共同表示特定区域内的电气设计。本节将介绍元件的相关知识，包括元件插入、复制、移动等。

3.1.1 元件插入

调用"元件插入"命令，可在系统图中将元件插入到导线中。

"元件插入"命令的执行方式如下：

➤ 命令行：输入"YJCR"按 Enter 键。

➤ 菜单栏：单击"系统元件"→"元件插入"命令。

执行上述任意一项操作，弹出【天正电气图块】对话框，如图 3-1 所示。单击对话框右上角的元件类别选项，在下拉列表中显示出元件的类别。选择类别，在对话框中显示出相应的元件，被选中的元件以红色的边框显示，同时在对话框的左下角显示该元件的说明。

【天正电气图块】对话框中的选项介绍如下：

➤ 翻页按钮⬆、⬇：对话框中的元件数量超过显示范围时，单击向前按钮⬆或者向后按钮⬇翻页，显示其余的元件。

➤ 旋转按钮↻：单击该按钮，自定义角度插入元件。

➤ 放大按钮Q⁺：单击该按钮，弹出元件放大图，效果如图 3-2 所示。

图 3-1 【天正电气图块】对话框

图 3-2 元件放大图

命令行提示如下：

命令：YJCR↙

请指定元件的插入点<退出>：   //指定点，插入元件。

3.1.2 元件复制

调用"元件复制"命令,在系统图或者原理图中复制选中的元件,图 3-3 所示为元件复制的结果。

"元件复制"命令的执行方式如下:

➤ 命令行:输入"YJFZ"按 Enter 键。

➤ 菜单栏:单击"系统元件"→"元件复制"命令。

下面以复制如图 3-3 所示的元件为例,讲解调用"元件复制"命令的方法。

01 按 Ctrl+O 组合键,打开配套资源提供的"第 3 章/ 3.1.2 元件复制.dwg"素材文件,如图 3-4 所示。

02 输入"YJFZ"按 Enter 键,命令行提示如下:

命令:YJFZ↙

请选取要复制的元件 <退出>:指定对角点:找到 1 个　　　　　//选择开关。

目标位置:　　　　　　　　　　　　　　　//指定 A 点为目标点,复制元件,如图 3-3 所示。

图 3-3　元件复制　　　　　　　　　　　　图 3-4　打开素材文件

3.1.3 元件移动

调用"元件移动"命令,调整导线中元件的位置,图 3-5 所示为移动元件的结果。

"元件移动"命令的执行方式如下:

➤ 命令行:输入"YJYD"按 Enter 键。

➤ 菜单栏:单击"系统元件"→"元件移动"命令。

下面以移动如图 3-5 所示的元件为例,讲解调用"元件移动"命令的方法。

01 按 Ctrl+O 组合键,打开配套资源提供的"第 3 章/3.1.3 元件移动.dwg"的素材文件,如图 3-6 所示。

02 输入"YJYD"按 Enter 键,命令行提示如下:

命令:YJYD↙

请选取要移动的元件<退出>:找到 1 个　　　　//选择开关。

目标位置:　　　　　　　　　　//指定目标点,移动元件,如图 3-5 所示。

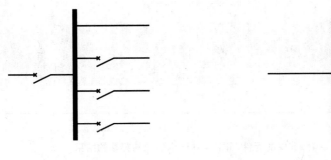

图 3-5　元件移动　　　　　　　　　　　图 3-6　打开素材文件

3.1.4　元件替换

调用"元件替换"命令，用选定的元件替换已有的元件，替换结果如图 3-7 所示。

"元件替换"命令的执行方式如下：

➤　命令行：输入"YJTH"按 Enter 键。

➤　菜单栏：单击"系统元件"→"元件替换"命令。

下面以替换如图 3-7 所示的元件为例，讲解调用元件替换命令的方法。

01　按 Ctrl+O 组合键，打开配套资源提供的"第 3 章/ 3.1.4 元件替换.dwg"素材文件，如图 3-8 所示。

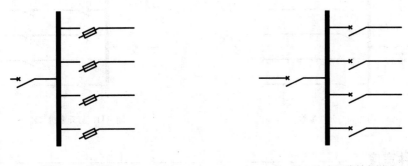

图 3-7　元件替换　　　　　　　　　　　图 3-8　打开素材文件

02　输入"YJYD"按 Enter 键，弹出【天正电气图块】对话框。在"常用元件"类别中选择"熔断器式开关"，如图 3-9 所示。

图 3-9　选择元件

[03] 命令行提示如下：

命令:YJTH↙

请选取图中要被替换的设备:找到 4 个，总计 4 个   //选择元件，按 Enter 键即可完成替换，结果如图 3-7 所示。

3.1.5 元件擦除

调用"元件擦除"命令，擦除选中的元件，图 3-10 所示为元件擦除的结果。

"元件擦除"命令的执行方式如下：

➢ 命令行: 输入 "YJCC" 按 Enter 键。

➢ 菜单栏: 单击 "系统元件" → "元件擦除" 命令。

下面以擦除如图 3-10 所示的元件为例，讲解调用"元件擦除"命令的方法。

[01] 按 Ctrl+O 组合键，打开配套资源提供的 "第 3 章/ 3.1.5 元件擦除.dwg" 素材文件，如图 3-11 所示。

[02] 输入 "YJCC" 按 Enter 键，命令行提示如下：

命令:YJCC↙

请选取要擦除的元件 <退出>:指定对角点:找到 4 个   //选择元件，按 Enter 键完成操作，结果如图 3-10 所示。

图 3-10   元件擦除

图 3-11   打开素材文件

3.1.6 元件宽度

调用"元件宽度"命令，可修改系统图中所有同名元件的宽度，图 3-12 所示为修改文件宽度的结果。

"元件宽度"命令的执行方式如下：

➢ 命令行: 输入 "YJKD" 按 Enter 键。

➢ 菜单栏: 单击 "系统元件" → "元件宽度" 命令。

下面以修改如图 3-12 所示的元件宽度为例，讲解调用元件宽度命令的方法。

[01] 按 Ctrl+O 组合键，打开配套资源提供的 "第 3 章/ 3.1.6 元件宽度.dwg" 素材文件，如图 3-13 所示。

[02] 输入 "YJKD" 按 Enter 键，命令行提示如下：

命令:YJKD↙

请选择元件<退出>   //选择元件。

请输入元件的宽度(0~1)<退出>:0.8   //输入宽度并按 Enter 键，结果如图 3-12 所示。

图 3-12　修改元件宽度　　　　　　　　　　图 3-13　打开素材

3.1.7 沿线翻转

调用"沿线翻转"命令，沿导线方向翻转元件，图 3-14 所示为翻转的结果。

"沿线翻转"命令的执行方式如下：

➢　命令行：输入"FZYJ"按 Enter 键。

➢　菜单栏：单击"系统元件"→"沿线翻转"命令。

下面以翻转如图 3-14 所示的元件为例，讲解调用"沿线翻转"命令的方法。

01　按 Ctrl+O 组合键，打开配套资源提供的"第 3 章/ 3.1.7 沿线翻转.dwg"素材文件，如图 3-15 所示。

02　输入"FZYJ"按 Enter 键，命令行提示如下：

命令：FZYJ↙

请选取要翻转的元件 <退出>：　　　　　　//翻转结果如图 3-14 所示。

图 3-14　沿线翻转　　　　　　　　　　图 3-15　打开素材文件

3.1.8 侧向翻转

调用"侧向翻转"命令，可以导线为轴上下翻转元件，图 3-16 所示为侧向翻转的结果。

"侧向翻转"命令的执行方式如下：

➢　命令行：输入"CXFZ"按 Enter 键。

➢　菜单栏：单击"系统元件"→"侧向翻转"命令。

下面以侧向翻转如图 3-16 所示的元件为例，讲解调用侧向翻转命令的方法。

01　按 Ctrl+O 组合键，打开配套资源提供的"第 3 章/ 3.1.8 侧向翻转.dwg"素材文件，如图 3-17 所示。

02 输入"CXFZ"按 Enter 键，命令行提示如下：

命令:CXFZ✔

请选取要翻转的元件 <退出>：　　　　　　　//侧向翻转的结果如图 3-16 所示。

图 3-16　侧向翻转

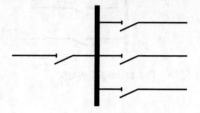
图 3-17　打开素材文件

3.1.9　造元件

虽然元件库提供了一些绘图所需要的元件，但是仍然有用户需要的元件可能没有被收入到元件库，为此，系统提供了"造元件"命令，以方便用户根据需要制造新的元件，并收入到元件库以备随时使用。

调用"造元件"命令，可根据需要绘制元件，或者改造图形并将其作为元件存入元件库。

"造元件"命令的执行方式如下：

➢　命令行：输入"ZYJ"按 Enter 键。

➢　菜单栏：单击"系统元件"→"造元件"命令。

执行上述任意一项操作，命令行提示如下：

命令:ZYJ✔

请选择要做成图块的图元<退出>:找到 1 个

请点选插入点 <退出>：　　　　　　　　　　//弹出【入库定位】对话框，如图 3-18 所示。

在【入库定位】对话框中的树状结构中选取所要入库的元件类型，并在"图块名称"选项中输入新元件的名称，如图 3-18 所示。单击"新图块入库"按钮，即可将元件存入图库。

单击"旧图块重制"按钮，弹出【天正图库管理系统】对话框，如图 3-19 所示。选择需要重制的元件，可以重新制作该元件。

图 3-18　【入库定位】对话框

图 3-19　【天正图库管理系统】对话框

3.1.10 元件标号

调用"元件标号"命令，在元件两侧标注编号，图 3-20 所示为编号的结果。

"元件标号"命令的执行方式如下：

➤ 命令行：输入"YJBH"按 Enter 键。

➤ 菜单栏：单击"系统元件"→"元件标号"命令。

下面以标注如图 3-20 所示的编号为例，讲解调用元件标号命令的方法。

01 按 Ctrl+O 组合键，打开配套资源提供的"第 3 章 / 3.1.10 元件标号.dwg"素材文件，如图 3-21 所示。

图 3-20 元件标号

图 3-21 打开素材文件

02 输入"YJBH"按 Enter 键，命令行提示如下：

命令：YJBH↙

请选择要标注的元件<退出>

请输入方框处要标注的字符<不标注>：L1

请输入方框处要标注的字符<不标注>：16   //元件标号的结果如图 3-20 所示。

3.1.11 元件标注

调用"元件标注"命令，可输入系统图元件的信息参数，同时将标注数据附加在被标注的元件上，方便对元件进行统计。可以同时标注多个元件的信息。

"元件标注"命令的执行方式如下：

➤ 命令行：输入"YJBZ"按 Enter 键。

➤ 菜单栏：单击"系统元件"→"元件标注"命令。

下面以标注如图 3-22 所示的元件为例，讲解调用"元件标注"命令的方法。

01 按 Ctrl+O 组合键，打开配套资源提供的"第 3 章 / 3.1.11 元件标注.dwg"素材文件，如图 3-23 所示。

02 输入"YJBZ"按 Enter 键，命令行提示如下：

命令：YJBZ↙

请选择元件范围<退出>：找到 3 个，总计 3 个

请选择样板元件<退出>： //选择标注文字为 B25 的样

板元件，弹出【元件造型标注】对话框，如图 3-24 所示。

[03] 在对话框中设置参数后，单击"确定"按钮，即可完成操作，结果如图 3-25 所示。

图 3-22 元件标注

图 3-23 打开素材文件

图 3-24 【元件造型标注】对话框

图 3-25 标注"B25"元件

[04] 按下 Enter 键重复调用"YJBZ"命令，选择标注文字为"C45N-4，25"的元件，打开如图 3-26 所示的【元件造型标注】对话框。

图 3-26 【元件造型标注】对话框

[05] 单击"确定"按钮，继续执行"元件标注"命令，结果如图 3-22 所示。

3.2 强电系统

强电系统包括照明系统、动力系统以及配电箱系统，T20-Elec V6.0 提供了绘制这三类强电系统图的命令。

在绘制系统图的时候，母线、导线及普通导线的颜色、宽度以及所连接元件的线宽可以在【选项】对话框中的"电气设定"选项卡中设置。

本节将介绍关于强电系统相关命令的调用方法。

3.2.1 回路检查

调用"回路检查"命令，可检查平面图中各个回路的设备线路，并且给回路赋值，统计本回路的总功率和设备数量。

"回路检查"命令的执行方式如下：

➢ 命令行：输入"HLJC"按 Enter 键。

➢ 菜单栏：单击"强电系统"→"回路检查"命令。

执行上述任意一项操作，命令行提示如下：

> 命令：HLJC↵
>
> 请选择图纸范围<整张图>:指定对角点：找到13个　　　　　//选择图纸范围，按 Enter
> 键，弹出【回路赋值检查】对话框，如图 3-27 所示。

单击"回路赋值"按钮，可返回绘图区域，重新对导线进行赋值。单击右下角的"统计表"按钮，可指定点创建统计表，以方便用户随时查询检查结果。

图 3-27 　【回路赋值检查】对话框

3.2.2 系统生成

调用"系统生成"命令，自定义参数生成系统图，图 3-28 所示为生成系统图的结果。

"系统生成"命令的执行方式如下：

> 命令行：输入"XTSC"按Enter键。

> 菜单栏：单击"强电系统"→"系统生成"命令。

执行上述任意一项操作，弹出【自动生成配电箱系统图】对话框，如图3-29所示。单击右下角的"绘制"按钮，弹出【AutoCAD】信息对话框（在没有设置回路标注相序参数的情况下），如 图3-30所示。单击"确定"按钮，系统会自动平衡各回路相序，在随后弹出的信息对话框中显示已进行平衡操作的各相序电流参数，如图3-31所示。

图 3-28　生成系统图

图 3-29　【自动生成配电箱系统图】对话框

图 3-30　【AutoCAD】信息对话框

图 3-31　平衡操作的结果

单击"确定"按钮，在绘图区域中指定位置放置系统图，同时指定点插入计算表，如图3-32所示。

序号	回路编号	总功率	需用系数	功率因数	额定电压	设备相数	视在功率	有功功率	无功功率	计算电流
1	WL1	1.0	0.80	0.80	220	L2	1.00	0.80	0.60	4.55
2	WL2	1.0	0.80	0.80	220	L1	1.00	0.80	0.60	4.55
3	WL3	1.0	0.80	0.80	220	L3	1.00	0.80	0.60	4.55
4	WL4	1.0	0.80	0.80	220	L2	1.00	0.80	0.60	4.55
5	WL5	1.0	0.80	0.80	220	L1	1.00	0.80	0.60	4.55
6	WL6	1.0	0.80	0.80	220	L3	1.00	0.80	0.60	4.55
7	WL7	1.0	0.80	0.80	220	L2	1.00	0.80	0.60	4.55
8	WL8	1.0	0.80	0.80	220	L1	1.00	0.80	0.60	4.55
总负荷：Pn=8.00kW			总功率因数：Cosφ=0.80			计算功率：Pc=7.20kW			计算电流：Ic=13.67A	

图 3-32　计算表

【自动生成配电箱系统图】对话框中的各项介绍如下：

预览窗口：在预览窗口中显示将要绘制的配电箱系统图。在对某一条线路进行编辑的时候，窗口中的这根线显示为红色，表示正处于被编辑状态。

馈线长度、回路间隔、元件间距：设置绘图参数。可以选择参数，也可以手动输入参数。

从平面图读取：根据平面图读取系统图信息。

从系统图读取：拾取已有的系统图信息。

恢复上次数据：恢复上一次绘制系统图时的数据及设置。

导入、导出：可将本次设置的配电箱系统图方案存成文件，方便以后调用。

"回路设置"选项组中各选项介绍如下：

选择元件：在回路设置中，五个元件预览框显示出系统图进线和馈线所使用的元件。其中，前两个为进线元件，后三个为当前回路的馈线元件。如果没有元件，则选择线。单击元件预览框，在弹出的元件列表中选取需要的元件即可。

元件标注：既可以在文本框中直接输入元件型号，也可以单击文本框右侧的按钮，弹出【元件选型标注】对话框，如图 3-33 所示。在其中设置元件的型号即可。

各回路的参数以表格的方式显示。

回路：单击单元格右侧的矩形按钮，打开【回路编号头】对话框，设置回路编号，如图 3-34 所示。

图 3-33　【元件选型标注】对话框

图 3-34　【回路编号头】对话框

相序：单击单元格右侧的向下箭头，在列表中选择相序类型，有三相、单相、L1、L2、L3 几种类型供选择。

负载 kW：指当前回路的总负荷（kW）。如果系统图是由平面图读取，"负载"则为系统通过自动搜索得到平面图该回路用电设备总功率。这时要求用户在绘制平面图后执行"设备定义"操作，即给所有设备赋予额定功率。

需用系数、功率因数：单击单元格右侧的矩形按钮，打开【选择参数】对话框，在其中选择或者输入参数均可，如图 3-35 所示。

用途：单击单元格右侧的向下箭头，在列表中显示出若干用途，如图 3-36 所示。选择其中一种即可。

多行快速录入：该功能可以同时设置多条支路的参数。按住 Ctrl 键或者 Shift 键，在表格中同时选中。

图 3-35 【选择参数】对话框

需用系数	功率因数	用途	计算电流
0.80	0.80	照明	4.55
0.80	0.80	照明	4.55
0.80	0.80	插座	4.55
0.80	0.80	空调	4.55
0.80	0.80	动力	4.55
0.80	0.80	配电箱	4.55
0.80	0.80	备用	4.55
0.80	0.80	照明	4.55
0.80	0.80	照明	4.55

图 3-36 显示用途

两根或者两根以上的支路，在"多行快速录入"栏中设置相应的参数，单击"录入"按钮，即可一次设定多条支路的参数值。

回路数：可以手动输入参数，或者单击向上、向下按钮来增加或减少支路的数量。如果系统图是由平面图读取，则"回路数"为系统通过自动搜索得到平面图中所有已定义的回路总数。

负载系数：配合"从平面图读取"按钮读取系统图信息时，各回路负载容量乘以相应的系数。这个值可以由用户自定义设置。

平衡相序：系统默认选择"单相"。单击"平衡相序"按钮，系统会自动根据各回路负载来指定回路相序（最接近平衡）。此外，用户也可手动输入各回路的相序信息。系统可以自动标注导线相序（L1、L2、L3），还可根据三相平衡进行电流的计算。

3.2.3 照明系统

调用"照明系统"命令，可以绘制照明系统图。图 3-37 所示为绘制照明系统图的结果。

"照明系统"命令的执行方式如下：

➤ 命令行：输入"ZMXT"按 Enter 键。

➤ 菜单栏：单击"强电系统"→"照明系统"命令。

执行上述任意一项操作，弹出如图 3-38 所示的【照明系统图】对话框。在对话框中设置相应的参数，单击"确定"按钮，在图中点取插入点，即可绘制照明系统图。

图 3-37 照明系统图

图 3-38 【照明系统图】对话框

【照明系统图】对话框中的选项介绍如下：

引入线长度、支线间隔、支线长度：设置系统图线路的尺寸与间隔。参考选项后的字母，如"引入线长度 S"中的 S，对照右侧的预览窗口，可了解选项对应的系统图部分。

绘制方向：单击选项右侧的向下箭头，可在列表中选择系统图的方向，有"横向""竖向"两种方向可供选择。

进线/支线带电度表：选择该选项，可控制是否在进线或者是支线上添加电度表。

回路数：手动输入参数，或者单击选项右侧的向上/向下按钮来调整。如果是从平面图中读取的数据，则回路数不可更改。

总额定功率：设置系统的额定功率，为计算电流提供数据。

功率因数、利用系数：设置参数，方便计算电流，并将计算结果附在系统图的一旁。

3.2.4 动力系统

调用"动力系统"命令，可绘制动力系统图，图 3-39 所示为绘制动力系统图的结果。

"动力系统"命令的执行方式如下：

➢ 命令行：输入"DLXT"按 Enter 键。

➢ 菜单栏：单击"强电系统"→"动力系统"命令。

执行上述任意一项操作，弹出如图 3-40 所示的【动力配电系统图】对话框。设置参数后在图中指定插入点，即可绘制动力系统图。

图 3-39　动力系统图

图 3-40　【动力配电系统图】对话框

【动力配电系统图】对话框中的选项介绍如下：

"绘制参数"选项组：

馈线长度：设置馈线的水平长度。

回路间隔：设置两条回路之间的垂直间隔。

元件间距：设置线路上元件之间的间距。

绘制方向：设置系统图线路的走向，有"横向"和"竖向"两种方向可供选择。

恢复上次数据：单击该按钮，可以清除当前所设置的参数，恢复上一次的设置。

"计算电流"选项组：

功率因数：设置功率参数值。

利用系数：设置系数值。

回路数：设置系统图的回路数目。

回路编号：回路编号由系统给出，可通过选择不同的回路编号来对该回路进行编辑。

电动机：单击选项右侧的向下箭头，用户可以在列表中选择指定线路上的电动机。根据所选的不同电动机，在对话框下面的"回路标注"中自动根据"华北标 92DQ"标准给出该回路的标注。

回路标注：第一行为动力系统图的回路元件样式，不得更改。下面两行为当前的回路标注，根据不同的电动机系统，依据"华北标 92DQ"标准，所给出的回路标注也各不相同。

3.2.5 低压单线

调用"低压单线"命令，自定义参数绘制低压单线系统图，图 3-41 所示为绘制低压单线系统图的结果。

"低压单线"命令的执行方式如下：

➢ 命令行：输入"DYDX"按 Enter 键。

➢ 菜单栏：单击"强电系统"→"低压单线"命令。

图 3-41 低压单线系统图

输入"DYDX"按 Enter 键，弹出【低压单线系统】对话框，如图 3-42 所示。设置参数后，单击"确定"按钮，在图中点取插入点，即可绘制低压单线系统图。

图 3-42 【低压单线系统】对话框

【低压单线系统】对话框中的选项介绍如下：

预览（单击修改）：在窗口中显示系统回路的绘制结果。单击预览框，可以在弹出的【天正图库管理系统】对话框中选择需要的回路方案，如图 3-43 所示。

方案：显示用户选择的回路名称及开关柜中的出线数。单击右侧的"删除"按钮，可删除选中的回路。

增加或删除柜：单击列表中的按钮，可在低压单线系统图中添加回路。

出线风格：分为"出线横向绘制"和"出线竖向绘制"两种，如图 3-44 所示，单击选项前的按钮来选择。

图 3-43 【天正图库管理系统】对话框

图 3-44 出线风格

实心母线：在下拉列表中选择母线的样式，有"实心母线""空心母线"两种类型。

预览：单击该按钮，可在对话框下方预览低压单线系统的绘制结果，如图 3-45 所示。

设置表头：单击该按钮，弹出【系统表格设定】对话框，可在其中设置表头参数，或者在右侧的下拉列表中选择已设置好的表头，如图 3-46 所示。

图 3-45 【低压单线系统】对话框

图 3-46 设置表头

自动负荷计算：选择该选项，在低压单线系统中自动计算负荷。反之亦然。

默认出线负荷（kw）：设置出线负荷值。

双击低压单线系统图的表格,弹出【编辑低压单线系统】对话框,如图3-47所示,在其中可以修改母线样式、文字样式、表格行高等参数。

单击"新插开关柜"按钮,弹出【低压单线开关柜】对话框,如图3-48所示。设置参数后,单击"确定"按钮即可。

单击"开关柜编辑"按钮,返回低压单线系统图,可选择表列编辑,重定义开关柜的参数。

图3-47 【编辑低压单线系统】对话框　　　　图3-48 【低压单线开关柜】对话框

3.2.6 插开关柜

调用"插开关柜"命令,可将图库中的组件布置到系统图或者原理图中,图3-49所示为插开关柜的结果。

"插开关柜"命令的执行方式如下:

➤ 命令行:输入"CKGG"按Enter键。

➤ 菜单栏:单击"强电系统"→"插开关柜"命令。

执行上述任意一项操作,弹出【回路库】对话框,如图3-50所示。命令行提示如下:

命令:CKGG↙

请指定插入点<退出>:　　　　　//选择开关柜,在母线上单击插入点,结果如图3-49所示。

图3-49 插开关柜

图3-50 【回路库】对话框

在【回路库】对话框中提供了两种插入方式，分别是"向下" 、"向右" 。

向下 ：单击该按钮，插入到图中的开关柜组件向下排列。

向右 ：单击该按钮，插入到图中的开关柜组件向右排列。

3.2.7 造开关柜

天正软件电气系统提供了 GCL、GGD、MNS、JYN 系列数百种回路方案供用户选择，如果这些仍然满足不了实际工程的需要，用户可利用"造开关柜"命令自定义回路方案

调用"造开关柜"命令，可自定义开关柜并将其存入图库。在绘制系统图的过程中，可以调用本命令选取一部分图形来造开关柜。

"造开关柜"命令的执行方式如下：

➢ 命令行：输入 "ZKGG" 按 Enter 键。

➢ 菜单栏：单击"强电系统"→"造开关柜"命令。

执行上述任意一项操作，命令行提示如下：

命令：ZKGG↙

请选取造开关柜的导线、元件<退出>：

请点选插入点<退出>：　　　　　　　　　　　　//如图 3-51 所示。

请点取连接母线的接线点位置<继续>：　　　　　//如图 3-52 所示。

此时单击鼠标右键，弹出【入库定位】对话框，如图 3-53 所示。在该对话框中选择新造开关柜的位置，在"图块名称"选项中输入名称，开关柜即可被存入用户的图库。

单击"旧图块重制"按钮，打开【天正图库管理系统】对话框，可以选择图块进行改造。

图 3-51　指定插入点　　　　图 3-52　指定接线点　　　　图 3-53　【入库定位】对话框

3.2.8 套用表格

调用"套用表格"命令，可在高低压系统图中绘制表格，图 3-54 所示为套用表格的结果。

备注					
低压配电盘编号	AH1	AH2	AH3	AH4	AH5
外形尺寸					
回路编号					
回路名称					
设备容量(kW)					
计算容量(kW)					
计算电流(A)					
导线型号及规格					

图 3-54　套用表格结果

"套用表格"命令的执行方式如下：

➢ 命令行：输入"TYBG"按 Enter 键。

➢ 菜单栏：单击"强电系统"→"套用表格"命令。

下面以绘制如图 3-54 所示的表格为例，讲解调用"套用表格"命令的方法。

01 按 Ctrl+O 组合键，打开配套资源提供的"第 3 章/ 3.2.8 套用表格.dwg"素材文件，如图 3-55 所示。

02 输入"TYBG"按下 Enter 键，弹出【系统表格设定】对话框，设置参数如图 3-56 所示。

03 命令行提示如下：

命令：TYBG↙

请选择一根母线<退出>　　　　//选择开关柜上方的母线，绘制套用表格，结果如图 3-54 所示。

图 3-55　打开素材文件　　　　　　　　　　图 3-56　【系统表格设定】对话框

在【系统表格设定】对话框中单击表头选项，在下拉列表中选择表头类型，再单击下方的"增加""删除""修改"按钮，可修改列表中的表格参数。

3.2.9 系统统计

调用"系统统计"命令,分门别类地统计系统图中的元件数量,图 3-57 所示为系统统计结果。

"系统统计"命令的执行方式如下:

➤ 命令行: 输入"XTTJ"按 Enter 键。

➤ 菜单栏: 单击"强电系统"→"系统统计"命令。

下面以如图 3-57 所示的统计结果为例,讲解调用"系统统计"命令的方法。

01 按 Ctrl+O 组合键,打开配套资源提供的"第 3 章/ 3.2.9 系统统计.dwg"素材文件,结果如图 3-58 所示。

02 输入"XTTJ"按 Enter 键,命令行提示如下:

```
命令:XTTJ↙
请选择统计范围<全部>指定对角点:找到 15 个
点取表格左上角位置或 [参考点(R)]<退出>:              //绘制表格的结果如图 3-57 所示。
```

序号	图例	名称	规格	单位	数量
1		断路器		个	3
2		电流互感器		个	1
3		电流互感器		个	3
4		插头和插座		个	3
5		电缆头		个	1
6		插头和插座		个	3
7		M34YLI		个	1

图 3-57 系统统计结果

图 3-58 打开素材文件

3.2.10 系统导线

调用"系统导线"命令,绘制系统图或原理图中的导线,并在导线上按照固定的间距布置短分隔线。

"系统导线"命令的执行方式如下:

➤ 命令行: 输入"XTDX"按 Enter 键。

➤ 菜单栏: 单击"强电系统"→"系统导线"命令。

下面以绘制如图 3-59 所示的系统导线为例,介绍"系统导线"命令的调用方法。

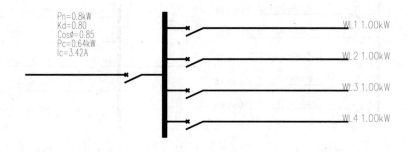

图 3-59 绘制系统导线

[01] 按 Ctrl+O 组合键，打开配套资源提供的"第 3 章/3.2.10 系统导线.dwg"素材文件，如图 3-60 所示。

[02] 调用"XTDX"命令，调出如图 3-61 所示的【系统图—导线设置】对话框。命令行提示如下。

命令:XTDX↙

请点取导线的起点{回退[U]}<退出>:

请点取导线的终点{回退[U]}<退出>:　　　　　　//绘制导线如图 3-59 所示。

图 3-60　打开素材文件　　　　　　　　　　　　　　图 3-61　【系统图—导线设置】对话框

3.2.11　虚线框

调用"虚线框"命令，可在系统图或导线图中绘制虚线框，图 3-62 所示为绘制虚线框的结果。

"虚线框"命令的执行方式如下：

➢　命令行：输入"HXXK"按 Enter 键。

➢　菜单栏：单击"强电系统"→"虚线框"命令。

下面以绘制如图 3-62 所示的虚线框为例，讲解调用"虚线框"命令的方法。

[01] 按 Ctrl+O 组合键，打开配套资源提供的"第 3 章/3.2.11 虚线框.dwg"素材文件，如图 3-63 所示。

[02] 输入"HXXK"按 Enter 键，命令行提示如下：

命令:HXXK↙

请点取虚线框的一个角点<退出>:

再点取其对角点<退出>:　　　　　　　　　//绘制虚线框如图 3-62 所示。

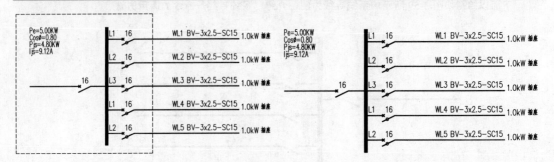

图 3-62　绘制虚线框　　　　　　　　　　　　　图 3-63　打开素材文件

3.2.12 负荷计算

调用"负荷计算"命令,可计算供电系统的线路负荷。

"负荷计算"命令的执行方式如下:

➢ 命令行: 输入"FHJS"命令按 Enter 键。

➢ 菜单栏: 单击"强电系统"→"负荷计算"命令。

下面以如图 3-64 所示的负荷计算结果为例,介绍"负荷计算"命令的调用方法。

序号	分属变压器	用电设备组名称或用途	负载(kW)	需要系数	功率因数	额定电压	设备相序	视在功率	有功功率	无功功率	计算电流	备注
1	T1	WL1	1.00	0.80	0.80	220	L1相	1.00	0.80	0.60	4.55	
2	T1	WL2	1.00	0.80	0.80	220	L2相	1.00	0.80	0.60	4.55	
3	T1	WL3	1.00	0.80	0.80	220	L3相	1.00	0.80	0.60	4.55	
4	T1	WL4	1.00	0.80	0.80	220	L1相	1.00	0.80	0.60	4.55	
T1负荷	T1	有功/无功同时系数 1.00,1.00 年均有功/无功负荷系数 0.75,0.80 变压器型号/容量 S9,200	6.00	补偿前功率因数 0.78		进线相序: 三相		6.00	4.80	3.60	9.12	
		T1无功补偿		补偿后功率因数 0.90		负荷率:80%		5.40	4.80	2.46	8.20	无功补偿 1.14

图 3-64　负荷计算结果

01 按 Ctrl+O 组合键,打开配套资源提供的"第 3 章/3.2.12 负荷计算.dwg"素材文件,如图 3-65 所示。

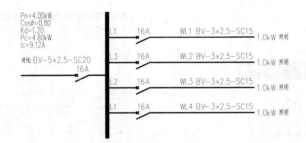

图 3-65　打开素材文件

02 输入"FHJS"按 Enter 键,打开【负荷计算】对话框,如图 3-66 所示。

图 3-66　【负荷计算】对话框

03 单击右上角的"系统图导入"按钮,根据命令行的提示,拾取系统图中的母线,导入系统图信息,结果如图 3-67 所示。

图 3-67 导入系统图

04 单击右侧的"计算"按钮,系统弹出如图 3-68 所示的【AutoCAD】提示对话框,提示计算信息。

05 单击右侧的"变压器"按钮,展开对话框,可查看完整的计算结果,如图 3-69 所示。

图 3-68 【AutoCAD】提示对话框

图 3-69 计算结果

06 单击"绘制表格"按钮,在图中点取插入点,可以将计算结果以表格的形式输出,如图 3-64 所示。

3.2.13 截面查询

调用"截面查询"命令,可通过计算配电系统图中的电流查询导线或者电缆的截面积。

"截面查询"命令的执行方式如下:

➤ 命令行:输入"JMCX"按 Enter 键。

➤ 菜单栏:单击"强电系统"→"截面查询"命令。

下面以如图 3-70 所示的截面查询结果为例,介绍"截面查询"命令的调用方法。

图 3-70　截面查询结果

01　按 Ctrl+O 组合键，打开配套资源提供的 "第 3 章/ 3.2.13 截面查询.dwg" 素材文件，如图 3-71 所示。

02　输入 "JMCX" 按 Enter 键，弹出【导线电缆截面积查询】对话框，设置线路参数，并单击右上角的 "计算" 按钮，计算结果显示在 "计算电流" 下方的文本框中，如图 3-72 所示。

图 3-71　打开素材文件　　　　　　　图 3-72　【导线电缆截面积查询】对话框

03　单击右上角的 "标注电流" 按钮，在系统图中指定插入点，即可标注电流，结果如图 3-73 所示。

图 3-73　标注电流

04　单击左下角的 "线缆标注" 按钮，依次在线缆上单击插入点，即可标注线缆，结果如图 3-70 所示。

在【导线电缆截面积查询】对话框中单击 "查询电缆截面" 选项，打开如图 3-74 所示的【截面查询】对话框。选择右上角的 "线缆载流量修正" 选项，可以修正载流量数据。在对话框右下角的 "计算结果" 选项组中显示了 "线缆截面积" "线缆载流量" 的计算结果。

单击【导线电缆截面积查询】对话框中的 "查询电缆截面" 选项后的查询按钮 ?，打开如图 3-75 所示的【截面及载流量】对话框，其中显示了当前线缆的相关信息。

T20-ElecV6.0 天正电气软件标准教程

图 3-74 【截面查询】对话框

图 3-75 【截面及载流量】对话框

3.2.14 沿线标注

调用"沿线标注"命令，可同时选取多根导线，并沿着这些导线标注文字，图 3-76 所示为沿线标注的结果。

"沿线标注"命令的执行方式如下：

➤ 命令行：输入"YXBZ"按 Enter 键。

➤ 菜单栏：单击"强电系统"→"沿线标注"命令。

下面以标注如图 3-76 所示的导线为例，讲解"调用沿线"标注命令的方法。

01 按 Ctrl+O 组合键，打开配套资源提供的"第 3 章/ 3.2.14 沿线标注.dwg"素材文件，如图 3-77 所示。

02 输入"YXBZ"按 Enter 键，命令行提示如下：

```
命令：YXBZ↙

请输入起始点：<退出>              //单击 A 点。

请输入终止点：<退出>              //单击 B 点。

请输入方框处要标注的字符：WL1

请输入方框处要标注的字符：WL2

请输入方框处要标注的字符：WL3

请输入方框处要标注的字符：WL4

目标位置：                      //沿线标注结果如图 3-76 所示。
```

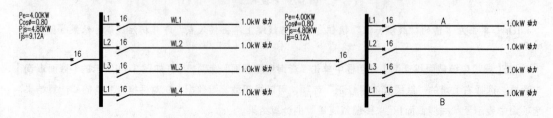

图 3-76 沿线标注

图 3-77 打开素材文件

166

3.3 绘制和编辑弱电系统

弱电系统包括有线电视系统、消防系统等,天正软件提供了绘制弱电系统图的命令。本节将介绍绘制和编辑弱电系统图的方法。

3.3.1 弱电连接

调用"弱电连接"命令,可通过选择弱电设备及桥架来绘制连接导线。

"弱电连接"命令的执行方式如下:

➢ 命令行:输入"RDLJ"按 Enter 键。

➢ 菜单栏:单击"弱电系统"→"弱电连接"命令。

执行上述任意一项操作,命令行提示如下:

命令:RDLJ↙

选取要连接桥架的弱电设备和桥架<退出>:指定对角点:找到 9 个

请选择连接方式{分别连接(1)/直接连线(2)}<1>:1

分别选择设备与桥架,按 Enter 键选择默认的连接方式,即"分别连接",结果如图 3-78 所示。

当命令行提示"请选择连接方式{分别连接(1)/直接连线(2)} <1>:"时,输入 2,即选择"直接连线"方式,结果如图 3-79 所示。

图 3-78 分别连接   图 3-79 直接连线

3.3.2 标识楼层

工程中包含多个楼层时,需要进行标识楼层的操作,此时可以通过调用"标识楼层"命令来完成。

"标识楼层"命令的执行方式如下:

➢ 命令行:输入"BSLC"按 Enter 键。

➢ 菜单栏:单击"弱电系统"→"标识楼层"命令。

执行上述任意一项操作,命令行提示如下:

命令:BSLC↙

请输入楼层号<2>:1   //设置楼层号。

请选择起始点<退出>:

请选择对角点<退出>：   //指定对角点选择楼层平面图。

请指定楼层基点<左下点>：   //单击平面图的右下角点。

是否隐藏标识区域[是(Y)/否(N)]<N>：//按 Enter 键，即可标识楼层，结果如图 3-80 所示。

图 3-80 标识楼层

提示

　　在标识文字上双击左键，在调出的【修改楼层设置】对话框中可以修改层号和层高，如图 3-81 所示。

图 3-81 【修改楼层设置】对话框

3.3.3 弱电系统

　　调用"弱电系统"命令，可在弱电系统平面图的基础上统计弱电系统图和各楼层平面图中弱电设备的个数。

　　"弱电系统"命令的执行方式如下：

➢　命令行：输入"RDXT"按 Enter 键。

➢　菜单栏：单击"弱电系统"→"弱电系统"命令。

　　执行上述任意一项操作，打开【弱电系统】对话框，如图 3-82 所示。在该对话框中可以设置系统类型（安防、消防）、系统图名称、绘制类型（直线、一连多）、干线间距等。

图 3-82 【弱电系统】对话框

单击"确定"按钮，命令行提示如下：

命令：RDXT↙
请选择统计范围<整张图>指定对角点：找到 20 个　　　　　//选择弱电系统平面图；
请选择要插入的位置<退出>　　　　　//点取位置，在弱电系统平面图的基础上创建弱电系统图。

3.3.4　有线电视

调用"有线电视"命令，可设置参数绘制有线电视系统图，图 3-83 所示为绘制有线电视系统图的结果。

"有线电视"命令的执行方式如下：

➢　　命令行：输入"YXDS"按 Enter 键。

➢　　菜单栏：单击"弱电系统"→"有线电视"命令。

执行上述任意一项操作，弹出【电视天线设定】对话框，设置参数如图 3-84 所示。命令行提示如下：

命令：YXDS↙
请输入插入点<退出>
目标位置：

指定位置，绘制有线电视系统图，结果如图 3-83 所示。

图 3-83　有线电视系统图

图 3-84　【电视天线设定】对话框

3.3.5　电视元件

调用"电视元件"命令，可在天线系统图中插入电视元件。

"电视元件"命令的执行方式如下：

➢　　命令行：输入"DSYJ"按 Enter 键。

➢　　菜单栏：单击"弱电系统"→"电视元件"命令。

执行上述任意一项操作，弹出【电视元件】对话框，选择电视元件，如图 3-85 所示。

命令行提示如下：

命令：DSYJ↙

请指定设备的插入点 {转 90[A]/放大[E]/缩小[D]左右翻转[F]}<退出>: //布置电视
元件如图 3-86 所示。

图 3-85 【电视元件】对话框

图 3-86 布置电视元件

3.3.6 分配引出

调用"分配引出"命令，可从分配器上引出数根接线。图 3-87 所示为从分配器引出接线的结果。

"分配引出"命令的执行方式如下:

➢ 命令行: 输入 "FPYC" 按 Enter 键。

➢ 菜单栏: 单击"弱电系统" → "分配引出"命令。

下面以引出如图 3-87 所示的分配引出接线为例，讲解调用"分配引出"命令的方法。

01 按 Ctrl+O 组合键，打开配套资源提供的"第 3 章/ 3.3.6 分配引出.dwg"素材文件，如图 3-88
所示。

02 输入 "FPYC" 按 Enter 键，命令行提示如下:

命令:FPYC↙

请选取分配器<退出>:

请给出引出线的数量<3>   //按 Enter 键，向下移动光标，确定引出线的长度后
单击左键，即可分配引出接线，结果如图 3-87 所示。

图 3-87 分配器引出接线

图 3-88 打开素材文件

3.3.7 绘连接点

调用 "绘连接点" 命令，可在原理图中绘制表示交叉导线的连接圆点，图 3-89 所示为绘制连接点的结果。

"绘连接点" 命令的执行方式如下：

➢ 命令行：输入 "HLJD" 按 Enter 键。

➢ 菜单栏：单击 "弱电系统" → "绘连接点" 命令。

下面以绘制如图 3-89 所示的连接点为例，讲解调用 "绘连接点" 命令的方法。

01 按 Ctrl | O 组合键，打开配套资源提供的 "第 3 章/ 3.3.7 绘连接点.dwg" 素材文件，如图 3-90 所示。

02 输入 "HLJD" 按 Enter 键，命令行提示如下：

命令:HLJD↙

请点取插入点:<退出>

请点取插入点:<退出>

请点取插入点:<退出>

请点取插入点:<退出>   //分别指定插入点，绘制连接点的结果如图 3-89 所示。

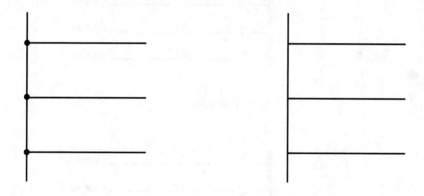

图 3-89　绘连接点   图 3-90　打开素材文件

3.3.8 虚实变换

调用 "虚实变换" 命令，可使线型在虚线和实线之间进行变换。

"虚实变换" 命令的执行方式如下：

➢ 命令行：输入 "XSBH" 按 Enter 键。

➢ 菜单栏：单击 "弱电系统" → "虚实变换" 命令。

执行上述任意一项操作，命令行提示如下：

命令:XSBH2↙

请选择要变换的图元<退出>

请输入线型{1:虚线 2:点划线 3:双点划线 4:三点划线}<虚线>   //输入数字选择线型，

171

按 Enter 键，即可默认转换成虚线。

3.3.9 线型比例

调用"线型比例"命令，可改变虚线层中线条的线型比例。

"线型比例"命令的执行方式如下：

➢ 命令行：输入"XXBL"按 Enter 键。

➢ 菜单栏：单击"弱电系统"→"线型比例"命令。

执行上述任意一项操作，命令行提示如下：

命令:XXBL↙

请选择需要设置比例的线<整图修改>:找到 1 个

请输入线型比例 <1>5   //数字越大，虚线中每条短线的长度和间隔就越大。反之亦然。

线型比例为 1 时，虚线框的显示效果如图 3-91 所示。将线型比例设置为 5，可使虚线的样式发生变化，结果如图 3-92 所示。

图 3-91   线型比例为 1

图 3-92   线型比例为 5

3.4 消防系统

消防报警系统又称火灾报警系统、消防自动报警系统等，是为了及早发现火情并通报火灾，能够及时采取有效措施来控制和扑灭火情所设置在建筑物或其他场所的一种自动消防设施，是人们同火灾做斗争的有力工具。

天正软件提供了绘制消防系统的相关命令，本节将介绍调用这些命令的方法。

3.4.1 消防干线

调用"消防干线"命令，可自动生成消防干线系统图，图 3-93 所示为生成消防干线系统图的结果。

图 3-93　消防干线系统图

"消防干线"命令的执行方式如下：

➤　命令行：输入"XXGX"按 Enter 键。

➤　菜单栏：单击"消防系统"→"消防干线"命令。

执行上述任意一项操作，弹出【消防系统干线】对话框，设置参数如　图 3-94 所示。单击"确定"按钮，再单击插入点，即可绘制消防干线系统图。"右支线"绘制方式如图 3-95 所示。

图 3-94　【消防系统干线】对话框

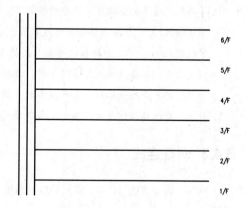

图 3-95　"右支线"绘制方式

【消防系统干线】对话框中的选项介绍如下：

干线数：组成消防系统图的垂直干线数量。

楼层数：组成消防系统图的水平直线数量。

干线间距：每个干线之间的距离，如图 3-93 所示。

楼层间距：每层楼之间的距离，即水平支线之间的间距，如图 3-93 所示。

支线形式：在下拉菜单中提供了三种形式，包括左支线、右支线（如图 3-95 所示）以及左右支线。

支线长度：水平支线引出的长度。

3.4.2 消防设备

调用"消防设备"命令，可在图中布置消防设备，图 3-96 所示为布置消防设备的结果。

"消防设备"命令的执行方式如下：

➤ 命令行：输入"XXSB"按 Enter 键。

➤ 菜单栏：单击"消防系统"→"消防设备"命令。

执行上述任意一项操作，弹出【消防设备】对话框，如图 3-97 所示。在该对话框中选择消防设备，指定插入点，即可布置消防设备。

图 3-96　布置消防设备

图 3-97　【消防设备】对话框

【消防设备】对话框中的选项介绍如下：

单线插入：单击该按钮，可在导线上垂直插入消防设备。

穿线插入：单击该按钮，可沿导线的方向插入消防设备，并且导线自动打断。

引线长度：在垂直插入消防设备时，连接该设备的分支导线的长度。

字高：插入消防设备时，表示设备数目的属性字的高度。

数值：插入消防设备时，表示设备数目的属性字的数值。

3.4.3 设备连线

调用"设备连线"命令，可用导线将弱电系统图中的多个设备垂直相连，图 3-98 所示为设备连线的结果。

"设备连线"命令的执行方式如下：

➤ 命令行：输入"SBLX"按 Enter 键。

➤ 菜单栏：单击"消防系统"→"设备连线"命令。

下面以绘制如图 3-98 所示的设备连线为例，讲解调用"设备连线"命令的方法。

01 按 Ctrl+O 组合键，打开配套资源提供的"第 3 章/ 3.4.3 设备连线.dwg"素材文件，如图 3-99

所示。

图 3-98　设备连线

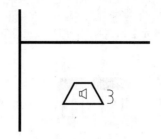
图 3-99　打开素材文件

[02]　输入 "SBLX" 按 Enter 键，打开【设备连线】对话框，选择 "将设备与主导线相连" 选项，如图 3-100 所示。

[03]　命令行提示如下：

命令：SBLX↙

请拾取一根要连接设备的直导线<退出>：　　　//选择导线，如图 3-101 所示。

请选取要与导线相连的设备<退出>：找到 1 个　　//选择设备，即可绘制连线。

图 3-100　【设备连线】对话框

图 3-101　选择导线

[04]　重复操作，选择左侧的导线，将之与设备相连接，结果如图 3-98 所示。

3.4.4　温感烟感

调用 "温感烟感" 命令，可在布置温感烟感设备的同时预览保护半径。

"温感烟感" 命令的执行方式如下：

➢　命令行：输入 "WGYG" 按 Enter 键。

➢　菜单栏：单击 "消防系统" → "温感烟感" 命令。

执行上述任意一项操作，弹出【消防保护布置】对话框，如图 3-102 所示。

命令行提示如下：

命令：WGYG↙

请输入起始点[选取行向线(S)/回退(U)/消防校核(X)]<退出>:

请输入终点<退出>:

分别指定起点、终点，即可预览设备的保护半径，如图 3-103 所示。设备外的圆圈即是该设备的保护范围。

图 3-102 【消防保护布置】对话框

图 3-103 预览设备的保护半径

绘制结束后，代表保护半径的圆圈被隐藏，显示效果如图 3-104 所示。

图 3-104 隐藏保护半径

在【消防保护布置】对话框中提供了两种布置设备的方式，分别是"手动布置"和"自动布置"。

手动布置：在图中手动点取插入点即可布置设备。

自动布置：在图中指定起点和终点来布置设备。

感应半径：无论选择哪种方式布置消防设备，都可以预览保护半径。可在该选项中设置消防设备的保护半径值。

3.4.5 布置按钮

调用"布置按钮"命令，可布置消防系统中的消火栓按钮，可以单独选择设备，也可绘制选框选择设备，软件自动识别消火栓不靠墙的一侧并布置按钮。

"布置按钮"命令的执行方式如下：

➢ 命令行：输入"BZAN"按 Enter 键。

➢ 菜单栏：单击"消防系统"→"布置按钮"命令。

执行上述任意一项操作，打开如图 3-105 所示的【布置按钮】对话框。命令行提示如下：

命令：BZAN↵

请选择消火栓<退出>找到 1 个

选择消火栓即可完成布置按钮的操作。在【布置按钮】对话框中提供了三种布置方式,结果如图 3-106 所示。

图 3-105　【布置按钮】对话框

图 3-106　布置按钮

3.4.6　消防统计

调用"消防统计"命令,可统计消防系统图中的消防设备并生成材料表。图 3-107 所示为调用"消防统计"命令的结果。

"消防统计"命令的执行方式如下:

➢ 命令行:输入"XFTJ"按 Enter 键。

➢ 菜单栏:单击"消防系统"→"消防统计"命令。

执行上述任意一项操作,命令行提示如下:

命令:XFTJ↙

请选择统计范围<全部>　　　　　　　　　　　//选择系统图。

点取位置或 [参考点(R)]<退出>:*取消*　　　　//点取插入位置,绘制表格,结果如图 3-107 所示。

图例	名称	数量
	离子感烟探测器	3
	火灾光警报器	1
	感温探测器	2
	火灾警报扬声器	3

图 3-107　消防统计材料表

3.4.7　消防数字

调用"消防数字"命令,可在造消防块时插入表示消防设备个数的属性字。图 3-108 所示为添加消防数字的结果。

"消防数字"命令的执行方式如下:

> 命令行：输入 "XFWZ" 按 Enter 键。

> 菜单栏：单击 "消防系统" → "消防数字" 命令。

下面以添加如图 3-108 所示的消防数字为例，讲解调用 "消防数字" 命令的方法。

01 按 Ctrl+O 组合键，打开配套资源提供的 "第 3 章/3.4.7 消防数字.dwg" 素材文件，如图 3-109 所示。

02 输入 "XFWZ" 按 Enter 键，命令行提示如下：

命令：XFWZ↙

请点取插入属性文字的点(中心点) <退出>： //指定点，插入数字，结果如图 3-108 所示。

图 3-108　消防数字　　　　　　　　　　　　　　　　图 3-109　打开素材文件

默认情况下，用户添加的消防数字值为 1。双击数字，打开【编辑属性定义】对话框。修改 "标记" 选项值，如图 3-110 所示。单击 "确定" 按钮，更改消防数字，重定义消防设备的数量，如图 3-111 所示。

图 3-110　修改参数　　　　　　　　　　　　　　　　图 3-111　重定义消防设备数量

3.4.8　造消防块

调用 "造消防块" 命令，可根据用户的需要制作消防块，并存入图库中。

"造消防块" 命令的执行方式如下：

> 命令行：输入 "ZXFK" 按 Enter 键。

> 菜单栏：单击 "消防系统" → "造消防块" 命令。

执行上述任意一项操作，命令行提示如下：

命令：ZXFK↙

请选择要做成图块的图元<退出>： //如图 3-112 所示。

请点选插入点 <中心点>： //如图 3-113 所示。

请点取要作为接线点的点(图块外轮廓为圆的可不加接线点) <继续>:　　//如图 3-114 所示。接线点是在执行"平面布线"操作时导线与设备连接的点。

　　输入电气设备名称：感光火灾探测器

造消防块后，执行"消防设备"命令，可在【消防设备】对话框中查看自定义的消防设备块，如图 3-115 所示。

图 3-112　选择设备和数字

图 3-113　指定插入点

图 3-114　指定接线点

图 3-115　查看消防设备块

　　值得注意的是，如果制作外轮廓为圆形的消防设备，则不需要为其指定接线点，因为在绘制圆形设备的连接导线时，导线的延长线都是过圆心的。

3.4.9　消防图库

　　执行"消防图库"命令，可直接调用系统提供的消防图集。

　　"消防图库"命令的执行方式如下：

➢　菜单栏：单击"消防系统"→"消防图库"命令。

　　执行"消防图库"命令，打开【天正图集】对话框，如图 3-116 所示。在左侧选择图纸类型，可以在右侧的预览窗口查看图纸。将光标置于窗口后，滑动鼠标滚轮，可以缩放图纸，以方便用户查看细节。

　　单击"确定"按钮，指定插入位置，即可调用消防图纸，如图 3-117 所示。

图 3-116　【天正图集】对话框　　　　　　　图 3-117　消防图纸

3.5　原理图

原理图是表示系统、设备的工作原理及其组成部分相互关系的简图。T20-Elec V6.0 提供了绘制原理图的相关命令，包括电机回路、端板接线等，本节将介绍绘制原理图的方法。

3.5.1　原理图库

调用"原理图库"命令，可从原理图库中选取标准图插入至当前视图。

"原理图库"命令的执行方式如下：

➢　命令行：输入"TZTJ"按 Enter 键。

➢　菜单栏：单击"原理图"→"原理图库"命令。

执行上述任意一项操作，打开【天正图集】对话框，如图 3-118 所示。选择原理图，单击"确定"按钮，点取位置，即可调用原理图，如图 3-119 所示。

图 3-118　【天正图集】对话框　　　　　　　图 3-119　可调用原理图

3.5.2 电机回路

调用"电机回路"命令，绘制电机主回路，并选择适当的起动方式、测量保护等接线形式。

"电机回路"命令的执行方式如下：

➢ 命令行：输入"DJHL"按 Enter 键。

➢ 菜单栏：单击"原理图"→"电机回路"命令。

执行上述任意一项操作，打开【电机主回路设计】对话框。用户通过选择主回路以及正反转回路，可以绘制复杂的线路图。

选择"选择启动方式"选项，可在预览框中选择主回路的接线形式，如图 3-120 所示。单击"确定"按钮，指定位置，即可绘制主回路接线图，如图 3-121 所示。

图 3-120 【电机主回路设计】对话框

图 3-121 主回路接线图

在指定主回路的接线方式后，选择"选择正反转回路"选项，并且指定接线方式，如图 3-122 所示，然后单击"确定"按钮，即可将正反转回路自动接到主回路上，结果如图 3-123 所示。

图 3-122 选择接线方式

图 3-123 正反转回路自动接到主回路上

3.5.3 绘制多线

调用"绘制多线"命令，可同时连续绘制多根系统导线，提高绘图效率。图 3-124、 图 3-125 所示为绘制多线的结果。

"绘制多线"命令的执行方式如下：

➤ 命令行：输入"HZDX"命令按 Enter 键。

➤ 菜单栏：单击"原理图"→"绘制多线"命令。

执行上述任意一项操作，命令行提示如下：

```
命令:HZDX↙
请选择需要引出的导线:<新绘制>              //单击右键。
请给出导线数<3>:5
请给出导线间距<750>:                      //按 Enter 键。
请输入起始点:<退出>
请输入终止点:<退出>                       //绘制多线,如图 3-124 所示。
```

绘制引出导线时，命令行提示如下：

```
命令:HZDX↙
请选择需要引出的导线:<新绘制>找到 1 个   //选择在上一步骤中所绘制的五根导线中最右侧一根。
请选取要引出导线的位置<退出>:           //在选中的导线上选择待引出导线的位置。
请输入终点<退出>
请输入终点<退出>         //输入起点和终点,绘制引出导线,结果如   图 3-125 所示。
```

图 3-124 绘制多线

图 3-125 绘制引出导线

3.5.4 端子表

调用"端子表"命令，可用参数化的方法绘制接线图中的端子表。图 3-126 所示为绘制端子表的结果。

"端子表"命令的执行方式如下：

➤ 命令行：输入"DZB"命令按 Enter 键。

➤ 菜单栏：单击"原理图"→"端子表"命令。

执行上述任意一项操作，弹出【端子表设计】对话框，在其中设置端子表的参数，如图 3-127 所示。单击"确定"按钮，点取插入位置，即可绘制端子表，如图 3-126 所示。

图 3-126 端子表

图 3-127 【端子表设计】对话框

提示

终端端子：包含"上""下"两个选项，通过选择选项，控制是否在端子表中加入上部终端端子行或者下部终端端子行。

3.5.5 端板接线

调用"端板接线"命令，可在端子表的各端子处绘制引出导线。图 3-128 所示为绘制端板接线的结果。

"端板接线"命令的执行方式如下：

➢ 命令行：输入"DBJX"按 Enter 键。

➢ 菜单栏：单击"原理图"→"端板接线"命令。

执行上述任意一项操作，弹出【端子排—接线】对话框，如图 3-129 所示。在对话框中选定"短接两个端子"形式，命令行提示如下：

命令：DBJX↵

点取第一个单元格<退出>：   //点取 A 列中名称为 1 的单元格。

点取最后一个单元格<退出>：   //点取 A 列中名称为 10 的单元格，绘制结果如图 3-128 所示。

对话框中各接线样式的绘制结果分别如图 3-129 中预演框所示，在实际的绘制过程中，都是通过单击指定起始行和终止行来进行绘制的。

如图 3-128 所示，B 列为"联络端子"接线样式的绘制结果，C 列为"端板引线 2"接线样式的绘制结果。

图 3-128 端板接线

图 3-129 【端子排—接线】对话框

3.5.6 转换开关

调用"转换开关"命令，可在回路上插入转换开关设备。图 3-130 所示为布置转换开关的结果。

"转换开关"命令的执行方式如下：

➤ 命令行：输入"ZHKG"按 Enter 键。

➤ 菜单栏：单击"原理图"→"转换开关"命令。

下面以布置如图 3-130 所示的设备为例，讲解调用"转换开关"命令的方法。

01 按 Ctrl+O 组合键，打开配套资源提供的"第 3 章/3.5.6 转换开关.dwg"素材文件，如图 3-131 所示。

02 输入"ZHKG"按 Enter 键，命令行提示如下：

命令：ZHKG↙

请输入起点(与此两点连线相交的线框将插入转换开关)<退出>：　　　//单击 A 点。

请输入终点<退出>：　　　　　　　　　　　　　　　　　　　//单击 B 点。

请输入转换开关位置数(3 或 6)<3>　　　　　//按 Enter 键，确认开关位置数为 3。

请输入端子间距 <2400.000000>　　　　　　　//按 Enter 键。

请拾取不画转换开关端子的导线<结束拾取>找到 3 个　　//点取导线，绘制结果如图 3-130 所示。

03 重复操作，分别指定 C 点为起点，D 点为终点，绘制数目为 6 的转换开关，结果如图 3-130 所示。

图 3-130　转换开关

图 3-131　打开素材文件

3.5.7 闭合表

调用"闭合表"命令，可绘制转换开关闭合表，图 3-132 所示为绘制结果。

"闭合表"命令的执行方式如下：

➤ 命令行：输入"BHB"按 Enter 键。

➤ 菜单栏：单击"原理图"→"闭合表"命令。

执行上述任意一项操作，弹出【转换开关闭合表】对话框，如图 3-133 所示。设置参数后，单击"绘制"按钮，点取插入位置，绘制闭合表的结果如图 3-132 所示。

【转换开关闭合表】对话框中的选项介绍如下：

开关型号：自定义开关型号，在绘制闭合表的时候置于表头。

触点对数：从下拉列表中选择对数，如图 3-132 所示为 "触点对数" 为 3 的绘制结果。

手柄角度：被选中的角度参数显示在闭合表中，如图 3-132 所示。

定义触点状态：选择触点的状态按钮，在闭合表中点取单元格，可加入表示触点状态的符号。单击 "断开" 按钮，可以删除 "闭合" 状态触点样式。

图 3-132　闭合表

图 3-133　【转换开关闭合表】对话框

3.5.8　固定端子

调用 "固定端子" 命令，可在原理图中插入固定端子。

"固定端子" 命令的执行方式如下：

➤ 　命令行：输入 "GDDZ" 按 Enter 键。

➤ 　菜单栏：单击 "原理图" → "固定端子" 命令。

执行上述任意一项操作，命令行提示如下：

命令：GDDZ↙

请点取要插入端子的点<退出>：

图 3-134 所示为原理图尚未插入端子前的显示样式。点取导线插端入段子后，导线自动打断以适应端子，如图 3-135 所示。即使删除端子，导线仍旧保持打断状态。

图 3-134　插入端子前

图 3-135　插入端子后

3.5.9 可卸端子

调用"可卸端子"命令，可在原理图中插入可卸端子。

"可卸端子"命令的执行方式如下：

➢ 命令行：输入"KXDZ"按 Enter 键。

➢ 菜单栏：单击"原理图"→"可卸端子"命令。

执行上述任意一项操作，命令行提示如下：

命令：KXDZ↙

请点取要插入端子的点<退出>：　　　　　　　//绘制结果如图 3-136 所示。

图 3-136　布置可卸端子

3.5.10 擦连接点

调用"擦连接点"命令，可擦除原理图中的连接点，图 3-137 所示为擦除连接点的结果。该命令可以与 3.3.7 小节中的"绘连接点"命令一起使用。

"擦连接点"命令的执行方式如下：

➢ 命令行：输入"CLJD"按 Enter 键。

➢ 菜单栏：单击"原理图"→"擦连接点"命令。

下面以擦除如图 3-137 所示的连接点为例，讲解调用擦连接点命令的方法。

01 按 Ctrl+O 组合键，打开配套资源提供的"第 3 章 / 3.5.10 擦连接点.dwg"素材文件，如图 3-138 所示。

02 输入"CLJD"按 Enter 键，命令行提示如下：

命令：CLJD↙

请选择要删除的连接点：<退出>指定对角点：找到 3 个　　　　　　//按 Enter 键将其擦除，结果如图 3-137 所示。

图 3-137　擦连接点

图 3-138　打开素材文件

3.5.11 端子擦除

调用"端子擦除"命令，可擦除原理图中的固定端子或者可卸端子。

"端子擦除"命令的执行方式如下：

➤ 命令行：输入"DZCC"按 Enter 键。

➤ 菜单栏：单击"原理图"→"端子擦除"命令。

执行上述任意一项操作，命令行提示如下：

命令:DZCC✔

请选择要删除的端子、接地极或线中文字:<退出>　　　　　//按 Enter 键将其删除，结果如
图 3-139 所示。

按键盘上的 Delete 键，也可以删除端子，但是导线的打断状态仍然保持，如图 3-140 所示。执行"端子擦除"命令，导线会自动闭合。

图 3-139　擦除端子后导线自动闭合

图 3-140　导线保持断开状态

3.5.12 端子标注

调用"端子标注"命令，可为图中的一组端子绘制标注，图 3-141、图 3-142 所示为端子标注的结果。

"端子标注"命令的执行方式如下：

➤ 命令行：输入"DZBZ"按 Enter 键。

➤ 菜单栏：单击"原理图"→"端子标注"命令。

执行上述任意一项操作，命令行提示如下：

命令:DZBZ✔

请选择要标注的端子<退出>找到 4 个

请选择标注位置　　　　　　　　　　//在端子内部或端子上方单击左键。

请输入端子标注:　　　　　　　　　//标注结果如图 3-141、图 3-142 所示。

图 3-141　标注在端子内部

图 3-142　标注在端子上方

3.5.13　元件标号

调用"元件标号"命令，可选择元件并为其添加编号标注。

"元件标号"命令的执行方式如下：

➢　命令行：输入"YJBH"按 Enter 键。

➢　菜单栏：单击"原理图"→"元件标号"命令。

执行上述任意一项操作，命令行提示如下：

命令：YJBH↙

请选择要标注的元件<退出>　　　　　　　　　//如图 3-143 所示。

请输入方框处要标注的字符<不标注>:1　　　 //如图 3-144 所示。

请输入方框处要标注的字符<不标注>:2　　　 //如图 3-145 所示。

输入标注文字后，按 Enter 键即可为元件添加标号，结果如图 3-146 所示。

图 3-143　选择元件

图 3-144　输入字符 1

图 3-145　输入字符 2

图 3-146　添加元件标号

3.5.14　沿线标注

调用"沿线标注"命令，可同时选取多根导线，并沿导线标注文字。

"沿线标注"命令的执行方式如下:

➤ 命令行: 输入"YXBZ"按 Enter 键。

➤ 菜单栏: 单击"原理图"→"沿线标注"命令。

下面以绘制如图 3-147 所示的线缆标注为例,介绍沿线标注命令的操作方法。

图 3-147 绘制沿线标注

01 按 Ctrl+O 组合键,打开配套资源提供的"第 3 章/3.5.14 沿线标注.dwg"素材文件,如图 3-148 所示。

图 3-148 打开素材文件

02 输入"YXBZ"按 Enter 键,命令行提示如下:

```
命令:YXBZ↙
请输入起始点:<退出>              //如图 3-149 所示。
请输入终止点:<退出>              //如图 3-150 所示。
请输入方框处要标注的字符:WP4       //如图 3-151 所示。
请输入方框处要标注的字符:WP3
请输入方框处要标注的字符:WP2
请输入方框处要标注的字符:WP1       //如图 3-152 所示。
目标位置:                       //如图 3-153 所示。
```

03 沿线标注的结果如图 3-154 所示。

图 3-149 输入起始点

图 3-150 输入终止点

图 3-151 输入字符

图 3-152 继续输入字符

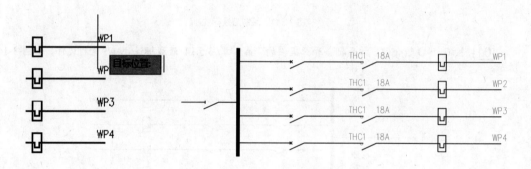

图 3-153 目标位置　　　　　　　　图 3-154 沿线标注

04 按 Enter 键重复调用命令，继续对线缆执行标注操作，结果如图 3-147 所示。

3.5.15 元件标注

调用"元件标注"命令，可输入元件的标注信息。

"元件标注"命令的执行方式如下：

➢ 命令行：输入"YJBZ"按 Enter 键。

➢ 菜单栏：单击"原理图"→"元件标注"命令。

下面以绘制如图 3-155 所示的元件标注为例，介绍"元件标注"命令的操作方式。

图 3-155 元件标注

01 按 Ctrl+O 组合键，打开配套资源提供的"第 3 章 / 3.5.15 元件标注.dwg"素材文件，如图 3-156 所示。

图 3-156　打开素材文件

02　输入 "YJBZ" 按 Enter 键，命令行提示如下：

命令：YJBZ↙
请选择元件范围<退出>：指定对角点：找到 4 个　　　//如图 3-157 所示。
请选择样板元件<退出>：　　　　　　　　　　　　　//如图 3-158 所示。

图 3-157　选择元件范围　　　　　　　　　图 3-158　选择样板元件

03　在【元件选型标注】对话框中显示出系统为样板元件定义的标注内容，如图 3-159 所示。
04　单击 "确定" 按钮，为选中的元件绘制标注文字，结果如图 3-160 所示。

图 3-159　【元件选型标注】对话框　　　　　　　　图 3-160　标注文字

05　按 Enter 键重复调用命令，为另一元件绘制标注文字，结果如图 3-155 所示。

第 4 章
电气计算

● 本章导读

电气计算包括照度计算、线路电压损失计算以及无功补偿计算等，T20-ELec
V6.0 软件为计算这些类型的数据提供了专门的命令。本章将介绍调用电气计算各种
命令的方法。

● 本章重点

◈ 照度计算
◈ 负荷计算
◈ 线路电压损失计算
◈ 无功补偿计算
◈ 逐点照度计算
◈ 短路电流计算
◈ 低压短路计算

4.1 照度计算

通过照度计算操作，可以根据房间的大小、计算高度、灯具的类型、墙面/地面/顶面反射率、维护系数以及房间所要求的照度值参数，选择合适的灯具，然后计算该工作面上达到标准时需要的灯具数，并对计算结果条件下的照度值进行校验。

4.1.1 照度计算的方法

T20-Elec V6.0 软件提供的"利用系数计算法"可用于计算平均照度与配灯数。结合房间的形状、工作面、灯具安装高度和房间高度等计算室内空间的比例，也支持不规则房间的计算。再根据房间的照度要求和维护系数，就可以方便地求出灯具数和照度校验值。

在计算照度的过程中，通过查表可得出常用的利用系数。用户也可以自定义参数来求得特殊灯具的利用系数。

T20-Elec V6.0 提供了新表和旧表供用户查询利用系数。新表中的利用系数来自《照明设计手册》，而旧表中的利用数据则来自《民用建筑电气设计手册》。

自定义利用系数计算方法取自《建筑灯具与装饰照明手册》一书。计算中所需的灯照度曲线数据除了一小部分来自《民用建筑电气设计手册》一书外，大部分来自《建筑灯具与装饰照明手册》。

点光源，如白炽灯、线光源，以及荧光灯的计算公式本应不同，但是在这里把荧光灯按点光源处理。所以在 T20-Elec V6.0 中对所有的光源都按照点光源的计算公式来计算。另外，T20-Elec V6.0 无法统计面光源的直射照度。如果需要计算，也只能将面光源简化为点光源来进行计算。

"带域空间计算法"将光分成"直射"和"反射"两个部分，将室内分成三个空间。其中，光的直射部分使用"带系数法"进行计算，反射部分则应用数学分析法解方程。

用 T20-Elec V6.0 计算得出的直射照度，只要光源类型选择正确，一般误差较小，但反射照度计算因为假设条件较为苛刻，计算得出的又是平均照度，因此误差可能较大。

照度电流计算的操作如下：

[01] 确定房间的参数，即长、宽、面积、工作面高度和灯具安装高度等，由此计算室内空间比例。

[02] 确定照明器的参数，通过查表得到利用系数。

[03] 由房间的照度要求和维护系数得到计算结果、灯具数以及照度校验值。

4.1.2 照度计算命令

调用"照度计算"命令，可利用系数法计算房间在要求照度下需要的灯具数量，并对此进行校验。本节将介绍计算照度的方法。

"照度计算"命令的执行方式如下：

➢ 命令行：输入"ZDJS"按 Enter 键。

➢ 菜单栏：单击"计算"→"照度计算"命令。

执行上述任意一项操作，弹出【照度计算—利用系数法】对话框，如图 4-1 所示。

"房间参数设定"选项组用来设置房间参数。系统提供了两种确定房间参数的方法，分别为"自行输入"以及"从图中获取"。

"自行输入"是指用户在"房间长（m）""房间宽（m）"选项中直接输入房间的参数即可完成自定义。

"从图中获取"是指单击"选定房间"按钮，根据命令行提示，点取房间的轮廓线来得到房间的参数。

1. 选取房间举例

按 Ctrl+O 组合键，打开配套资源提供的"第4章/4.1.2 照度计算.dwg"素材文件，如图4-2 所示。

图 4-1 【照度计算—利用系数法】对话框　　　　图 4-2 打开素材文件

在【照度计算—利用系数法】对话框中单击"选定房间"按钮，命令行提示如下：

命令：ZDJS↙

请输入起始点{选取行向线[S]/选取房间轮廓 PLine 线[P]}<退出>：
　　　　　　//点取房间的左下角点。如果为异形房间，则必须为房间绘制闭合的 Pline
轮廓线。在命令行中输入"P"，选择 Pline 线，拾取房间的参数。

请输入对角点：　　//点取房间的右上角点，完成参数的提取。

提取参数之后，返回【照度计算—利用系数法】对话框。此时在"房间参数设定"选项组中显示出被选择房间的面积、长、宽参数。

➤ 灯安装高度：表示灯具距离地面的高度。
➤ 工作面高度：表示所要计算照度的平面离地高度。
➤ "利用系数"选项组：用来计算利用系数。可以直接输入利用系数值，也可单击选项后的"查表"或"自定义灯具"按钮，在分别弹出的对话框中输入参数来计算系数，并把系数返回至【照度计算—利用系数法】对话框。

下面介绍在分别单击"查表"和"自定义灯具"按钮后所弹出的对话框。

2. 【利用系数—查表法】对话框

单击"查表"按钮，弹出如图4-3所示的【利用系数—查表法】对话框。

"查表条件"选项组包含了"顶棚反射比""墙反射比""地面反射比"三个选项，用户可以在各选

194

项中设置反射参数。在右侧的"灯具信息"列表中的灯具及其相应的利用系数表都摘录自《照明设计手册》。设置参数后，单击"查表"按钮即可求出利用系数值。

在【利用系数—查表】对话框中单击"查旧表"按钮，弹出如图 4-4 所示的对话框。在"查表条件"选项组中，用户可以在"顶棚反射比"和"墙反射比"选项中设置参数。

图 4-3 【利用系数—查表法】对话框

图 4-4 设置参数

也可以单击"顶棚 ρcc""墙面 ρw"按钮，弹出相应的【反射比的选择】对话框，如图 4-5 所示。在该对话框中提供了常见的反射面反射比和一般建筑材料反射比中一部分材料反射比的参考值。

在【反射比的选择】对话框中单击"确定"按钮，返回【利用系数—查表法】对话框，在"灯具信息"选项组中的"种类""类型"下拉菜单中分别选择灯具的种类和类型。选定的灯具种类和类型会在下方的"灯具外形及光分布"预览窗口中显示。

单击"查表"按钮，即可在"利用系数值"选项中显示查出的利用系数值参数。单击"返回"按钮，返回到【照度计算—利用系数法】对话框中，此时【照度计算—利用系数法】对话框中的"光源参数设定（第三步）"选项组中的各项参数会根据查表利用系数时涉及的各项光源参数自动生成，如图 4-6 所示。

图 4-5 【反射比的选择】对话框

图 4-6 "光源参数设定（第三步）"选项组

3. 【利用系数—计算法】对话框

在【照度计算—利用系数法】对话框中单击"自定义灯具"按钮，弹出如图 4-7 所示的【利用系数—计算法】对话框。

"顶棚反射比""墙面反射比""地板反射比"三个选项的参数可以直接输入，也可以单击文本框左边的按钮，在弹出的【反射比的选择】对话框中进行设置。

距离比：在下拉列表中显示参数值，如图4-8所示。由距离比（最大距高比L/h，其中L—房间长度，h—房间高度）可以查出环带系数。

图4-7 【利用系数—计算法】对话框   图4-8 "距离比"列表

计算高度：该项参数不能被编辑，其值是由【照度计算—利用系数法】对话框中的"灯安装高度"和"工作面高度"两项参数相减得到的。

室空间比：该项也不能被编辑，其值是由公式RCR=5×Hrc×（L+W）/（L×W）求出的，其中RCR—室空间比，Hrc—计算高度，L—房间长度，W—房间宽度。

"灯具配光数据"选项组介绍如下：

光源型号列表：在列表中可选择所需要的光源类型。

环带、光强列表：在"光源型号"列表中选择光源类型后，即可在"环带""光强"列表中显示该种光源每个环带角度相对应的光强值。

添加灯具、删除灯具、灯具改名：单击这三个按钮，可以在"光源型号"列表中添加一个新的光源名称，或者删除选中的光源型号，或者是给光源重新命名。

环带、光强：在"环带""光强"列表中选取一组数据时，该组数据分别显示在列表右边的"环带"和"光强"两个选项中。用户可以在这两个选项中输入新的数据。

添加、删除、修改：单击"删除""修改"按钮，则"环带""光强"列表中的数据会被删除或修改。单击"添加"按钮，则"环带""光强"两个选项中的数据会被添加到"环带""光强"列表。需要注意的是，每个"环带"参数只能对应一个"光强"参数。所以当"环带"选项中的新数据与"环带""光强"列表中的某个数据相同时，系统会提醒用户重新输入"环带"参数。

参数设置完成之后，单击"计算"按钮即可计算利用系数，计算结果会显示在"利用系数"文本框中。单击"返回"按钮，则该文本框中的数值被返回到【照度计算—利用系数法】对话框中的"利用系数值"文本框中。

【照度计算-利用系数法】对话框的"光源参数设定（第三步）"选项组中的各项参数含义如下：

"光源分类""光源种类""型号—功率"这三项参数都必须通过其下拉列表来选择。其中，"光源分类"决定着"光源种类"和"型号—功率"这两项，而"光源种类"又决定着"型号—功率"。

在本选项组的下方还有一个编辑光源个数的选项，即"单灯具内有"选项，其可以确定每一个光源中所含光源的个数。如果调整光源个数，相应的"总光通量"也会同步更新。"总光通量"的大小为"单个光源通量"×"光源个数"。

"其他计算参数（第四步）"选项组介绍如下：

照度要求值：可以直接在右侧的文本框中输入参数。也可以单击"照度要求值"按钮，弹出如图4-9所示的【照度标准值选择】对话框，在其中可以设置"数据来源""建筑类型"的参数。在选择数据来源及建筑类型后，对话框会显示该种建筑物中的主要场所及其要求的照度值。选择其中的一条记录，单击"确定"按钮，该照度值会被添加在"照度要求值"文本框中。

"维护系数"：单击"维护系数"按钮，弹出【维护系数】对话框，如图4-10所示，其中显示了几种条件下的维护系数值。选取其中的选项，单击"返回"按钮即可将该系数值写入"维护系数"文本框中。

图4-9 【照度标准值选择】对话框

图4-10 【维护系数】对话框

照度计算所需要的参数都已经输入或选择完毕，单击"计算"按钮，计算的结果就会显示在"计算结果"选项组中的"建议灯具数""照度值校验""功率密度"三个选项的文本框中，如图4-11所示。

勾选"输入灯具反算照度"复选框，则可以输入灯具参数，重新计算照度。

单击"出计算书"按钮，则得出的计算结果以计算书的形式直接存为Word文本文档，如图4-12所示。

图4-11 计算结果

图4-12 照度计算书

单击"出计算表"按钮，则可将计算结果以表格的形式在平面图上显示，如图4-13所示。

	房间参数					利用系数查表参数		其他计算参数								计算结果			
序号	房间名称	房间长(m)	房间宽(m)	面积(m²)	灯安装高度(m)	工作面高度(m)	数据来源	利用系数	光源种类	单灯光源数	光源功率(W)	光通量(lm)	镇流器功率(W)	房间类别	维护系数	要求照度值(lx)	功率密度限值(W/m²)	灯具数	总功率(W)	计算照度值(lx)	功率密度计算值(W/m²)
1		7.93	4.94	39.15	3.00	0.75	民用建筑电气设计手册	0.57	T8标准直管荧光灯	2	64	2975	5950	9	普通办公室	0.80	300.00	9.00	4	292	277.70	7.46

图4-13 照度计算表

4.2 负荷计算

负荷计算的计算程序采用了供电设计中普遍采用的"需要系数法"见《工业与民用配电设计手册》。"需要系数法"的优点是计算简便，使用普遍，尤其适用于配、变电所的负荷计算。本计算程序进行负荷计算的偏差主要有以下三点：一是"需要系数法"未考虑用电设备中少数容量特别大的设备对计算负荷的影响，所以在为用电设备台数较少、容量差别相当大的低压分支线和干线计算负荷时，按"需要系数法"计算所得结果往往较小；二是用户设置的需要系数和实际有偏差，从而造成计算结果有偏差；三是在计算中未考虑线路和变压器损耗，从而使计算结果偏小。

本节将介绍负荷计算的操作方法。

调用负荷计算命令，计算供电系统的电路负荷。如图 4-14 所示为调用负荷计算命令的操作结果。

负荷计算命令的执行方式如下：

➢ 命令行：输入"FHJS"命令按 Enter 键。

➢ 菜单栏：单击"计算"→"负荷计算"命令。

下面以如图 4-14 所示的计算结果为例，讲解调用"负荷计算"命令的方法。

序号	分属变压器	用电设备组名称或用途	负载(kW)	需要系数	功率因数	额定电压	设备相序	视在功率	有功功率	无功功率	计算电流	备注
1	T1	WL1	1.00	0.80	0.80	220	L1相	1.00	0.80	0.60	4.55	
2	T1	WL2	1.00	0.80	0.80	220	L2相	1.00	0.80	0.60	4.55	
3	T1	WL3	1.00	0.80	0.80	220	L3相	1.00	0.80	0.60	4.55	
4	T1	WL4	1.00	0.80	0.80	220	L1相	1.00	0.80	0.60	4.55	
5	T1	WL5	1.00	0.80	0.80	220	L2相	1.00	0.80	0.60	4.55	
6	T1	WL6	1.00	0.80	0.80	220	L3相	1.00	0.80	0.60	4.55	
T1负荷	T1	有功/无功同时系数 1.00,1.00 年均有功/无功负荷系数 0.75,0.80	6.00	补偿前功率因数 0.78		进线相序：三相		6.00	4.80	3.60	9.12	
T1无功补偿		变压器型号/容量 S9,200		补偿后功率因数 0.90		负荷率：80%		5.40	4.80	2.46	8.20	无功补偿 1.14

图 4-14　负荷计算的结果

01 按 Ctrl+O 组合键，打开配套资源提供的"第 4 章/4.2 负荷计算.dwg"素材文件，如图 4-15 所示。

图 4-15　打开素材文件

02 输入 "FHJS" 按 Enter 键, 弹出【负荷计算】对话框, 单击右上角的 "系统图导入" 按钮, 命令行提示如下:

> 命令: FHJS✓
>
> 请拾取一根母线: <退出>   //拾取系统图的母线。

03 此时可将系统图的信息反馈至对话框, 如图 4-16 所示。

图 4-16 反馈信息

04 单击右下角的 "计算" 按钮, 打开【AutoCAD】信息提示对话框, 提示计算信息, 如图 4-17 所示。

05 单击 "确定" 按钮, 在【负荷计算】对话框中查看计算结果, 如图 4-18 所示。

图 4-17 提示计算信息   图 4-18 计算结果

在【负荷计算】对话框右下角单击 "变压器" 按钮, 向下弹出列表, 显示出 "无功补偿容量" 的计算结果。

06 单击 "计算书" 按钮, 将所计算的结果导出至 Word 文档, 如图 4-19 所示。

图 4-19　导出至 Word 文档

07　单击"绘制表格"按钮，点取位置，绘制结果如图 4-14 所示。

4.3　线路电压损失计算

线路电压计算用于计算输电线路的电压损失。本节将分别介绍电压损失的计算方法和计算程序。

4.3.1　电压损失的计算方法

"电压损失"命令可用来计算"三相平衡""单相"以及接于相电压的"两相—零线平衡"的集中或均匀分布负荷的计算。

计算方法主要参考《民用建筑电气设计手册》中的计算方法，近似地将"电压降纵向分量"看作"电压损失"。

使用"电压损失"命令进行计算容易产生两点误差。

01　计算中是将"电压降纵向分量"当作"电压损失"，但是由于线路电压降相对于线路电压来说很小，所以其误差也很小。

02　用户输入的导线参数、负荷参数、环境工作参数与实际存在误差导致计算结果产生误差。这一方面所造成的误差是主要的，计算结果的误差大小主要取决于用户输入计算参数与实际参数的误差大小。

在实行线路电压损失计算的过程中，所用的数据参数均来自《现代建筑电气设计实用指南》。

4.3.2　电压损失计算程序

调用"电压损失"命令，可计算线路的电压损失。

"电压损失"命令的执行方式如下：

➢　命令行：输入"DYSS"按 Enter 键。

➢　菜单栏：单击"计算"→"电压损失"命令。

执行上述任意一项操作，弹出如图 4-20 所示的【电缆电压损失计算】对话框。在对话框中设置参数，可计算"电压损失"及"线路长度"两类参数。

图 4-20 【电缆电压损失计算】对话框

【电缆电压损失计算】对话框中的选项介绍如下：

配线形式：下拉列表提供了 4 种配线形式，用来确定电压损失的计算公式。

线路名称：在列表中确定所要计算的线路的类型（由此可知线路的线电压、工作温度等条件）。

线路型号：在列表中主要是选择该种线路类型是铜芯还是铝芯。

截面积：在列表中主要是选择导线的截面积大小。当"线路名称"和"线路型号"确定后，就会在"截面积"列表中出现相应的可供选择的截面积。

导线的所有选项被确定后，位于"截面积"选项下的"电阻""感抗"参数也会被确定。由于这两项参数是由导线的种类和型号决定的，因此不需要用户自行输入。系统会根据导线的型号和种类自行生成。

功率因数 cosΦ：在选项中手动输入功率因数。

当导线负荷的数据输入完成后，就可以开始确定需要计算的数据类型了。用户可通过"求电压损失"和"求线路长度"两个互锁按钮来确定需要计算的数据类型。

❑ "求电压损失"按钮

单击"求电压损失"按钮，对话框会显示出"线路长度（km）"选项，如图 4-21 所示。用户可以在其中定义线路长度的数据。或者单击选项右侧的按钮>>，拾取图中的导线，将其长度反馈到选项中。

如果在【配线形式】选项中选择的是"三相平衡负荷线路"和"线电压单相线路负荷"两种配线形式，则对话框会提供多负荷情况的计算。此时在对话框中会显示"多负荷表"，如图 4-22 所示。

根据所选定的计算方法不同，即 "用负荷矩"和"用电流矩"两种计算方式，如图 4-23 所示。用户需要在"线路长度（km）"选项、"有功负荷（kW）"选项或者"计算电流（A）"选项中输入数据。单击"增加负荷"按钮可以在"多负荷表"列表中添加一组数据，如图 4-24 所示。在列表中选择一组数据，

201

单击"删除负荷"按钮可将其删除。

图 4-21　显示"线路长度（km）"选项

图 4-22　显示"多负荷表"

图 4-23　两种计算方法

图 4-24　增加负荷

　　如果在"配线形式"选项中选择的是"两相-零线线路负荷"和"相电压单相线路负荷"两种配线方式，则对话框中只提供单负荷的计算，在对话框中不显示"多负荷表"，用户在"线路长度（km）"选项中输入数据就可以进行计算。

　　❑　　"求线路长度"按钮

　　单击"求线路长度"按钮，则在对话框中只提供单负荷情况的计算，如图 4-25 所示。用户在"线路电压损失"选项中输入"电压损失百分率"数据进行计算。

图 4-25　单击"求线路长度"按钮

在"负荷情况"选项组下提供了两种计算方式，分别是"用负荷矩""用电流矩"。

选中"用负荷矩"，需要输入有功负荷（kW）。

选中"用电流矩"，需要输入计算电流（A）。

在参数设置完成之后，单击"计算"按钮，计算结果会显示在相应的选项中。

❑ **实例计算**

由给出的已知条件计算电压损失。

已知条件：导线截面积=16mm（由此可见电阻=1.359Ω/km）。终端负荷利用"用负荷矩"来计算，其中cosΦ=0.8，P（有功功率）=1000kW，l（线路长度）=1km。根据这些条件求电压损失。

根据已知条件，选择"配线形式"为"三相平衡负荷线路"。"线路名称"为6kV交联聚乙烯绝缘电力电缆，"线路种类"为铜芯，"截面积"为16，"功率因数cosΦ"为0.8。

此时可以发现电阻=1.359Ω/km，感抗=0.124Ω/km。

在"负荷情况"选项组中的"有功负荷"选项中输入1000，在"线路长度"选项中输入1。单击"增加负荷"按钮，即可在"多负荷表"中显示所输入的数据。

单击"计算"按钮，在"线路电压损失（%）"选项中显示计算结果为4.033，如图4-26所示。

单击"绘制表格"按钮，绘制表示计算结果的表格，如图4-27所示。

单击"退出"按钮，结束电压损失的计算。

图 4-26 计算结果

求电压损失计算表				
配线形式	线路名称	导线类型		
三相平衡负荷线路	6kV交联聚乙烯绝缘电力电缆（数据来源：工业与民用供配电设计手册第四版）	铜导线	截面积16	电 阻=1.359阻 抗=0.124
负荷情况（用负荷矩计算）				
负荷序号	有功负荷(kW)		线路长度(km)	
1	1000		1	
计算结果	线路电压损失(%):4.033			

图 4-27 绘制表格

4.4 短路电流计算

短路电流计算功能可用于电网络中短路电流的计算。本节将介绍计算方法和计算程序。

4.4.1 短路电流的计算方法

短路电流的计算采用"从系统元件的阻抗标么值"来求短路电流的方法。该方法参照《建筑电气设计手册》，是以由无限大容量电力系统供电作为前提条件来进行计算的。

由电力供电系统供电的工业企业内部发生短路时，由于工业企业内所装置的元件的容量远比系统容量小，所以元件"阻抗"值较系统"阻抗"值大得多；因此当这些元件（即变压器、线路等）遇到短路的时候，系统母线上电压变动很小。这时可以认为电压维持不变，即系统容量为无限大。

该方法在计算中忽略了各元件的电阻值，并且只考虑对短路电流值有重大影响的电路元件。因为一般系统中已采取措施，使单相短路电流值不超过三相短路电流值，而且二相短路电流值通常也小于三相短路电流值，所以在短路电流计算中以三相短路电流作为基本计算，并且作为校验高压电器设备的主要指标。

因为本计算方法假设系统容量为无限大，并且忽略了系统中对短路电流值影响不大的因素，因此计算值与实际值是存在一定误差的。这种误差随着假设条件与实际情况的差异增大而增大，但对一般系统这种计算值的精确度是足够的。

4.4.2 短路电流的计算步骤

在计算短路电流前，需要在【短路电流计算】对话框中输入系统和导线的数据，以便软件根据这些数据计算短路电流。

计算短路电流的步骤如下：

01 在【短路电流计算】对话框中设置计算用的示意图，示意图显示在"定义线路"预览窗口中。

02 输入和修改图中的设备和导线数据。

03 在【短路电流计算】对话框中单击"计算"按钮，计算短路电流和进行设备校验。设备校验时对各种设备数据进行的修改可以自动存入图中。

计算短路电流所用的示意图包含了所有计算时所需要的数据，所以也是一份计算数据文件。保存文件后，在下一次计算时，如果再调入这张图，图中的数据就可以被直接利用。

4.4.3 短路电流命令

调用"短路电流"命令，可按照示意图所指定的数据，计算系统中指定点的短路电流并进行设备校验。

"短路电流"命令的执行方式如下：

➢ 命令行：输入"DLDL"按 Enter 键。

➢ 菜单栏：单击"计算"→"短路电流"命令。

执行上述任意一项操作，弹出如图 4-28 所示的【短路电流计算】对话框。在计算短路电流前，首先要定义线路。

图 4-28 【短路电流计算】对话框

定义线路的过程主要包括以下几个部分。

01 根据所要计算短路电流的系统类型，在对话框中添加或删除系统元件。在对话框的右边，以按钮的形式排列了系统元件，单击这些按钮，可以在系统中添加元件。

02 在对话框中间的"定义线路"预览窗口中以文字的形式显示已添加的元件，能够对每个已添加的系统元件进行修改和编辑，并选中计算点。

03 对话框左侧黑色的预览窗口可以把每种已添加的系统元件以符号的形式表示。

下面分别介绍添加元件时所要用到的按钮的功能。

1．"线路"按钮

单击"线路"按钮，弹出如图 4-29 所示的【类型参数】对话框，其中提供了计算短路电流时所需要的参数。

基准容量：由系统的基准容量决定，用户不能对其进行编辑修改。

线路长度：用户可以自定义参数。

平均额定电压：指的是导线两端电压的平均值。横导线或者左边未标注数据的竖导线不能为其定义"平均额定电压"值。可在文本框中输入参数，或者在下拉列表中选择参数。

电缆、架空线：系统提供的两种不同的线路类型。选择不同的线路，计算结果也不相同。

全部设定所有的参数后，单击"确定"按钮关闭【类型参数】对话框。在"定义线路"预览窗口及对话框左侧的黑色预览窗口都显示出相应的文字选项以及线路符号，如图 4-30 所示。

图 4-29 【类型参数】对话框

图 4-30 显示线路信息

2. "发电机"按钮

单击"发电机"按钮，弹出如图4-31所示的【类型参数】对话框。在"发电机额定容量""发电机电抗百分数"文本框中定义参数，单击"确定"按钮关闭【类型参数】对话框。在"定义线路"预览窗口及对话框左侧的黑色预览窗口都显示出相应的文字选项以及发电机符号，如图4-32所示。

图4-31　【类型参数】对话框

图4-32　显示发电机信息

3. "三绕组变压器"按钮

单击"三绕组变压器"按钮，弹出如图4-33所示的【变压器参数输入】对话框，可在其中设定三相变压器的参数，包括变压器额定容量、变压器各接线端之间的短路电压百分数和变压器接线端接线方式。

变压器各接线端之间的短路电压百分数包括"高低""高中"和"中低"三种方式，每种电压百分数可以自定义输入，也可从下拉列表中选择。

变压器接线端的接线方式由三个互锁按钮来确定，单击其中一个互锁按钮，可选定对应的接线方式。

单击"确定"按钮关闭【变压器参数输入】对话框，在"定义线路"预览窗口以及对话框左侧的黑色预览窗口都显示出相应的文字选项以及三相变压器符号，如图4-34所示。

图4-33　【变压器参数输入】对话框

图4-34　显示三相变压器信息

4. "双绕组变压器"按钮

单击"双绕组变压器"按钮,弹出如图 4-35 所示的【变压器参数输入】对话框,可在其中设定两相变压器的参数,需要设定的参数有"变压器额定容量""短路电压 Ud%""并联数量"。

单击"确定"按钮关闭【变压器参数输入】对话框,在"定义线路"预览窗口以及对话框左侧的黑色预览窗口都显示出相应的文字选项以及两相变压器符号,如图 4-36 所示。

图 4-35　【变压器参数输入】对话框

图 4-36　显示变压器信息

此时,需要在"定义线路"窗口中选择"三相变压器"选项,如图 4-37 所示,然后单击右侧的"删除"按钮将其删除,因为在同一个线路中不会出现两个变压器,结果如图 4-38 所示。

图 4-37　选择"三相变压器"

图 4-38　删除变压器

5. "电抗器"按钮

单击"电抗器"按钮,弹出如图 4-39 所示的【电抗器参数输入】对话框。电抗器是由用户自定义系统中的一些元件电抗值的形象表示。在对话框中用户需要设定"电抗标么值""额定电压""额定电流""基准电压""基准电流"等参数。

在对话框的下方显示了电抗值的计算公式,其可按照用户设定的参数计算该系统的电抗值,计算完成后添加到系统中。

　　单击"确定"按钮完成参数的输入和计算电抗的操作。在"定义线路"窗口以及黑色窗口都相应显示出文字选项以及电抗绕组符号，如图 4-40 所示。

图 4-39　【电抗器参数输入】对话框

图 4-40　显示电抗器信息

6. "电力系统"按钮

　　单击"电力系统"按钮，弹出如图 4-41 所示的【类型参数】对话框，可在其中设定电力系统参数。输入"短路容量"值，单击"确定"按钮关闭对话框。在"定义线路"窗口以及黑色窗口都相应显示出文字选项以及电力系统符号，如图 4-42 所示。

图 4-41　【类型参数】对话框

图 4-42　显示电力系统信息

　　通过以上的操作，可以根据短路电流的要求绘制一个电力系统图。所设定的参数还可以再修改。

7. 修改系统元件

　　在黑色窗口中显示出造好的系统图，在"定义线路"窗口中显示出相应选项的文字说明。在"定义线路"窗口中选定并双击待修改的说明文字，将弹出与该选项对应的对话框。

　　例如，双击"线路"选项，在黑色窗口中显示出红色的交叉符号，表示与文字对应的选项正处于被编辑状态。同时弹出【类型参数】对话框，如图 4-43 所示，用户可在其中重定义参数。

图 4-43　修改参数

单击"确定"按钮完成修改，修改的结果同时存入对应的元件中。预览窗口以及对话框中的数据也会同步更新。

8．删除系统组件

在"定义线路"窗口中选定待修改的说明文字，单击对话框右边的"删除"按钮，即可将其删除。删除结果可以同时在黑色窗口和"定义线路"窗口中查看。

9．修改元件电抗值

在"定义线路"窗口中选择待修改电抗值的元件，在窗口下方的"电抗值"选项中将显示元件的电抗值。在选项中输入需要的参数，单击"电抗修改"按钮，即可完成修改。

如果想要修改整个系统的参数，则需要在【短路电流计算】对话框中的"基准容量""短路点基准电压""冲击系数"三个选项中设置参数，或在下拉列表中选择参数，如图 4-44 所示。

图 4-44　修改参数

10．设定短路点

系统的短路点可以有很多个，用户可自行设定要计算的短路点。用户在"定义线路"窗口中选择一个元件，表示短路点在元件的末端。

例如，在"定义线路"窗口中选择"电路系统"，在黑色窗口中显示电路系统的后面打了一个红叉，表示短路点在这里，如图 4-45 所示。

单击"计算"按钮，在"计算结果"选项组中将显示计算的结果，包括"短路电流有效值""短路冲击电流""短路全电流有效值""短路容量"四项，如图 4-46 所示。

单击"退出"按钮，关闭对话框，完成本次的计算。

图 4-45　设置短路点

图 4-46　查看计算结果

4.5　无功补偿计算

无功补偿计算指的是计算"平均功率因数"和"指定功率因数"下的"无功功率补偿"所需要的电容器数量。

4.5.1　无功补偿计算方法

"无功补偿"命令用来计算工业企业中的"平均功率因数"以及"补偿电容"的容量，并且计算"补偿电容器"的数量。所依据的计算方法可以参阅建筑资料《民用建筑电气设计手册》第五章"无功功率的补偿"。

4.5.2　无功补偿命令

调用"无功补偿"命令，根据已知的"负荷数据"和所期望的"功率因数"计算系统的"平均功率因数"和"无功补偿"所需的"补偿容量"，可以同时计算"补偿电容器"的数量和"实际的补偿容量"。

"无功补偿"命令的执行方式如下：

➢　命令行：输入"WGBC"按 Enter 键。

➢　菜单栏：单击"计算"→"无功补偿"命令。

执行上述任意一项操作，弹出如图 4-47 所示的【无功补偿计算】对话框，无功功率计算可在其中完成。

在该对话框中提供了两种不同的计算无功功率的方法，不同的计算方法所需的计算条件也不相同。

1.　根据计算负荷（新设计电气系统）

选择"根据计算负荷（新设计电气系统）"选项，需要设置的参数如图 4-47 所示。参数显示在"参数输入"选项组中，包括"有功计算负荷 Pc（kW）""无功计算负荷 Qc（kvar）""年均有功负荷系数 α_{av}""年均无功负荷系数 β_{av}" 和"补偿后功率因数 cosφ2"等参数。

在各选项中输入参数，单击"计算"按钮，即可执行无功补偿计算。在"计算结果"选项组下查看结果,如图 4-48 所示。

图 4-47 【无功补偿计算】对话框　　　　　图 4-48 查看计算结果

2. 根据年用电量(使用一年以上电气系统)

选择"根据年用电量(使用一年以上电气系统)"选项,此时"参数输入"选项组会发生变化,如图 4-49 所示。

在"参数输入"选项组中可定义"年有功电能消耗量 Wp(kW·h)""年无功电能消耗量 Wq(kvar·h)""补偿后功率因数 cosφ2"这些选项的参数。

单击"用电情况"选项后,在下拉列表中可选择不同场合的用电情况。

参数设置完毕后,单击"计算"按钮即可在"补偿前功率因数 cosφ1"和"补偿的无功功率 Qv(kvar)"选项中显示计算结果,如图 4-50 所示。

图 4-49 选择计算方式　　　　　图 4-50 查看计算结果

3. 电容器数量计算

单击"电容器数量计算"按钮,弹出如图 4-51 所示的【电容器数量的计算】对话框。

在"单个电容器额定容量(kvar)"选项中输入参数后,单击"计算"按钮即可在"计算结果"选项组中显示"需并联电容器的数量""实际补偿的无功功率 Qv'(kvar)"和"实际补偿后功率因数 cosφ2'"的参数值,如图 4-52 所示。

图 4-51 【电容器数量的计算】对话框   图 4-52 查看计算结果

单击"返回"按钮，返回【无功补偿计算】对话框。单击"退出"按钮，结束计算无功补偿率的计算。

4.6 低压短路计算

"低压短路"命令可用来计算低压网络中某点的短路电流。本节将介绍计算方法和步骤。

4.6.1 低压短路的计算范围

低压短路电流计算的范围包括：民用建筑电气设计中的低压短路电流，220/380V 低压网络电路元件的电流，三相短路、单相短路（包括单相接地故障）的电流，柴油发电机供电系统短路电流。

4.6.2 低压短路命令

调用"低压短路"命令，可计算配电线路中某点的短路电流。

"低压短路"命令的执行方式如下：

➢　命令行：输入"DYDL"按 Enter 键。

➢　菜单栏：单击"计算"→"低压短路"命令。

执行上述任意一项操作，弹出如图 4-53 所示的【低压短路电流计算】对话框，在其中可完成低压短路电流的计算。

在计算的过程中，主要考虑了系统、变压器、母线和线路的阻抗值，同时考虑了大电机反馈电流对短路电流的影响。

【低压短路电流计算】对话框中的各选项介绍如下：

系统容量 MVA：在下拉列表中选择系统的容量值。

系统短路阻抗 mΩ：在选择系统容量值后，系统会自动计算相对应的系统短路阻抗值。

变压器：单击"变压器"选项后的按钮«，弹出如图 4-54 所示的【变压器阻抗计算】对话框。

在该对话框中可选择"变压器型号""容量"以及"接线形式"。在"计算数据"选项组中的"变压器阻抗电压百分比（%）"和"变压器负载损耗（kW）"选项中将自动显示该类型变压器的相应数据，同时得到变压器的阻抗值。用户也可以更改变压器的各项数据来算出相应的阻抗值。单击"确定"按钮，返回【低压短路电流计算】对话框。

图 4-53 【低压短路电流计算】对话框　　　　　图 4-54 【变压器阻抗计算】对话框

❑ **设置母线参数**

根据变压器的型号，系统会自动指定母线的规格，用户也可以自定义母线参数，在"母线材料""母线规格""母线长度""相线间距"选项的下拉列表中选择参数。

是否计算母线：选择该选项，可将母线的阻抗值计算在内。

大电动机功率：如果要计入大电动机反馈电流的影响，在该选项的下拉列表中选择功率即可。保持默认值为 0，表示不计入大电动机功率。

❑ **设定线路参数**

在【低压短路电流计算】对话框下方的三个表格中可以对线路的属性进行设置。通过各选项的下拉列表选择线路材质、保护线与相线截面积之比、线路截面积、线路类型，同时输入线路的长度参数。

单击"计算"按钮，计算结果将显示在对话框的左侧各选项中，如图 4-55 所示。

单击"计算书"按钮，计算结果将以 Word 文档的形式保存，如图 4-56 所示。

图 4-55 计算结果　　　　　图 4-56 计算书

4.7 逐点照度计算

4.7.1 逐点照度的计算方法

逐点照度计算可计算空间每点照度，显示计算空间的最大照度值和最小照度值。其支持不规则区域的计算，充分考虑了光线的遮挡因素，同时绘制照度分布曲线图，输出 Word 计算书。

逐点照度计算的程序采用的是"点照度"计算法，可精确计算每点照度。计算方法采用《照明设计手册》中关于照度计算的各知识点。灯具及其配光曲线及等光强表的数据均来自《照明设计手册》。

4.7.2 逐点照度命令

调用"逐点照度"计算命令，可计算空间每点照度，绘制等照度分布曲线图。

"逐点照度"命令的执行方式如下：

➢ 命令行：输入"ZDZD"按 Enter 键。

➢ 菜单栏：单击"计算"→"逐点照度"命令。

执行上述任意一项操作，命令行提示如下：

命令：ZDZD↙
请输入房间起始点{选取房间轮廓 PLine 线[P]}<退出>：
请输入对角点：

如果为矩形房间，则通过指定房间的对角点选择房间。

如果为不规则房间，则需要事先绘制房间的轮廓线，或者通过"建筑"→"房间轮廓线"命令生成房间轮廓线。此时根据命令行的提示输入"P"，点取房间轮廓线即可提取房间参数。

选定房间后，弹出如图 4-57 所示的【逐点照度计算】对话框，其中包含了"计算参数"和"计算结果"选项组。

【逐点照度计算】对话框中的选项介绍如下：

点密度：默认值为 100，即将房间的长、宽各分为 100 段，共 10000 个点。

工作面高度：定义工作面的高度。系统默认值为 0.75。

维护系数：系统默认值为 0.8，用户可自定义修改。

光通量：可以手动定义参数值。将光标定位在选项单元格中，单击单元格右侧的矩形按钮，弹出如图 4-58 所示的【选择光源】对话框，在其中可选择相应的光源种类。

灯具配光曲线：单击单元格右侧的矩形按钮，调出如图 4-59 所示的【发光强度表】对话框。在其中通过设置灯具信息来获取灯具的发光强度表。

单击"确定"按钮，关闭【发光强度表】对话框，返回【逐点照度计算】对话框。单击"计算"按钮，即可在"计算结果"选项组中显示各选项的计算结果，如图 4-60 所示。

单击"绘等照度线"按钮，弹出如图 4-61 所示的【等照度曲线设置】对话框，可以在"等照度线设置"选项组中设置各项参数值，也可在"颜色设置"列表中定义照度线的颜色。

图 4-57 【逐点照度计算】对话框   图 4-58 【选择光源】对话框

图 4-59 【发光强度表】对话框

图 4-60 计算结果

单击"绘等照度线"按钮，即可在选定的房间内设计绘制等照度曲线，如图 4-62 所示。

图 4-61　【等照度曲线设置】对话框　　　　　　　　　图 4-62　绘制等照度曲线

单击"查询点"按钮，可以查询计算房间内任意一点的照度值。

单击"出计算书"按钮，可以将计算结果以 Word 文档形式输出，如图 4-63 所示。

图 4-63　计算书

第5章
三维桥架与电缆敷设

● **本章导读**

本章介绍三维桥架与电缆敷设命令的调用方法。执行"三维桥架"命令，可以同时绘制多层桥架，生成垂直段的桥架。执行"电缆敷设"命令，可以统计电缆长度，导入"电缆清册表""电机表"，自动进行电缆敷设，自动绘制电缆敷设图，自动计算每一回路的电缆长度。

● **本章重点**

◇ 三维桥架

◇ 电缆敷设

5.1 三维桥架

"三维桥架"命令除了可以绘制多层桥架之外，还可以编辑修改桥架的参数，标注并统计桥架信息。

"三维桥架"和"电缆敷设"命令位于天正电气的"民用菜单"中，软件开启时默认选择的是"工业菜单"，如图 5-1 所示。要调用"绘制桥架"和"电缆敷设"命令，必须开启"民用菜单"。

单击"设置"→"工业菜单"命令，系统即可转换至"民用菜单"，在屏幕菜单中可以看到"三维桥架"和"电缆敷设"的标题，如图 5-2 所示。

图 5-1　显示"工业菜单"

图 5-2　切换至"民用菜单"

5.1.1　桥架设置

调用"桥架设置"命令，可在对话框中设置桥架样式的各项参数。

"桥架设置"命令的执行方式如下：

➤　命令行：输入"QJSZ"按 Enter 键。

➤　菜单栏：单击"三维桥架"→"桥架设置"命令。

执行上述任意一项操作，弹出【桥架样式设置】对话框，如图 5-3 所示。在该对话框中可以对桥架样式的参数进行定义，具体操作可参见第 2 章 2.7.1 小节。

图 5-3　【桥架样式设置】对话框

5.1.2 绘制桥架

调用"绘制桥架"命令，可在平面图中根据所定义的参数绘制桥架，并同步生成三维样式。

"绘制桥架"命令的执行方式如下：

➢　命令行：输入"HZQJ"按 Enter 键。

➢　菜单栏：单击"三维桥架"→"绘制桥架"命令。

执行上述任意一项操作，系统弹出【绘制桥架】对话框。在该对话框中设置桥架的各项参数后，分别点取桥架的起点和终点，即可绘制桥架，结果如图 5-4 所示。详细的绘制步骤请参见第 2 章 2.7.1 小节。

图 5-4　绘制桥架

5.1.3 绘制竖管

调用"绘制竖管"命令，可在平面图中绘制桥架竖管，图 5-5 为绘制结果。

"绘制竖管"命令的执行方式如下：

➢　命令行：输入"HZSG"按 Enter 键。

➢　菜单栏：单击"三维桥架"→"绘制竖管"命令。

下面以绘制如图 5-5 所示的竖管为例，讲解调用"绘制竖管"命令的方法。

01 按 Ctrl+O 组合键，打开配套资源提供的"第 5 章/ 5.1.3 绘制竖管.dwg"素材文件，如图 5-6 所示。

图 5-5　绘制竖管　　　　　　　　　　　　　　　图 5-6　打开素材文件

[02] 输入 "HZSG" 按 Enter 键，命令行提示如下：

命令:HZSG↙

TEL_PAINTVCABLE

请选择绘制桥架定位点：　　　　　　　　　　　//在桥架上指定点。

请输入竖桥架标高(当前桥架标高:0 米):4　　　//输入参数，弹出如图 5-7 所示的【垂直桥
架样式】对话框。

[03] 在对话框中选择 "水平中间" 连接方式，单击 "确定" 按钮，绘制竖管，如图 5-8 所示。

图 5-7　【垂直桥架样式】对话框

图 5-8　绘制竖管

[04] 转换至 "西南等轴测" 视图，查看竖管的三维效果，如图 5-5 所示。

5.1.4 绘制吊架

调用 "绘制吊架" 命令，可在平面图中绘制三维吊架，图 5-9 所示为绘制结果。

"绘制吊架" 命令的执行方式如下：

➤　命令行：输入 "HZDJ" 按 Enter 键。

➤　菜单栏：单击 "三维桥架" → "绘制吊架" 命令。

下面以绘制如图 5-9 所示的吊架为例，讲解调用 "绘制吊架" 命令的方法。

[01] 按 Ctrl+O 组合键，打开配套资源提供的 "第 5 章/ 5.1.4 绘制吊架.dwg" 素材文件，如图 5-10
所示。

图 5-9　绘制吊架

图 5-10　打开素材文件

[02] 单击"三维桥架" → "绘制吊架"命令，弹出【绘制吊架】对话框，设置参数如图 5-11 所示。

[03] 命令行提示如下：

命令:HZDJ✔

请点取桥架上一点:<退出>   //如图 5-12 所示。

在预览位置插入吊架<退出>   //如图 5-13 所示。

[04] 绘制吊架的结果如图 5-14 所示。

图 5-11 【绘制吊架】对话框

图 5-12 指定点

图 5-13 在预览位置插入吊架

图 5-14 绘制吊架

[05] 转换至"西南等轴测"视图，查看吊架的三维效果，如图 5-9 所示。

在【绘制吊架】对话框中选择"多选"选项，如图 5-15 所示，可以同时选取多个桥架，并为其添加吊架，如图 5-16 所示。

221

图 5-15 选择"多项"选项　　　　　　　　图 5-16 为多个桥架创建吊架

5.1.5 绘制支架

调用"绘制支架"命令，可在平面图中绘制三维支架，图 5-17 所示为绘制结果。

"绘制支架"命令的执行方式如下：

➤ 命令行：输入"HZZJ"按 Enter 键。

➤ 菜单栏：单击"三维桥架"→"绘制支架"命令。

下面以绘制如图 5-17 所示的支架为例，讲解调用"绘制支架"命令的方法。

01 按 Ctrl+O 组合键，打开配套资源提供的"第 5 章/ 5.1.5 绘制支架.dwg"素材文件，如图 5-18 所示。

图 5-17 绘制支架　　　　　　　　　　　图 5-18 打开素材文件

02 单击"三维桥架"→"绘制支架"命令，弹出【绘制支架】对话框，设置参数如图 5-19 所示。

03 命令行提示如下：

命令：HZZJ↙

请点取墙线上一点：<退出>　　　　　//如图 5-20 所示。

请确定支架方向:<退出>　　　　　　　//如图 5-21 所示。

在预览位置插入吊架<退出>　　　　　　//如图 5-22 所示。

图 5-19　【绘制支架】对话框

图 5-20　指定点

图 5-21　指定方向

图 5-22　在预览位置插入吊架

04 绘制支架的结果如图 5-23 所示。

图 5-23　绘制支架

05 转换至"西南等轴测"视图,查看吊架的三维效果,如图 5-17 所示。

5.1.6 绘制竖井

调用"绘制竖井"命令,可绘制三维竖井图,图 5-24 所示为绘制结果。

"绘制竖井"命令的执行方式如下:

➢ 命令行: 输入"HZSJ"按 Enter 键。

➢ 菜单栏: 单击"三维桥架"→"绘制竖井"命令。

下面以绘制如图 5-24 所示的竖井为例,讲解调用"绘制竖井"命令的方法。

01 单击"三维桥架"→"绘制竖井"命令,弹出【绘制竖井】对话框,设置参数如图 5-25 所示。

02 命令行提示如下:

```
命令:HZSJ↙
请指定竖管插入点{左右翻转[F],切换插入点[S]}<退出>
```

03 指定插入点,绘制竖井的结果如图 5-26 所示。

图 5-24 绘制三维竖井

图 5-25 【绘制竖井】对话框

图 5-26 绘制竖井

04 转换至"西南等轴测"视图,查看竖井的三维效果,如图 5-24 所示。

5.1.7 增加隔板

调用"增加隔板"命令,可选择桥架添加隔板。

"增加隔板"命令的执行方式如下:

➢ 命令行:输入"ZJGB"按 Enter 键。

➢ 菜单栏:单击"三维桥架"→"增加隔板"命令。

利用本命令为桥架增加隔板,需要设置桥架的属性参数,才可以在视图中观察增加隔板的效果。下面介绍操作步骤。

单击"三维桥架"→"桥架设置"命令,打开【桥架样式设置】对话框。选择"显示隔板"选项,如图 5-27 所示。

单击"三维桥架"→"绘制桥架"命令,打开【绘制桥架】对话框。在桥架参数表格中选择"隔板",在列表中选择"有"选项,如图 5-28 所示。

图 5-27 选择"显示隔板"选项

图 5-28 选择"有"选项

单击"三维桥架"→"增加隔板"命令，命令行提示如下：

命令：ZJGB↙

请选择起始桥架<退出>：

选择桥架，弹出【增加隔板】对话框，选择桥架数据，如图 5-29 所示。单击"隔板设置"按钮，弹出【隔板设置】对话框，设置隔板的参数，如图 5-30 所示。

图 5-29 【增加隔板】对话框

图 5-30 【隔板设置】对话框

连续单击两次"确定"按钮，关闭对话框。命令行提示如下：

是否设置相互连接的桥架[是(Y)/否(N)]<Y>：   //按 Enter 键。

在平面图中观察增加隔板的效果，如图 5-31 所示。因为隔板轮廓线与桥架轮廓线重合，为了更加直观地查看隔板，将其转换至"西南等轴测"视图，隔板的三维效果如图 5-32 所示。

图 5-31 隔板的二维样式

图 5-32 隔板的三维效果

5.1.8 线生桥架

调用"线生桥架"命令，可在直线、圆弧或者多段线的基础上创建桥架。

"线生桥架"命令的执行方式如下：

➢ 命令行：输入"XSQJ"按 Enter 键。

➢ 菜单栏：单击"三维桥架"→"线生桥架"命令。

下面以创建如图 5-33 所示的桥架为例，讲解调用"线生桥架"命令的方法。

[01] 按 Ctrl+O 组合键，打开配套资源提供的"第 5 章/ 5.1.8 线生桥架.dwg"素材文件，如图 5-34 所示。

图 5-33　线生桥架　　　　　　　　　　　　　　　　图 5-34　打开素材文件

[02] 输入"XSQJ"按 Enter 键，打开【线生桥架】对话框，设置参数如图 5-35 所示。

[03] 命令行提示如下：

命令：XSQJ↙

选择要变成桥架的直线、圆弧或多段线<退出>：　　　　　//如图 5-36 所示。

图 5-35　【线生桥架】对话框　　　　　　　　　　　　图 5-36　选择线

[04] 按 Enter 键即可创建桥架，结果如图 5-33 所示。

5.1.9　桥架标注

调用"桥架标注"命令，可在平面图上标注桥架的参数，图 5-37 所示为标注结果。

"桥架标注"命令的执行方式如下：

➢　菜单栏：单击"三维桥架"→"桥架标注"命令。

下面以绘制如图 5-37 所示的标注为例，讲解调用"桥架标注"命令的方法。

[01] 按 Ctrl+O 组合键，打开配套资源提供的"第 5 章/ 5.1.9 桥架标注.dwg"素材文件，如图 5-38 所示。

[02] 单击"三维桥架"→"桥架标注"命令，命令行提示如下：

命令：tel-lable↙

请在需要标注的桥架上选取一点：　　　　　//如图 5-39 所示.

请确定标注的位置：　　　　　//如图 5-40 所示。

图 5-37 桥架标注

图 5-38 打开素材文件

图 5-39 指定点

图 5-40 指点位置

[03] 在合适的位置单击，标注桥架的结果如图 5-37 所示。

5.1.10 桥架统计

调用"桥架统计"命令，可统计指定范围内的桥架，并生成桥架统计表。图 5-41 所示为统计表的绘制结果。

"桥架统计"命令的执行方式如下：

➤ 命令行：输入"QJTJ"按 Enter 键。

➤ 菜单栏：单击"三维桥架"→"桥架统计"命令。

下面以如图 5-41 所示的表格为例，讲解调用"桥架统计"命令的方法。

序号	名称	型号	规格	单位	数量	备注
1	桥架	C-01-10-3	300X100	米	15.9	槽式直通桥架
2	弯通	C-02A	300X100	件	5	槽式水平等径弯通
3	三通	C-03A	300X100	件	1	槽式水平等径三通
4	四通	C-04A	300X100	件	1	槽式水平等径四通

图 5-41 统计表格

[01] 按 Ctrl+O 组合键，打开配套资源提供的"第 5 章/ 5.1.10 桥架统计.dwg"素材文件，如图 5-42 所示。

02 输入 "QJTJ" 按 Enter 键，弹出【桥架、支吊架统计设置】对话框，选择选项，如图 5-43 所示。

图 5-42　打开素材文件

图 5-43　选择选项

03 同时命令行提示如下：

命令:QJTJ↙

请选择桥架统计范围[选取闭合PLINE(P)]:<整张图>指定对角点:找到21个 //如图 5-44 所示。

点取表格左上角位置：

图 5-44　选择桥架统计范围

04 按 Enter 键，指定点绘制表格，结果如图 5-41 所示。

> 提示
>
> 　在命令行提示"选取闭合 PLINE（P）:"时输入"P"，可以选择闭合 PLINE 范围内的桥架作为统计对象。

5.1.11　桥架编码

调用 "桥架编码" 命令，可以对桥架进行自动编码。

"桥架编码" 命令的执行方式如下：

➢ 　命令行：输入 "QJBM" 按 Enter 键。

➢ 　菜单栏：单击 "三维桥架" → "桥架编码" 命令。

执行 "三维桥架" → "桥架编码" 命令，命令行提示如下：

命令:QJBM↙

请选择要进行编码的起始桥架<退出>:　　　　　　　　　//如图 5-45 所示。

弹出【桥架编码】对话框，如图 5-46 所示。

图 5-45　选择桥架

图 5-46　【桥架编码】对话框

三维模式查看编码的桥架，任意键退出

单击"确定"按钮关闭对话框。根据命令行的提示，可转换至三维视图查看桥架编码的结果。

5.1.12　编码检查

调用"编码检查"命令，可对桥架编码进行检查。

"编码检查"命令的执行方式如下：

➢ 命令行：输入"BMJC"按 Enter 键。

➢ 菜单栏：单击"三维桥架"→"编码检查"命令。

执行上述任意一项操作，命令行提示如下：

命令：BMJC↙

请选择需要检查的桥架（构件）<整张图纸>：

选择待检查的桥架按 Enter 键，弹出【编号检查】对话框。其中显示了所选桥架的编码，单击"更新"按钮，检查桥架编号是否有重复。检查结果在对话框在左下角显示，如图 5-47 所示。同时，接受检查的桥架在图中显示为红色，如图 5-48 所示，并不停地闪烁，直至结束检查为止。

图 5-47　【编号检查】对话框

图 5-48　桥架显示为红色

5.1.13 两层连接

调用"两层连接"命令，可连接两层桥架，图 5-49 所示为连接结果。

"两层连接"命令的执行方式如下：

➢ 命令行：输入"LCLJ"按 Enter 键。

➢ 菜单栏：单击"三维桥架"→"两层连接"命令。

下面以连接如图 5-49 所示的桥架为例，讲解调用"两层连接"命令的方法。

[01] 按 Ctrl+O 组合键，打开配套资源提供的"第 5 章/ 5.1.13 两层连接.dwg"素材文件，如图 5-50 所示。

图 5-49 连接两层桥架

图 5-50 打开素材文件

[02] 输入"LCLJ"按 Enter 键，命令行提示如下：

命令：LCLJ↙

请选择不同标高的桥架：   //如图 5-51 所示。

请选择插入点<倾斜桥架连接>：   //如图 5-52 所示。

图 5-51 选择两层桥架

图 5-52 指定插入点

[03] 弹出【垂直桥架样式】对话框，选择"水平中间"选项，如图 5-53 所示。单击"确定"按钮关闭对话框，结束连接。

图 5-53　选择"水平中间"选项

04 在三维视图中选择一个合适的视觉样式，观察两层连接的效果，如图 5-49 所示。

在【垂直桥架样式】对话框中选择"水平靠左"连接方式，如图 5-54 所示。连接两层的桥架位置居左，如图 5-54 所示。选择"水平靠右"选项，连接两层的桥架位置居右，如图 5-56 所示。

图 5-54　选择"水平靠左"选项

图 5-55　水平靠左

图 5-56　水平靠右

5.1.14 局部升降

调用"局部升降"命令，可选择桥架的一部分进行"抬高或降低"操作。图 5-57 所示为抬高局部桥架的结果。

"局部升降"命令的执行方式如下：

➤ 命令行：输入"JBSJ"按 Enter 键。

➤ 菜单栏：单击"三维桥架"→"局部升降"命令。

下面以如图 5-57 所示的操作结果为例，讲解"局部升降"命令的调用方法。

01 按 Ctrl+O 组合键，打开配套资源提供的"第 5 章/ 5.1.14 局部升降.dwg"素材文件，如图 5-58 所示。

图 5-57 局部抬高

图 5-58 打开素材文件

02 输入"JBSJ"按 Enter 键，命令行提示如下：

命令：JBSJ↙

请选择需要升降的桥架<退出>：找到 1 个　　　　//如图 5-59 所示。

03 按 Enter 键，弹出【桥架升降】对话框，设置参数如图 5-60 所示。

图 5-59 选择桥架

图 5-60 【桥架升降】对话框

选取桥架升降开始点：　　　　　　　　　　　//如图 5-61 所示。

选取桥架升降结束点：　　　　　　　　　　　//如图 5-62 所示。

不生成构件直接连接！

图 5-61 指定开始点　　　　　　　　　　　图 5-62 指定结束点

04 完成局部升降，结果如图 5-63 所示。

图 5-63 完成局部升降

05 转换至"西南等轴测"视图，查看局部升降桥架的三维效果，如图 5-57 所示。

在【桥架升降】对话框中选择"下降"方式，被选中的桥架则按照指定的"升降距离"向下移动，结果如图 5-64 所示。

选择"拐角类型"为"90 度"，桥架被抬升的部分则以 90° 角显示连接结果，如图 5-65 所示。

图 5-64　桥架向下移动

图 5-65　按 90° 角向上抬升

5.1.15　桥架合并

调用"桥架合并"命令，将两段标高相等且位于同一水平线上的桥架合并为整体，图 5-66 所示为桥架合并的结果。

"桥架合并"命令的执行方式如下：

➢　菜单栏：单击"三维桥架"→"桥架合并"命令。

下面以如图 5-66 所示的合并效果为例，讲解"桥架合并"命令的调用方法。

01　按 Ctrl+O 组合键，打开配套资源提供的"第 5 章 / 5.1.15 桥架合并.dwg"素材文件，如图 5-67 所示。

02　单击"三维桥架"→"桥架合并"命令，命令行提示如下：

命令:tel_merge
选择第一段桥架：
选择第二段桥架：

03　分别选择两段桥架后按 Enter 键，合并结果如图 5-66 所示。

图 5-66　桥架合并

图 5-67　打开素材文件

5.1.16　平面弯通

调用"平面弯通"命令，可以弯通连接两段桥架，图 5-68 所示为连接结果。

"平面弯通"命令的执行方式如下：

➢　命令行：输入"PMWT"按 Enter 键。

➢　菜单栏：单击"三维桥架"→"平面弯通"命令。

下面以如图 5-68 所示的连接结果为例，讲解调用"平面弯通"命令的方法。

01　按 Ctrl+O 组合键，打开配套资源提供的"第 5 章 / 5.1.16 平面弯通.dwg"素材文件，如图 5-69 所示。

图 5-68　弯通连接

图 5-69　打开素材文件

02 输入 "PMWT" 按 Enter 键，命令行提示如下：

命令：PMWT↙

请选择标高相同且互相垂直的两段桥架<绘制>：　　　　　　　//单击鼠标右键。

请选择桥架端点：　　　　　　　　　　　　　　　　　　　　//单击 A 点，如图 5-70 所示。

03 弹出【弯头】对话框，选择 "槽式垂直等径下弯通（左）" 选项，如图 5-71 所示。

图 5-70　指定点

图 5-71　【弯头】对话框

04 单击 "确定" 按钮，关闭对话框完成，连接结果如图 5-72 所示。

图 5-72　创建弯通连接

05 转换至 "西南等轴测" 视图，查看连接后的三维效果，如图 5-68 所示。

在【弯头】对话框中选择弯通类型，单击"查询"按钮，可打开信息对话框，其中显示了所对应的"弯通"参数，包括"型号"和"规格"等，如图 5-73 所示。用户可以直接调用参数，创建弯通连接。

图 5-73　显示参数

> **提示**
>
> 如果两段桥架的标高相同，只需要绘制选框选择两段桥架，即可自动添加"弯通"创建连接。

5.1.17　平面三通

调用"平面三通"命令，可以三通联接桥架，图 5-74 所示为连接结果。

"平面三通"命令的执行方式如下：

➢　命令行：输入"PMST"按 Enter 键。

➢　菜单栏：单击"三维桥架"→"平面三通"命令。

下面以如图 5-74 所示的三通连接为例，讲解"平面三通"命令的调用方法。

01　按 Ctrl+O 组合键，打开配套资源提供的"第 5 章/5.1.17 平面三通.dwg"素材文件，如图 5-75 所示。

图 5-74　平面三通连接

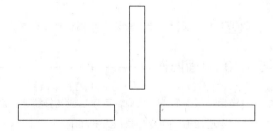

图 5-75　打开素材文件

02　输入"PMST"按 Enter 键，命令行提示如下：

命令:tel_tee2↙

请选择标高相同的几段桥架<绘制>：　　　　　//单击鼠标右键。

请选择桥架端点：　　　　　//如图 5-76 所示。

03 打开【三通参数设置】对话框，选择三通类型，如图 5-77 所示。

图 5-76 指定端点

图 5-77 选择三通类型

04 单击"确定"按钮，此时看到三通构件的连接结果如图 5-78 所示。

05 命令行提示如下：

选择三通放置方式[┳┣┻切换(T)]:T
选择三通放置方式[┳┣┻切换(T)]:T

06 连续按 T 键，调整三通的放置方式，完成三通连接，结果如图 5-79 所示。

图 5-78 连接结果

图 5-79 完成三通连接

07 转换至"西南等轴测"视图，可查看三通连接的三维效果，如图 5-74 所示。

5.1.18 平面四通

调用"平面四通"命令，可以四通连接桥架，图 5-80 所示为连接结果。

"平面四通"命令的执行方式如下：

➢ 命令行：输入"PMST"按 Enter 键。

➢ 菜单栏：单击"三维桥架"→"平面四通"命令。

下面以如图 5-80 所示的四通连接为例，讲解调用"平面四通"命令的方法。

01 按 Ctrl+O 组合键，打开配套资源提供的"第 5 章/5.1.18 平面四通.dwg"素材文件，如图 5-81 所示。

图 5-80　平面四通

图 5-81　打开素材文件

02　输入"PMST2"按 Enter 键，命令行提示如下：

命令:tel_cross↙
请选择标高相同的几段桥架<绘制>:　　　　　//单击鼠标右键.
请选择桥架端点<退出>:　　　　　　　　　　//如图 5-82 所示。

03　打开【四通】对话框，设置四通的属性参数，如图 5-83 所示。

图 5-82　指定端点

图 5-83　【四通】对话框

04　单击"确定"按钮，在指定的端点添加四通，结果如图 5-84 所示。

05　选择四通，执行"M"（移动）命令，指定基点，如图 5-85 所示。

图 5-84　添加四通

图 5-85　指定基点

237

06 向下移动光标，指定第二个点，如图 5-86 所示。

07 调整四通的位置，结果如图 5-87 所示。

图 5-86　指定第二点　　　　　　　　　　　　　　图 5-87　调整四通位置

08 转换至"西南等轴测"视图，可查看四通连接的三维效果，如图 5-80 所示。

5.1.19　乙字弯

调用"乙字弯"命令，可使用乙字弯连接两段桥架，图 5-88 所示为连接结果。

"乙字弯"命令的执行方式如下：

➤ 命令行：输入"YZLJ"按 Enter 键。

➤ 菜单栏：单击"三维桥架"→"乙字弯"命令。

下面以如图 5-88 所示的连接效果为例，讲解调用"乙字弯"命令的方法。

01 按 Ctrl+O 组合键，打开配套资源提供的"第 5 章/ 5.1.19 乙字弯.dwg"素材文件，如图 5-89 所示。

图 5-88　乙字弯连接　　　　　　　　　　　　　　图 5-89　打开素材文件

02 单击"三维桥架"→"乙字弯"命令，命令行提示如下：

命令：YZLJ↙

请选择第一段桥架<退出>：　　　　　　　　　//如图 5-90 所示；

请选择第二段桥架<退出>:　　　　　　　　//如图 5-91 所示;
请选择连接方式[乙字弯连接(1)/桥架直接连接(2)]<桥架直接连接>:1
　　　　　　　　　　　　　　　//输入 1,连接结果如图 5-88 所示。

图 5-90　选择第一段桥架

图 5-91　选择第二段桥架

在命令行中输入 2,即选择"桥架直接连接(2)"选项,连接结果如图 5-92 所示。

图 5-92　桥架直接连接

5.1.20　更新关系

调用"更新关系"命令,对于局部无法处理遮挡关系的桥架可以强制更新遮挡。

"更新关系"命令的执行方式如下:

➢　菜单栏:输入"GXGX"按 Enter 键。

➢　单击"三维桥架"→"更新关系"命令。

执行上述任意一项操作,命令行提示如下:

命令:GXGX↙

请选择需要更新遮挡效果的管件:　　　　　//选择管件,按 Enter 键完成操作。

5.1.21　碰撞检查

调用"碰撞检查"命令,可对图中的三维管道(风管、水管、桥架)进行碰撞检查,并用红色圆圈标出碰撞点。

"碰撞检查"命令的执行方式如下：

➢ 菜单栏：输入"3WPZ"按 Enter 键。

➢ 单击"三维桥架"→"碰撞检查"命令。

执行上述任意一项操作，弹出【碰撞检查】对话框。在对话框中单击"开始碰撞检查"按钮，命令行中提示如下：

```
命令：3WPZ↙
请选择碰撞检查的对象（对象类型：土建 桥架 风管 水管）<退出>：
```

选择待检的桥架，按 Enter 键返回【碰撞检查】对话框，此时显示出碰撞信息，如图 5-93 所示。同时在图中以红色圆圈标示碰撞点，如图 5-94 所示。

图 5-93 【碰撞检查】对话框

图 5-94 标示碰撞点

在【碰撞检查】对话框中单击左上角的"设置"按钮，打开【设置】对话框，在其中设置参数，定义碰撞条件，如图 5-95 所示。

单击"分区算法设置"按钮，打开【分区算法设置】对话框，用户可自定义"区域划分尺寸"参数，如图 5-96 所示。

图 5-95 【设置】对话框

图 5-96 【分区算法设置】对话框

在【碰撞检查】对话框中单击"标注"按钮，在视图中将以红色显示进行碰撞检查的桥架，如图 5-97 所示。

240

返回二维视图，可观察添加的标注桥架的结果，如图 5-98 所示。

桥架300*100,标高0.00m
桥架300*100,标高0.00m

图 5-97　显示进行碰撞检查的桥架　　　　　　　　　图 5-98　添加标注

5.1.22　桥架填充

调用"桥架填充"命令，可自定义图案填充桥架。

"桥架填充"命令的执行方式如下：

➢　菜单栏：输入"QJTC"按 Enter 键。

➢　单击"三维桥架"→"桥架填充"命令。

执行上述任意一项操作，命令行提示如下：

命令:QJTC↙

请选择要填充的桥架或电缆沟:<退出>

请选择填充样式[斜线 ANSI31(1)/斜网格 ANSI37(2)/正网格 NET(3)/交叉网格 NET3(4)/灰度 SOLID(5)/斜角 ANGLE(6)/密斜线 ANSI32(7)/间断斜线 ANSI33(8)/间断斜网格 ANSI38(9)]<斜线 ANSI31>:1

选择桥架，按 Enter 键，选择"斜线 ANSI31（1）"样式，填充结果如图 5-99 所示。

在命令行中输入其他填充样式的代号，可选择该样式的填充图案填充桥架，如选择"斜网格 ANSI37（2）"填充样式填充桥架的结果如图 5-100 所示，"正网格 NET（3）"图案的填充结果如图 5-101 所示，"交叉网格 NET3（4）"图案的填充结果如图 5-102 所示，"灰度 SOLID（5）"图案的填充结果如图 5-103 所示。

图 5-99　填充"斜线 ANSI31（1）"图案　　　　　　　图 5-100　填充"斜网格 ANSI37（2）"图案

图 5-101 填充"正网格 NET（3）"图案

图 5-102 填充"交叉网格 NET3（4）"图案

图 5-103 填充"灰度 SOLID（5）"图案

5.1.23 桥架复制

调用"桥架复制"命令，可复制桥架的某些部分到指定的标高位置。

"桥架复制"命令的执行方式如下：

➢ 菜单栏：输入"QJFZ"按 Enter 键。

➢ 单击"三维桥架"→"桥架复制"命令。

执行上述任意一项操作，命令行的提示如下：

命令：QJFZ↙

请选择需要复制的桥架：   //如图 5-104 所示。

选择对象：指定对角点：找到 5 个

选择桥架按 Enter 键，弹出【复制桥架】对话框。在"复制的标高"选项的文本框中输入标高参数，单击下方的"+"按钮，可将参数添加到列表，如图 5-105 所示。

图 5-104 选择桥架

图 5-105 【复制桥架】对话框

单击"确定"按钮关闭对话框，完成复制操作。转换至三维视图，可观察复制的结果，如图 5-106

所示。双击复制得到的桥架，弹出【编辑桥架】对话框，查看桥架的标高参数，发现与在【复制桥架】对话框中所设定的参数一致，如图 5-107 所示。

图 5-106　复制桥架

图 5-107　【编辑桥架】对话框

5.1.24　桥架隐藏

调用"桥架隐藏"命令，可隐藏选中的桥架。

"桥架隐藏"命令的执行方式如下：

➤　菜单栏：输入"QJYC"按 Enter 键。

➤　单击"三维桥架"→"桥架隐藏"命令。

执行上述任意一项操作，弹出如图 5-108 所示的【隐藏桥架】对话框。选择"桥架标高"中的参数，单击"确定"按钮关闭对话框，即可隐藏选中的桥架。

单击"全选"按钮，可以选择列表中所有的桥架标高，一次性隐藏选中的桥架。

图 5-108　【隐藏桥架】对话框

5.1.25　局部隐藏

调用"局部隐藏"命令，可隐藏桥架的指定部分，图 5-109 所示为操作结果。

"局部隐藏"命令的执行方式如下：

➤ 菜单栏：输入"JBYC"按 Enter 键。

➤ 单击"三维桥架"→"局部隐藏"命令。

下面以如图 5-109 所示的操作结果为例，讲解调用"局部隐藏"命令的调用方法。

01 按 Ctrl+O 组合键，打开配套资源提供的"第 5 章/ 5.1.25 局部隐藏.dwg"素材文件，如图 5-110 所示。

02 输入"JBYC"按 Enter 键，命令行提示如下：

命令：JBYC↙

选择对象：找到 1 个，总计 1 个　　//选择桥架，按 Enter 键完成操作，结果如图 5-109 所示。

选中的 1 个对象被隐藏起来！

图 5-109　局部隐藏　　　　　　　　　　　　　　　图 5-110　打开素材文件

5.1.26 局部可见

调用"局部可见"命令，可单独显示被选中的对象，其余对象被临时隐藏。

"局部可见"命令的执行方式如下：

➤ 菜单栏：输入"JBKJ"按 Enter 键。

➤ 单击"三维桥架"→"局部可见"命令。

执行上述任意一项操作，命令行提示如下：

命令：JBKJ↙

选择对象：

其他 16 个对象被隐藏起来！

执行上述操作，可使被选中的对象孤立显示，且其他对象暂时为不可见状态。

5.1.27 恢复可见

调用"恢复可见"命令，可恢复临时被隐藏的部分。

"恢复可见"命令的执行方式如下：

➤ 菜单栏：输入"HFKJ"按 Enter 键。

> 单击"三维桥架"→"恢复可见"命令。

执行上述任意一项操作，命令行提示如下：

命令:HFKJ↙

处于隐藏状态的 5 个对象恢复可见！

执行上述操作后，可恢复显示被隐藏的对象。

5.2 电缆敷设

电缆敷设命令包括统计电缆长度、导入电缆清册表、电机表、自动进行电缆敷设、自动绘制电缆敷设图、自动计算每一回路的电缆长度、逐条敷设电缆、查询每条电缆路径等。

5.2.1 工程管理

调用"工程管理"命令，可设置清册电缆表。

"工程管理"命令的执行方式如下：

> 菜单栏：输入"GCGL"按 Enter 键。

> 单击"电缆敷设"→"工程管理"命令。

单击"电缆敷设"→"工程管理"命令，弹出如图 5-111 所示的【工程管理】对话框。在该对话框中可以新建、修改、删除、导入以及导出工程。

单击"工程"右侧的向下箭头，可打开下拉列表，其中显示了系统已有的工程。下面以"山东项目"工程为例，介绍关于清册电缆表的设置及提取。

图 5-111 【工程管理】对话框

5.2.2 提取清册

调用"提取清册"命令，可以从工程项目中提取相关的数据。

"提取清册"命令的执行方式如下：

> 菜单栏：输入"TQQC"按 Enter 键。

> 单击"电缆敷设"→"提取清册"命令。

在【工程管理】对话框中选择"山东项目"工程，单击"确定"按钮关闭对话框。执行"提取清册"命令，打开【提取数据】对话框，其中显示了项目的相关数据，如图 5-112 所示。

单击"提取设置"按钮，打开【电缆表提取设置】对话框，如图 5-113 所示。可选择不同类型的图纸，如"低压系统图""高压系统图""通用图纸"，在表格中设置参数，单击"确定"按钮。

图 5-112 【提取数据】对话框

图 5-113 【电缆表提取设置】对话框

5.2.3 清册设置

调用"清册设置"命令，可设置清册电缆表的显示样式。

"清册设置"命令的执行方式如下：

➢ 菜单栏：输入"QCSZ"按 Enter 键。

➢ 单击"电缆敷设"→"清册设置"命令。

单击"电缆敷设"→"清册设置"命令，弹出如图 5-114 所示的【电缆电机表设置】对话框。在其中可设置工程项目的各项参数（主要对各类清册结构进行设置），还可将 Excel 表中的数据导入至数据库中。

如果在 Excel 表中，数据的起始行是从第 12 行开始，则在"电机清册结构"中的"起始行"中输入12，依此类推。

单击其他选项后的向下箭头，向下弹出列表，选择其中的选项可重定义选项参数，如图 5-115 所示。

参数设置完成后，单击"确定"按钮关闭对话框，即可完成清册设置的操作。

图 5-114 【电缆电机表设置】对话框

图 5-115 选择选项

5.2.4　清册导入

调用"清册导入"命令，可根据 Excel 表中选中的区域，创建或更新图中相应的天正表格。

"清册导入"命令的执行方式如下：

➤　菜单栏：输入"QCDR"按 Enter 键。

➤　单击"电缆敷设"→"清册导入"命令。

单击"电缆敷设"→"清册导入"命令，弹出如图 5-116 所示的【清册导入】对话框。单击左下角的"导入电力电缆表""导入控制电缆表""导入电机表"按钮，可以将 Excel 表格中的数据导入进来。

导入表格后，可以在导入的界面上对表格信息进行修改。修改完毕后，单击"确定"按钮，即可将数据导入至数据库。

在上方的"筛选条件"选项组中单击选项，在弹出的列表中设置筛选条件，如图 5-117 所示，符合条件的选项将被显示在对话框中。

图 5-116　【清册导入】对话框

图 5-117　设置筛选条件

单击"排序"选项，在弹出的列表中选择排序方式，如图 5-118 所示，可对表格进行重新排序。

单击对话框右上角的"查找"按钮，弹出如图 5-119 所示的【查找】对话框。

图 5-118　选择排序方式

图 5-119　【查找】对话框

在"查找"对话框中设置"查找内容"和"查找类别"参数，单击"查找"按钮，被查将找到的选项高亮显示，如图 5-120 所示。

图 5-120　查找结果

5.2.5 标注设备

调用"标注设备"命令，可为选中的设备添加标注，图 5-121 所示为标注结果。

"标注设备"命令的执行方式如下：

➤ 菜单栏：输入"BZSB"按 Enter 键。

➤ 单击"电缆敷设"→"标注设备"命令。

下面以绘制如图 5-121 所示的图形为例，讲解"标注设备"命令的调用方法。

01 按 Ctrl+O 组合键，打开配套资源提供的"第 5 章 / 5.2.5 标注设备.dwg"素材文件，如图 5-122 所示。

图 5-121　标注设备　　　　　　　　　　　　　　图 5-122　打开素材文件

02 单击"电缆敷设"→"标注设备"命令，弹出【标注设备】对话框，选择表行，如图 5-123 所示。

248

03 单击对话框下方的"标注设备"按钮，弹出【标注设备】对话框，设置参数如图 5-124 所示。

图 5-123 【标注设备】对话框

图 5-124 设置参数

04 命令行提示如下：

命令：BZSB↙

请选取要标注的起点设备<退出>：找到 1 个   //如图 5-125 所示。

请进行标注<退出>：

05 点取标注文字的位置，结果如图 5-126 所示。

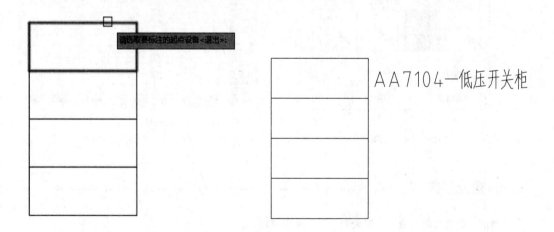

图 5-125 选择设备   图 5-126 标注文字

06 在【标注设备】对话框中选择表行，指定标注信息，选择设备为其添加标注，结果如图 5-121 所示。

在【标注设备】对话框中选择"标注带引出线"选项，并在"样式"选项组中选择标注样式，如图 5-127 所示。在为设备添加标注时，可以添加箭头和引线，将标注文字与设备相连，如图 5-128 所示。

图 5-127　选择选项

图 5-128　标注带引出线

选择"关联引线"选项，在为设备添加标注后，将打开【插入引线】对话框，如图 5-129 所示。可选择引线样式，设置属性参数，在自定义位置插入引线。

在【标注设备】对话框中单击"图面识别"按钮，可以在当前视图中进行搜索。已标注的设备数据在对话框中显示为蓝色，如图 5-130 所示，方便区分数据。

图 5-129　【插入引线】对话框

图 5-130　数据显示为蓝色

5.2.6 敷设规则

调用"敷设规则"命令，可设置电缆的敷设规则。

"敷设规则"命令的执行方式如下：

➢ 菜单栏：输入"FSGZ"按 Enter 键。

➢ 单击"电缆敷设"→"敷设规则"命令。

执行上述任意一项操作，弹出如图 5-131 所示的【路径敷设规则】对话框。在对话框中可以对"桥架截面填充率""敷设规则""设备端电缆走向"等参数进行定义。

参数设置完成后，单击"确定"按钮关闭对话框，即可按照所定义的规则敷设。

图 5-131 【路径敷设规则】对话框

5.2.7 电缆敷设

调用"电缆敷设"命令，可按要求敷设电缆，设置每根电缆的敷设路径，并且统计电缆长度。

"电缆敷设"命令的执行方式如下：

➢ 菜单栏：输入"DLFS"按 Enter 键。

➢ 单击"电缆敷设"→"电缆敷设"命令。

执行"电缆敷设"→"电缆敷设"命令，弹出【电缆敷设】对话框，如图 5-132 所示。在对话框中单击"自动敷设"按钮，可自动敷设选中的电缆，并自动计算电缆的长度。电缆敷设成功后，数据行显示为蓝色。未敷设成功的电缆，数据行则显示为洋红色，同时也自动生成敷设图。

单击"手动敷设"按钮，可手工敷设电缆。

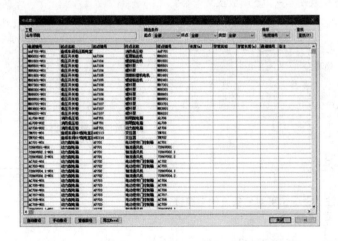

图 5-132 【电缆敷设】对话框

5.2.8 敷设统计

调用"敷设统计"命令，标注设备后，可统计设备的信息，包括编号、标高、功率等，并生成表格。

"敷设统计"命令的执行方式如下：

➤ 菜单栏：输入"FSTJ"按 Enter 键。

➤ 单击"电缆敷设"→"敷设统计"命令。

执行"敷设统计"命令，命令行提示如下：

命令：FSTJ↙

请选择统计范围指定对角点：找到 4 个，4 个编组　　//选择图形；

点取表格左上角位置或 [参考点(R)]<退出>:　　　　//点取位置，统计结果如图 5-133 所示。

序号	编号	标高(m)	功率(kW)
1	AAF701	0.40	250
2	AA7107	0.40	250
3	AA7106	0.40	220
4	AA7105	0.40	200
总计	——	——	920.00

图 5-133　敷设统计

5.2.9 重新敷设

调用"重新敷"设命令，可重定义已敷设的电缆。

"重新敷设"命令的执行方式如下：

➤ 菜单栏：输入"XGLJ"按 Enter 键。

➤ 单击"电缆敷设"→"重新敷设"命令。

执行上述任意一项操作，命令行提示如下：

命令：XGLJ↙

请选择需要重新敷设的电缆<退出>:　　　　//选择电缆。

成功修改了一条电缆路径：

电缆编号（7080V002.2-W01）起点设备（AP502）终点设备（7080V002.2）*取消*

　　　　　　　　　　　　　　　　　//显示所选的电缆修改成功。

5.2.10 电缆标注

调用"电缆标注"命令，可对已敷设的电缆进行标注。

"电缆标注"命令的执行方式如下：

➤ 菜单栏：输入"BZDL"按 Enter 键。

➤ 单击"电缆敷设"→"电缆标注"命令。

执行上述任意一项操作，命令行提示如下：

命令：BZDL↙

请选择要标注的电缆[设置(S)/弯折引线(M)]<退出>:　　　　//输入"S"，选择"设置"

选项，弹出如图 5-134 所示的【标注设置】对话框。

图 5-134 【标注设置】对话框

在对话框中可以对"箭头样式""字距系数""字高"以及"预览电缆个数"等选项进行设置。各项参数设置完成后,单击"确定"按钮关闭对话框,即可完成标注样式的设定。

此时,既可以直接对电缆进行标注,也可以输入"M",选择"弯折引线"选项,对电缆进行敷设。

5.2.11 导出器材

在完成了电缆敷设和导出电缆长度参数后,调用"导出器材"命令,可导出电力器材表。

"导出器材"命令的执行方式如下:

➢ 菜单栏:输入"DCQC"按 Enter 键。

➢ 单击"电缆敷设"→"导出器材"命令。

执行上述任意一项操作,弹出【导出电力器材】对话框,如图 5-135 所示。在"电缆表文件"选项组中单击"电力电缆表"后面的矩形按钮,弹出【打开】对话框,在对话框中可设置电缆表的存储路径。

图 5-135 【导出电力器材】对话框

在"电力器材表文件"选项组中单击"电力器材表"后的矩形按钮,既可在设定的路径中保存自动生成 Excel 表格,也可以导入已有表格的信息。

5.2.12 桥架转 PL

调用"桥架转 PL"命令,可将选定的天正桥架转换为 PLINE,图 5-136 所示为转换结果。

"桥架转 PL"命令的执行方式如下:

➢ 菜单栏: 输入"QJZH"按 Enter 键。

➢ 单击"电缆敷设"→"桥架转 PL"命令。

下面以如图 5-136 所示的转换结果为例,讲解调用"桥架转 PL"命令的调用方法。

01 按 Ctrl+O 组合键,打开配套资源提供的"第 5 章/ 5.2.12 桥架转 PL.dwg"素材文件,如图 5-137 所示。

02 单击"电缆敷设"→"桥架转 PL"命令,命令行提示如下:

命令:QJZH↙

选择需要转换为 PLINE 线的桥架<退出>:指定对角点:找到 3 个

请选择定位点<确定>:

请点取 PL 线放置位置<默认在原图生成,Esc 退出>

图 5-136 桥架转 PL   图 5-137 打开素材文件

03 按 Enter 键,直接在原位置生成 PLINE,结果如图 5-136 所示。

在命令行提示"请选择定位点<确定>:"选项时,移动光标,可以自定义位置放置 PLINE。

5.2.13 绘制 PL 线

调用"绘制 PL 线"命令,可绘制连通桥架的 PL 线。图 5-138 所示为绘制 PL 线的结果。

"绘制 PL 线"命令的执行方式如下:

➢ 菜单栏: 输入"HZPL"按 Enter 键。

➢ 单击"电缆敷设"→"绘制 PL 线"命令。

下面以绘制如图 5-138 所示的 PL 线为例，讲解调用"绘制 PL 线"命令的调用方法。

[01] 按 Ctrl+O 组合键，打开配套资源提供的"第 5 章/ 5.2.13 绘制 PL 线.dwg"素材文件，如图 5-139 所示。

图 5-138 绘制 PL 线   图 5-139 打开素材文件

[02] 执行"电缆敷设" → "绘制 PL 线"命令，弹出【绘制 PL】对话框，设置参数如图 5-140 所示。

图 5-140 【绘制 PL】对话框

[03] 命令行提示如下：

命令:HZPL↙
请输入起始点:<退出>
请输入下一点[U(回退)]:<退出>   //单击 PL 线的起点和终点，绘制结果如图 5-138 所示。
是否刷新关系[是(Y)/否(N)]<Y>：   //直接按 Enter 键。

5.2.14 多图连接

调用"多图连接"命令，可将多层图纸的桥架进行物理连接，图 5-141 所示为连接的结果。

"多图连接"命令的执行方式如下：

➢ 菜单栏：输入"DTSZ"命令按 Enter 键。

➢ 单击"电缆敷设" → "多图连接"命令。

下面以如图 5-141 所示的连接结果为例，讲解"多图连接"命令的调用方法。

[01] 按 Ctrl+O 组合键，打开配套资源提供的"第 5 章/ 5.2.14 多图连接.dwg"素材文件，如图 5-142 所示。

图 5-141　多图连接　　　　　　　　　　　　　　图 5-142　打开素材文件

[02] 执行"电缆数设"→"多图连接"命令，弹出【多图连接设置】对话框，单击"多图连接"图标，如图 5-143 所示。

图 5-143　【多图连接设置】对话框

[03] 命令行提示如下：

命令：DTSZ✓	
请选择桥架（电缆沟）或由桥架（电缆沟）转成 PL 的引出端<退出>：	//单击 A 点。
请输入编号<1>2	//输入编号。
请选择编号放置位置：	//点取位置。
请选择桥架（电缆沟）或由桥架（电缆沟）转成 PL 的引入端<退出>：	//单击 B 点。
请选择编号放置位置：	//点取位置，结果如图 5-141 所示。

5.2.15　通路检查

调用"通路检查"命令，可检查 PL 线路是否连通。

"通路检查"命令的执行方式如下：

➢　菜单栏：输入"TLJC"按 Enter 键。

➢　单击"电缆数设"→"通路检查"命令。

执行上述任意一项操作，命令行提示如下：

命令：TLJC✓	
选择需要查看连接的线<退出>：	//选择 PL 线路，对其进行检查。
按 Enter 键继续。	

5.2.16 修复连接

调用"修复连接"命令，可将多层图纸的桥架进行物理连接，图 5-144 所示为连接的结果。

"修复连接"命令的执行方式如下：

➢ 菜单栏：输入"XFLJ"按 Enter 键。

➢ 单击"电缆敷设"→"修复连接"命令。

下面以如图 5-144 所示的连接结果为例，讲解"修复连接"命令的调用方法。

01 按 Ctrl+O 组合键，打开配套资源提供的"第 5 章 / 5.2.16 修复连接.dwg"素材文件，如图 5-145 所示。

02 执行"电缆敷设"→"修复连接"命令，命令行提示如下：

命令：XFLJ↙

请选择第一条 PL<退出>：　　　　　　//选择 A 多段线；

请选择第二条 PL<退出>：　　　　　　//选择 B 多段线；

输入参照点：<最近点>　　　　　　　//按 Enter 键完成连接操作，结果如图 5-144 所示。

任意键继续...*取消*

图 5-144　修复连接　　　　　　　　　　图 5-145　打开素材文件

5.2.17 电缆文字

调用"电缆文字"命令，可为电缆添加标注文字。

"电缆文字"命令的执行方式如下：

➢ 菜单栏：输入"HZWZ"按 Enter 键。

➢ 单击"电缆敷设"→"查看编辑"→"电缆文字"命令。

执行上述任意一项操作，命令行提示如下：

命令：HZWZ↙

请输入要显示的文字<X>：　　　　　　//按下 Enter 键或者输入标注文字。

请点取起始点 (电缆的一边)<退出>：

请点取结束点 (电缆的另一边)<退出>：　　//在起始点和结束点所确定的直线与电缆的交汇处生成电缆文字。

5.2.18 盘柜出线

调用"盘柜出线"命令，可统计从每个电气柜所引出的电缆线。

"盘柜出线"命令的执行方式如下：

➢ 菜单栏：输入"PGCX"按 Enter 键。

➢ 单击"电缆敷设"→"查看编辑"→"盘柜出线"命令。

执行"电缆敷设"→"查看编辑"→"盘柜出线"命令，弹出【盘柜出线设置】对话框，设置统计表格的属性参数，如图 5-146 所示。

命令行提示如下：

命令：PGCX↙

请选择电器柜[强制修改本图已有表格(S)]<退出>：

请选择插入点<退出>： //按 Enter 键，点取插入点绘制统计表格，结束操作。

图 5-146 【盘柜出线设置】对话框

5.2.19 查容积率

调用"查容积率"命令，可查看桥架的容积率。

"查容积率"命令的执行方式如下：

➢ 菜单栏：输入"LJTC"按 Enter 键。

➢ 单击"电缆敷设"→"查看编辑"→"查容积率"命令。

执行上述任意一项操作，弹出【显示桥架容积率】对话框，如图 5-147 所示。单击"显示状况"按钮，然后在图中选择待查看的图形区域。此时，被选区域中的桥架根据填充率以不同的颜色显示，方便直观地了解每段桥架的填充状况。

图 5-147 【显示桥架容积率】对话框

5.2.20 信息查询

调用"信息查询"命令,可预览电缆、PL 等信息。

"信息查询"命令的执行方式如下:

➤ 菜单栏:输入"XXCX"按 Enter 键。

➤ 单击"电缆敷设"→"查看编辑"→"信息查询"命令。

执行上述任意一项操作,命令行提示如下:

命令:XXCX↙

请选择要查询的 PL(电缆/桥架):<退出>　　　　　　　//将光标置于待查询的对象上,显示信息如
图 5-148 所示。

图 5-148　查询信息

第 6 章
文字与表格

● 本章导读

T20-Elec V6.0 中的文字和表格功能主要包括三个部分的内容，分别是文字输入与编辑、文字相关命令的调用以及表格的绘制与编辑。本章将介绍调用文字与表格命令的方法。

● 本章重点

◈ 文字输入与文字

◈ 文字相关命令

◈ 表格的绘制与编辑

6.1 文字输入与文字

　　天正软件的自定义文字对象能够设置中西文字体及其宽高比，创建美观的中英文混合文字样式,还可以同时使用 Windows 字体及 AutoCAD 字体，自动对两者的中文字体进行字高一致性处理，以满足中文图纸对文字标注的要求。

　　本节将介绍天正字体的知识和天正文字的输入方法。

6.1.1 文字字休和宽高比

　　在建筑设计图纸中，经常会出现上标以及特殊符号，如面积单位㎡和钢筋符号的表示等，但是AutoCAD 却不支持这些符号的绘制。另外，在 AutoCAD 中只提供了设置中西文字体及其宽高比的命令，只能对所定义的中文和西文提供相同的宽高比及字高,但是在打印输出的图纸中，宽高比一致的中西文字体是欠美观的。

　　鉴于此，天正开发了自定义文字对象。其可以方便地书写和修改中西文混合文字，使天正文字的中西文字体有各自的宽高比例，为输入特殊字符和变换文字的上下标提供方便。

　　天正软件可对 AutoCAD 字体所存在的字高不等做自动判断修正，使得汉字与西文的文字标注符合国家制图标准的要求。

　　如图 6-1 所示为 AutoCAD 文字标注的结果，可以很明显地观察到，中西文的文字标注字高不一致。

AutoCAD文字标注

图 6-1　AutoCAD 文字标注结果

　　如图 6-2 所示为天正文字标注的结果，可以看到中西文的文字标注字高基本上一致。

图 6-2　天正文字标注结果

6.1.2 天正的文字输入方法

　　在天正软件中输入文字有以下几种方法。

1. 直接输入

[01] 首先执行文字样式命令，定义本图所使用的文字样式。

[02] 调用天正所提供的单行文字或者多行文字命令,在图中绘制标注文字。

[03] 如果是使用 AutoCAD 标准的 text 等文字标注命令标注在图上的文字，通过文字转换命令可以

将其转换成天正文字，天正软件会自动对 AutoCAD 字体字高不等的问题做出判断并修正。

2. 输入来自其他文件的文本内容

复制和粘贴文字。按 Ctrl+C 组合键，从其他文件中复制文字，然后在天正软件中调用多行文字命令，在打开的对话框中粘贴所复制的文字。这样复制得到的文字可以使用天正软件的文字编辑命令对其进行编辑。

嵌入 OLE 文字对象。执行 AutoCAD 中的【插入】|【OLE 对象】菜单命令，在弹出的【插入对象】对话框中选择 Word 文档和 Excel 表格插入到 AutoCAD 中。这时的文字保留原有的属性，双击文字，可以启动 Word 或者 Excel 进行编辑修改。

6.2 文字相关命令

文字的相关命令包括文字样式的设置，单行、多行文字的输入，以及文字的编辑和修改等。本节将介绍天正电气中文字输入和编辑的方法。

6.2.1 文字样式

调用"文字样式"命令，可设置中西文字体各自的参数，包括字体样式、字宽、字高等。

"文字样式"命令的执行方式如下：

➤ 命令行：输入"WZYS"按 Enter 键。

➤ 菜单栏：单击"文字"→"文字样式"命令。

执行上述任意一项操作，弹出【文字样式】对话框，如图 6-3 所示。该对话框中一些选项或按钮的作用说明如下：

图 6-3 【文字样式】对话框

样式名 `TEL_DIM`：单击该选项，可在弹出的下拉列表中选择文字的样式，如图 6-4 所示。

新建：单击该按钮，弹出【新建文字样式】对话框，在其中设置文字样式的名称，如图 6-5 所示。

重命名：单击该按钮，弹出【重命名文字样式】对话框，可在其中修改文字样式名称，如图 6-6 所示。

图 6-4 样式列表

图 6-5 【新建文字样式】对话框

删除：单击该按钮，可删除选中的文字样式。但要注意的是，正在使用的文字样式不能被删除。

"中文参数"选项组介绍如下：

宽高比：指定中文字宽与中文字高的比例。数字越小，字体显得越瘦长。

中文字体：单击该选项，可在下拉列表中选择中文字体样式，如图 6-7 所示。

图 6-6 【重命名文字样式】对话框

图 6-7 字体列表

"西文参数"选项组介绍如下：

字宽方向、字高方向：设置这两项的参数，可定义西文字体的显示效果。数值越小，英文字体就越小。

西文字体：单击该选项，可在下拉列表中选择的西文字体样式。

字体的设置结果可以在预览框中查看。参数设置完成后，单击"确定"按钮，关闭对话框。用户接下来创建的文字标注以及表格都是按照所设置的文字样式来表现文字。

提示

在改变了文字样式的参数后切换至别的文字样式时，系统会提示是否保存当前的样式，此时按照实际情况选择保存或放弃即可。

6.2.2 单行文字

调用"单行文字"命令，可使用已经设置的天正文字样式来输入单行文字，还可以在文字标注中添加上、下标。图 6-8 所示为在单行文字中添加上标的结果。

"单行文字"命令的执行方式如下：

➤ 菜单栏：单击"文字"→"单行文字"命令。

单击"文字"→"单行文字"命令，弹出【单行文字】对话框。在对话框中输入文字，单击"角度"按钮，如图 6-9 所示，然后在图中点取位置，可绘制角度标注。

图 6-8 单行文字上标   图 6-9 【单行文字】对话框

另外，在【单行文字】对话框中提供了下标按钮 O_2、上标按钮 m^2、公差标注按钮 ± 以及符号按钮等；将光标移动到某个按钮上，可以显示该按钮的名称。若是单击该按钮，可将标注样式添加到当前的标注文字中。

6.2.3 单行文字的编辑

绘制完成的单行文字，可以对其进行编辑修改。天正软件有两种编辑单行文字的方式，分别是在位编辑，返回【单行文字】对话框内进行编辑。

双击待修改的单行文字，进入在位编辑状态。在文本框中输入文字，按下 Enter 键即可完成对文字的修改，如图 6-10 所示。

双击待修改的单行文字，在进行在位编辑状态时将光标移动到文本框外，单击右键，在弹出的快捷菜单中选择"对象编辑"命令，如图 6-11 所示，弹出【单行文字】对话框，修改文字参数，单击"确定"按钮即可完成编辑。

图 6-10 在位编辑状态   图 6-11 选择选项

6.2.4 多行文字

调用"多行文字"命令，可使用已建立的天正文字样式，按照段落输入多行文字，并设置上、下标和页面大小，拖动夹点可以改变页宽。

"多行文字"命令的执行方式如下：

➤ 菜单栏：单击"文字"→"多行文字"命令。

单击"文字"→"多行文字"命令，弹出如图 6-12 所示的【多行文字】对话框。【多行文字】对话框中的选项介绍如下：

行距系数：表示行间的净距，决定整段文字的疏密程度，单位是当前的文字高度。例如，输入 1，表示两行之间的距离为一行文字的高度，以此类推。

页宽、字高：指出图后的纸面单位。实际的数值应以输入值乘以当前比例得出，另外也可直接从图上取两点距离得到。

对齐：单击该选项，打开下拉列表，其中提供了四种对齐方式，分别为"左对齐""右对齐""中间对齐"和"两端对齐"。

图 6-12　【多行文字】对话框

图 6-13～图 6-15 所示分别为使用左对齐、右对齐与中心对齐方式创建的多行文字。两端对齐方式与左对齐方式的效果大致相同。

选择多行文字，激活文字左上角的夹点。按住鼠标左键不放，移动光标，如图 6-16 所示，可以调整文字的位置。

欢迎使用T20天正电气软件。从现在起，
您每次使用时将获得有关天正软件的使用诀窍提示，
这些小诀窍能够帮助您解决问题和提高效率，
请注意这些提示！

图 6-13　左对齐

欢迎使用T20天正电气软件。从现在起，
您每次使用时将获得有关天正软件的使用诀窍提示，
这些小诀窍能够帮助您解决问题和提高效率，
请注意这些提示！

图 6-14　右对齐

欢迎使用T20天正电气软件。从现在起，
您每次使用时将获得有关天正软件的使用诀窍提示，
这些小诀窍能够帮助您解决问题和提高效率，
请注意这些提示！

图 6-15　中心对齐

图 6-16　调整文字的位置

选中多行文字，单击右键，在弹出的快捷菜单中选择"文字编辑"命令（见图 6-17），或者双击多行文字，都可以弹出【多行文字】对话框，在其中可进行编辑修改或新增文字内容。

图 6-17 选择命令

6.2.5 分页文字

调用"分页文字"命令，可创建符合中国建筑制图规范的整段文字。

"分页文字"命令的执行方式如下：

➤　命令行：输入"FYWZ"按 Enter 键。

➤　菜单栏：单击"文字"→"分页文字"命令。

调用"分页文字"命令，同样可以创建整段的天正文字，与执行"多行文字"命令得到的结果相同。但是，调用"分页文字"命令可以对页面样式、文字排版等参数进行设置。

调用"分页文字"命令，弹出【分页文字】对话框，在对话框中输入文字，如图 6-18 所示。单击"确定"按钮，在图中点取位置，创建整段文字，如图 6-19 所示。

图 6-18 【分页文字】对话框

现代建筑要求电气设备防火、防潮、防爆、防污染、节能及小型化。电气设备有的需要引进。设备引进是一项技术性、政策性很强的工作，对国际市场的产品动态及发展趋势都应有一定了解，具备必要的国际贸易常识。

电气设备的选择是涉及多种因素，首先要考虑并坚持的是产品性能质量。电气产品的选用必须符合国家有关规范，其次才是经济性。要根据业主功能要求、经济情况作出选择。随着人们环境保护意识的日益增加，选择环保产品、节能产品也是新的时尚，这就不仅仅是价格的问题了。

图 6-19 创建整段文字

【分页文字】对话框与【多行文字】对话框相比，增加了一些编辑选项，如"页高""页间距""排版"等。

针对图 6-19 中的文字，通过调整"页宽"参数，如设置为 100，可以调整文字的显示样式，如图 6-20 所示。

现代建筑要求电气设备防火、防潮、防爆、防污染、节能及小型化。电气设备有的需要引进。设备引进是一项技术性、政策性很强的工作，对国际市场的产品动态及发展趋势都应有一定了解，具备必要的国际贸易常识。

电气设备的选择是涉及多种因素，首先要考虑并坚持的是产品性能质量。电气产品的选用必须符合国家有关规范，其次才是经济性。要根据业主功能要求、经济情况作出选择。随着人们环境保护意识的日益增加，选择环保产品、节能产品也是新的时尚，这就不仅仅是价格的问题了。

图 6-20　调整页宽参数

在"排版"选项中提供了两种排版方式，分别是"横排"和"竖排"，用户可以根据具体情况来选用排版方式。

单击"对齐符号"按钮，可以在段落中添加对齐符号。

单击"文字颜色"按钮，弹出【选择颜色】对话框，如图 6-21 所示，可为选中的文字指定颜色。

分别在"查找"选项以及"替换"选项中输入文字，单击"查找"按钮，被查找到的文字会以添加底纹样式来显示，如图 6-22 所示。此时单击"替换"按钮，可执行替换文字的操作。

图 6-21　【选择颜色】对话框

图 6-22　查找文字

6.2.6　专业词库

调用"专业词库"命令，可组织一个由用户自由扩充的词库，存储一些常用的建筑及相关专业词汇，以方便在绘图过程中随时调用。此外，词库还可以在各种符号标注命令中调用。

图 6-23 所示为调用"专业词库"命令，在图中添加文字标注的结果。

"专业词库"命令的执行方式如下：

➤　菜单栏：单击"文字"→"专业词库"命令。

下面以绘制如图 6-23 所示的文字标注为例，讲解调用"专业词库"命令的方法。

图 6-23　添加文字标注

01 按 Ctrl+O 组合键，打开配套资源提供的"第 6 章/ 6.2.6 专业词库.dwg"素材文件，如图 6-24 所示。

02 单击"文字"→"专业词库"命令，弹出【专业词库】对话框。在左侧的列表中选择"光源种类"选项，在右侧的窗口中选择"直管荧光灯"，如图 6-25 所示。

图 6-24 打开素材文件

图 6-25 【专业词库】对话框

03 在图中指定插入点，即可添加文字标注，结果如图 6-23 所示。

【专业词库】对话框中的选项介绍如下：

对话框左边的"词汇分类"列表：在列表中，按照不同的专业提供了分类机制（也称为分类或目录），对词汇进行了简单的分类汇总，一个目录下可存放很多词汇。

对话框右边的"词汇列表"预览窗口：在窗口中显示列表中的所有词汇。

对话框上方的"字母按钮"：以汉语拼音的韵母排序检索，可快速检索到词汇表中与之相对应的第一个词汇。

"词汇菜单"：在选中的词汇上单击右键，弹出包含四个命令的快捷菜单，分别为"新建行""插入行""删除行""重命名"，如图 6-26 所示，可以新增或者编辑词汇。

图 6-26 弹出快捷菜单

"分类菜单"：在选中的项目上单击右键，弹出包含五个命令的快捷菜单，分别是"展开""添加子目录""添加新词条""删除目录""重命名"，如图 6-27 所示，可用于增加或者编辑分类。

图 6-27　弹出快捷菜单

文字参数：在该选项组中包含三个选项，分别是"对齐""字高""样式"。设置参数，可调整文字在图中的显示效果。

导入文件：将指定的文本文件中的词汇导入到当前的类别（目录）中，可以有效扩大词汇量。

输出文件：将当前类别中的所有词汇输出到一个指定的文本文件中去。

文字替换：在对话框中选择目标文字，单击该按钮，再到图中选择待替换的文字，完成替换文字的操作。

拾取文字：拾取图上的文字，将其添加到对话框下方的文本框，方便修改或者替换。

入库：把文本框内的文字添加到当前类别中，成为其所包含的词汇之一。

6.2.7　统一字高

调用"统一字高"命令，可对选中的 AutoCAD 文字、天正文字、天正尺寸标注的字高按给定的尺寸进行调整，使之统一。图 6-28 所示为统一字高的结果。

"统一字高"命令的执行方式如下：

➢　命令行：输入"TYZG"按 Enter 键。

➢　菜单栏：单击"文字"→"专业词库"命令。

下面以绘制如图 6-28 所示的图形为例，讲解调用"统一字高"命令的方法。

01　按 Ctrl+O 组合键，打开配套资源提供的"第 6 章/ 6.2.7 统一字高.dwg"素材文件，如图 6-29 所示。

02　输入"TYZG"按 Enter 键，命令行提示如下：

命令:TYZG↙
请选择要修改的文字（ACAD 文字，天正文字，天正标注）<退出>找到 1 个，总计 3 个
　　　　　　　　　　　//选中文字；
字高()<3.5mm>　　　　　　　//按下 Enter 键确认字高参数(也可另外输入)，结果如图 6-28 所示。

天正电气施工图实践与提高　　天正电气施工图实践与提高

图 6-28　统一字高　　　　　　　　　　　　　　图 6-29　打开素材

6.2.8 递增文字

调用"递增文字"命令，可拷贝选中的文字。还可根据实际需要拾取文字标注中的相应字符，以该字符为参照进行"递增"或"递减"。图 6-30 所示为递增文字的结果。

"递增文字"命令的执行方式如下：

➢ 命令行：输入"DZWZ"按 Enter 键。

➢ 菜单栏：单击"文字"→"递增文字"命令。

下面以如图 6-30 所示的创建结果为例，讲解调用"递增文字"命令的方法。

01 按 Ctrl+O 组合键，打开配套资源提供的"第 6 章 / 6.2.8 递增文字.dwg"素材文件，如图 6-31 所示。

1ab
2ab
3ab
4ab

图 6-30　递增文字

图 6-31　打开素材文件

02 输入"DZWZ"按 Enter 键，打开【递增文字】对话框，设置参数如图 6-32 所示。

03 命令行提示如下：

命令：DZWZ↙

请选择要递增拷贝的文字(注：同时按 CTRL 键进行递减拷贝，仅对单个选中字符进行操作)<退出>：

　　　　　　　　　　　　　　　　　　　//如图 6-33 所示。

请指定基点：　　　　　　　　　　　　//在文字的下方指定基点。

请点取插入位置<退出>：　　　　　　　//如图 6-34 所示。

请点取插入位置<退出>：　　　　　　　//如图 6-35 所示。

请点取插入位置<退出>：　　　　　　　//结果如图 6-30 所示。

图 6-32　【递增文字】对话框

图 6-33　选择文字

图 6-34 点取插入位置

图 6-35 点取插入位置

在【递增文字】对话框中，选择"阵列递增"选项，设置"间距"参数，如图 6-36 所示，然后选择目标文字，指定基点，移动光标，指定递增的方向，可按照指定的间距递增文字，结果如图 6-37 所示。

1ab

2ab

3ab

4ab

5ab

6ab

图 6-36 【递增文字】对话框

图 6-37 阵列递增

重复执行"递增文字"命令，可以继续对其他文字进行递增操作，如图 6-38 所示。

图 6-38 递增文字结果

6.2.9 转角自纠

调用"转角自纠"命令，可调整图中单行文字的方向，使其符合制图标准对文字方向的规定。图 6-39 所示为转角自纠的结果。

"转角自纠"命令的执行方式如下：

➢ 菜单栏：单击"文字"→"转角自纠"命令。

下面以如图 6-39 所示的操作结果为例，讲解调用转角自纠命令的方法。

01 按 Ctrl+O 组合键，打开配套资源提供的"第 6 章/ 6.2.9 转角自纠.dwg"素材文件，如图 6-40 所示。

02 单击"文字"→"转角自纠"命令，命令行提示如下：

```
命令:T93_TTextAdjust
请选择天正文字：找到 1 个        //选择文字，按 Enter 键完成操作，结果如图 6-39 所示。
```

转角自纠的结果

图 6-39 转角自纠   图 6-40 打开素材文件

6.2.10 查找替换

调用"查找替换"命令，可搜索到当前图形中的 AutoCAD 文字、天正文字以及属性文字，按要求进行逐一替换或者全部替换。在搜索过程中，被搜索到的文字以红色的方框框选。继续搜索，红框会自动定位到下一个被找到文字。图 6-41 所示为执行"查找替换"命令的操作结果。

"查找替换"命令的执行方式如下：

➢ 菜单栏：单击"文字"→"查找替换"命令。

下面以如图 6-41 所示的替换结果为例，讲解调用"查找替换"命令的方法。

01 按 Ctrl+O 组合键，打开配套资源提供的"第 6 章/ 6.2.10 查找替换.dwg"素材文件，如图 6-42 所示。

图 6-41 查找替换

图 6-42 打开素材文件

02 单击"文字"→"查找替换"命令，弹出【查找和替换】对话框。分别设置"查找内容"和"替换内容"选项的参数，如图 6-43 所示。

03 参数设置完成后，单击"查找"按钮，被查找到的文字在图中被红色的方框框选，如图 6-44 所示。

04 在对话框中单击"替换"按钮，完成查找替换的操作，结果如图 6-41 所示。

图 6-43　【查找和替换】对话框

图 6-44　查找结果

6.2.11　文字转化

调用"文字转化"命令，可将 AutoCAD 文字转换为天正单行文字。

"文字转化"命令的执行方式如下：

➤　　菜单栏：单击"文字"→"文字转化"命令。

调用"文字转化"命令，命令行提示如下：

命令:TTextConv

请选择 ACAD 单行文字

选择 AutoCAD 单行文字，按 Enter 键完成转化操作。

6.2.12　文字合并

调用"文字合并"命令，可把独立的中英文文字合并成一行。图 6-45 所示为文字合并的结果。

"文字合并"命令的执行方式如下：

➤　　菜单栏：单击"文字"→"文字合并"命令。

下面以如图 6-45 所示的合并效果为例，介绍"文字合并"命令的操作方式。

T20天正电气软件 V6.0软件运行系统：Windows 10 64位

图 6-45　文字合并

01　按 Ctrl+O 组合键，打开配套资源提供的"第 6 章/6.2.12 文字合并.dwg"素材文件，如图 6-46 所示。

02　调用"文字合并"命令，命令行提示如下：

命令：TTextMerge

请选择要合并的文字段落<退出>：指定对角点：找到 3 个　　　　　//选择文字。

[合并为单行文字(D)]<合并为多行文字>:D　　　　　　　　　　//选择样式。

移动到目标位置<替换原文字>：　　　　　　　　　//点取位置，合并结果如图 6-45 所示。

在命令行中选择"合并为多行文字(D)"选项，可以将所选的文字合并为多行文字，如图 6-47 所示。

T20天正电气软件 V6.0

软件运行系统：

Windows 10 64位

图 6-46　打开素材文件

T20天正电气软件
V6.0
软件运行系统：
Windows 10 64位

图 6-47　合并为多行文字

激活段落文字右上角的"改页宽"夹点，如图 6-48 所示。向右拖动夹点，可以改变多行文字的显示样式，如图 6-49 所示。

T20天正电气软件
V6.0
软件运行系统：
Windows 10 64位

图 6-48　激活夹点

T20天正电气软件 V6.0
软件运行系统：
Windows 10 64位

图 6-49　改变显示样式

6.2.13　快速替换

调用"快速替换"命令，可选择图纸中的"A"，将其快速替换为"B"。

"快速替换"命令的执行方式如下：

➤　命令行：输入"KSTH"按 Enter 键。

➤　菜单栏：单击"文字"→"快速替换"命令。

执行上述任意一项操作，命令行提示如下：

命令:KSTH↙
请选择基准文字或图块互换[A]<退出>
请选择要替换的文字<退出>找到 1 个

分别选择基准文字与要替换的文字，按 Enter 键完成替换操作。

6.2.14　繁简转换

调用"繁简转换"命令，可将图中选定的文字在简体和繁体之间转换，图 6-50 所示为转换的结果。

"繁简转换"命令的执行方式如下：

➤　菜单栏：单击"文字"，"繁简转换"命令。

下面以如图 6-50 所示的转换效果为例，讲解调用"繁简转换"命令的方法。

01 按 Ctrl+O 组合键，打开配套资源提供的"第 6 章/ 6.2.14 繁简转换.dwg"素材文件，如图 6-51

所示。

实践与提高

图 6-50　文字转换

[02]　单击"文字"→"繁简转换"命令,弹出【繁简转换】对话框。选择"繁转简"和"选择对象"
按钮,如图 6-52 所示。

图 6-51　打开素材文件

图 6-52　【繁简转换】对话框

[03]　此时命令行提示如下:

```
命令:T93_TBIG5_GB
选择包含文字的图元:找到 1 个          //选择文字,按 Enter 键完成操作,结果如图 6-50 所
示。
```

6.3　表格的绘制与编辑

在 T20-Elec V6.0 中,可以自定义表格的参数来创建表格。编辑表格包括对表行、表列内的编辑以及
单元格编辑。

本节将介绍绘制与编辑表格的方法。

6.3.1　新建表格

调用"新建表格"命令,可通过设定参数定义表格的样式。图 6-53 所示为新建表格的结果。

"新建表格"命令的执行方式如下:

➢　菜单栏:单击"表格"→"新建表格"命令。

下面以绘制如图 6-53 所示的表格为例,讲解调用"新建表格"命令的方法。

[01]　单击"表格"→"新建表格"命令,弹出【新建表格】对话框。设置参数,如图 6-54 所示。

[02]　此时命令行提示如下:

```
命令:T93_TNewSheet
左上角点或[参考点(R)]<退出>:          //指定插入点绘制表格,结果如图 6-53 所示。
```

图 6-53　新建表格　　　　　　　　　　　　　　图 6-54　【新建表格】对话框

6.3.2　全屏编辑

调用"全屏编辑"命令,可以对话框的形式显示被选中表格的内容,从而方便编辑表格。如图 6-55 所示为全屏编辑的结果。

"全屏编辑"命令的执行方式如下:

➢　菜单栏:单击"表格"→"全屏编辑"命令。

下面以如图 6-55 所示的编辑结果为例,讲解调用"全屏编辑"命令的方法。

01　按 Ctrl+O 组合键,打开配套资源提供的"第 6 章/ 6.3.2 全屏编辑.dwg"素材文件,如图 6-56 所示。

序号	图例	名称	单位	数量
a		带保护接点暗装插座	个	2
b		双联插座	个	1
c		带保护接点插座	个	2
d		电视插座	个	1
e		单相暗敷插座	个	1

序号	图例	名称	规格	单位	数量
1		带保护接点暗装插座		个	2
2		双联插座		个	1
3		带保护接点插座		个	2
4		电视插座		个	1
5		单相暗敷插座		个	1

图 6-55　全屏编辑的结果图　　　　　　　　　　图 6-56　打开素材文件

02　单击"表格"→"全屏编辑"命令,弹出【表格内容】对话框。选中表列,在列的上方单击右键,在弹出的快捷菜单中选择"删除列"命令,如图 6-57 所示。

图 6-57　【表格内容】对话框

03　执行上述操作后,选中的表列即被删除。在"序号"表列下更改序号为 a、b、c、d、e,单击"确定"按钮关闭对话框,结果如图 6-55 所示。

6.3.3 表列编辑

调用"表列编辑"命令，可指定表格中的某一列统一修改属性参数。图 6-58 所示为表列编辑的结果。

"表列编辑"命令的执行方式如下：

➤ 菜单栏：单击"表格"→"表列编辑"命令。

下面以如图 6-58 所示的编辑结果为例，讲解调用"表列编辑"命令的方法。

01 按 Ctrl+O 组合键，打开配套资源提供的"第 6 章/ 6.3.3 表列编辑.dwg"素材文件，如图 6-59 所示。

序号	图例	单位	数量
1	⊨	盏	6
2	◎	盏	4
3	✎	个	3

图 6-58　表列编辑

序号	图例	单位	数量
1	⊨	盏	6
2	◎	盏	4
3	✎	个	3

图 6-59　打开素材文件

02 单击"表格"→"表列编辑"命令，命令行提示如下：

命令：T93_TColEdit

请点取一表列以编辑属性或[多列属性(M)/插入列(A)/加末列(T)/删除列(E)/交换列(X)]<退出>：　　　　　　　　　　//点取表列，弹出【列设定】对话框，更改参数，如图 6-60 所示。

请点取一表列以编辑属性或[多列属性(M)/插入列(A)/加末列(T)/删除列(E)/交换列(X)]<退出>：*取消*　　　　　　　　//单击"确定"按钮关闭对话框，结果如图 6-61 所示。

图 6-60　【列设定】对话框

	图例	单位	数量
	⊨	盏	6
	◎	盏	4
	✎	个	3

图 6-61　编辑结果

03 继续指定下一个表列，再在【列设定】对话框中修改参数，直至完成全部表列编辑。

04 表列编辑的结果如图 6-58 所示。

6.3.4 表行编辑

调用"表行编辑"命令，可指定表格中的某一行统一修改属性参数。图 6-62 所示为表行编辑的结果。

"表行编辑"命令的执行方式如下：

> 菜单栏：单击"表格"→"表行编辑"命令。

下面以如图 6-62 所示的编辑结果为例，讲解调用"表行编辑"命令的方法。

序号	名称	单位	数量
1	双管荧光灯	盏	6
2	吸顶灯	盏	4
3	三联开关	个	3

图 6-62　表行编辑

01　按 Ctrl+O 组合键，打开配套资源提供的"第 6 章/ 6.3.4 表行编辑.dwg"素材文件，如图 6-63 所示。

02　单击"表格"→"表行编辑"命令，命令行提示如下：

命令:T93_TRowEdit

请点取一表行以编辑属性或 [多行属性(M)/增加行(A)/末尾加行(T)/删除行(E)/复制行(C)/交换行(X)]<退出>:　　　　　　　　　　//点取表行，弹出【行设定】对话框，更改参数，如图 6-64 所示。

请点取一表行以编辑属性或 [多行属性(M)/增加行(A)/末尾加行(T)/删除行(E)/复制行(C)/交换行(X)]<退出>:*取消*　　　　　　　//单击"确定"按钮关闭对话框，完成编辑。

序号	名称	单位	数量
1	双管荧光灯	盏	6
2	吸顶灯	盏	4
3	三联开关	个	3

图 6-63　打开素材文件

图 6-64　【行设定】对话框

03　继续指定下一个表行，再在【行设定】对话框中修改参数，直至完成全部表行编辑。

04　表行编辑的最终结果如图 6-62 所示。

6.3.5　增加表行

调用"增加表行"命令，可在选定的表行之前或之后增加一行，并且可以选择是插入空行还是复制已存在的表行。图 6-65 所示为增加表行的结果。

"增加表行"命令的执行方式如下:

➢ 命令行: 输入"ZJBH"按 Enter 键。

➢ 菜单栏: 单击"表格"→"增加表行"命令。

下面以如图 6-65 所示的操作结果为例,讲解调用"增加表行"命令的方法。

01 按 Ctrl+O 组合键,打开配套资源提供的"第 6 章/ 6.3.5 增加表行.dwg"素材文件,如图 6-66 所示。

02 输入"ZJBH"按 Enter 键,命令行提示如下:

命令: ZJBH↙

T93_TSHEETINSERTROW

本命令也可以通过[表行编辑]实现!

请点取一表行以(在本行之前)插入新行或 [在本行之后插入(A)/复制当前行(S)]<退出>:

　　　　　//点取表行,在其之前新增表行,结果如图 6-65 所示。

序号	名称	数量
1	三管荧光灯	7
2	壁灯	2
3	防水插座	5

图 6-65 增加表行

序号	名称	数量
1	三管荧光灯	7
2	壁灯	2
3	防水插座	5

图 6-66 打开素材文件

提示

在本行之后插入(A): 输入"A",可在选定的表行后面增加新行。

复制当前行(S): 输入"S",可复制选定的表行。

6.3.6 删除表行

调用"删除表行"命令,可删除指定的表行。本命令的操作结果与"表行编辑"命令中的"删除行"命令的操作结果相同,但本命令可以同时选取多个表行来进行编辑,而"表行编辑"命令只能对单个表行进行操作。

"删除表行"命令的执行方式如下:

➢ 命令行: 输入"SCBH"按 Enter 键。

➢ 菜单栏: 单击"表格"→"删除表行"命令。

执行上述任意一项操作,命令行提示如下:

命令: SCBH↙

T93_TSHEETDELROW

本命令也可以通过[表行编辑]实现!

请点取要删除的表行<退出>*取消*　　　　　　　　//点取表行,完成操作。

6.3.7 拆分表格

调用"拆分表格"命令，可将表格按表行或者表列进行拆分，且在进行拆分的时候还可以自定义拆分后表格的形式。图 6-67 所示为拆分表格的结果。

"拆分表格"命令的执行方式如下：

➢ 菜单栏：单击"表格"→"拆分表格"命令。

下面以如图 6-67 所示的拆分结果为例，讲解调用"拆分表格"命令的方法。

序号	名称	单位
1	双管荧光灯	盏
2	吸顶灯	盏
3	三联开关	个

数量	安装位置
6	办公室
4	休息室
3	办公室、休息室

图 6-67　拆分表格

01 按 Ctrl+O 组合键，打开配套资源提供的"第 6 章/ 6.3.7 拆分表格.dwg"素材文件，如图 6-68 所示。

02 单击"表格"→"拆分表格"命令，弹出【拆分表格】对话框，设置参数如图 6-69 所示。

序号	名称	单位	数量	安装位置
1	双管荧光灯	盏	6	办公室
2	吸顶灯	盏	4	休息室
3	三联开关	个	3	办公室、休息室

图 6-68　打开素材文件　　　　　　　　　　　　　　图 6-69　【拆分表格】对话框

03 单击"拆分"按钮，命令行提示如下：

```
命令:T93_TSplitSheet
选择表格:
```

04 选择表格进行拆分，结果如图 6-67 所示。

6.3.8 合并表格

调用"合并表格"命令，可以将多个表格逐次合并为一个表格。默认"按行"合并，也可以选择"按列"合并。

"合并表格"命令的执行方式如下：

➢ 菜单栏：单击"表格"→"合并表格"命令。

下面以如图 6-70 所示的合并结果为例，讲解调用"合并表格"命令的方法。

序号	名称	数量	安装位置	备注
1	三管荧光灯	7	办公室、走廊	业主自选型号
2	壁灯	2	休息室、阅读室	业主自选型号
3	防水插座	5	茶水间、卫生间	业主自选型号
4	感温探测器	5	办公楼	业主自选型号
5	安全照明灯	4	办公楼	业主自选型号
6	电源配电箱	2	设备间	业主自选型号

图 6-70　合并表格

01 按 Ctrl+O 组合键，打开配套资源提供的"第 6 章/ 6.3.8 合并表格.dwg"素材文件，如图 6-71 所示。

02 单击"表格"→"合并表格"命令，命令行提示如下：

```
命令:TMergeSheet
选择第一个表格或[列合并(C)]<退出>:C
选择第一个表格或[行合并(C)]<退出>:                //如图 6-72 所示。
选择下一个表格<退出>:
选择下一个表格<退出>:
```

图 6-71　打开素材文件

图 6-72　选择表格

03 继续选择表格，合并的结果如图 6-70 所示。

6.3.9　单元编辑

调用"单元编辑"命令，可选中单元格进行编辑，图 6-73 所示为编辑的结果。

"单元编辑"命令的执行方式如下：

➢ 菜单栏：单击"表格"→"单元编辑"命令。

下面以如图 6-73 所示的编辑结果为例，讲解调用"单元编辑"命令的方法。

[01] 按 Ctrl+O 组合键，打开配套资源提供的"第 6 章/ 6.3.9 单元编辑.dwg"素材文件，如图 6-74 所示。

序号	名称	单位	数量
1	三管荧光灯	盏	7
2	壁灯	盏	2
3	防水插座	个	5

序号	名称	单位	数量
1	三管荧光灯	盏	7
2	壁灯	盏	2
3	防水插座	个	5

图 6-73　单元编辑　　　　　　　　　　　　　　　　　　图 6-74　打开素材文件

[02] 单击"表格"→"单元编辑"命令，命令行提示如下：

命令:T93_TCellEdit

请点取一单元格进行编辑或〔多格属性(M)/单元分解(X)〕<退出>：　　　　　　//点取单元格，
弹出【单元格编辑】对话框，修改参数如图 6-75 所示。

[03] 单击"确定"按钮，完成编辑，如图 6-76 所示。

序号	名称	单位	数量
1	三管荧光灯	盏	7
2	壁灯	盏	2
3	防水插座	个	5

图 6-75　【单元格编辑】对话框　　　　　　　　　　　图 6-76　编辑结果

[04] 继续单击下一个单元格，返回【单元格编辑】对话框修改参数，结果如图 6-73 所示。

提示

双击单元格，进入在位编辑状态，如图 6-77 所示，可直接修改内容，但不能修改文字的属性，如字高、对齐方式等。

序号	名称	单位	数量
1	三管荧光灯	盏	7
2	壁灯	盏	2
3	防水插座	个	5

图 6-77　进入在位编辑状态

6.3.10 单元合并

调用"单元合并"命令，可将选定的几个单元格合并为一个单元格。图 6-78 所示为合并的结果。

"单元合并"命令的执行方式如下：

➤ 菜单栏：单击"表格"→"单元合并"命令。

下面以如图 6-78 所示的合并结果为例，讲解调用"单元合并"命令的方法。

类型	名称	单位	数量
灯具	三管荧光灯	盏	7
	壁灯	盏	2
插座	防水插座	个	5

图 6-78　合并单元格

01 按 Ctrl+O 组合键，打开配套资源提供的"第 6 章/ 6.3.10 单元合并.dwg"素材文件，如图 6-79 所示。

类型	名称	单位	数量
灯具	三管荧光灯	盏	7
灯具	壁灯	盏	2
插座	防水插座	个	5

图 6-79　打开素材文件

02 单击"表格"→"单元合并"命令，命令行提示如下：

```
命令:T93_TCellMerge
点取第一个角点:                    //如图 6-80 所示。
点取另一个角点:                    //如图 6-81 所示。
```

图 6-80　点取第一个角点 　　　　　　　　图 6-81　点取另一个角点

03 合并单元格的结果如图 6-78 所示。

6.3.11 撤销合并

调用"撤销合并"命令，可撤销已合并的单元格，恢复最初的单元格形式。

"撤销合并"命令的执行方式如下：

➢ 命令行：输入"CXHB"命令按 Enter 键。

➢ 菜单栏：单击"表格"→"撤销合并"命令。

执行上述任意一项操作，命令行提示如下：

> 命令：CXHB↙
>
> 本命令也可以通过[单元编辑]实现！
>
> 点取已经合并的单元格<退出>：

点取单元格，完成撤销合并的操作。

> **提示**
>
> 执行"单元编辑"命令，在命令行提示"请点取其中一个单元格进行编辑或 [多格属性(M)/单元分解(X)]"时，输入"X"，选择"单元分解（X）"选项，也可对单元格执行"撤销合并"的操作。

6.3.12 单元递增

调用"单元递增"命令，可对选中的文本执行递增操作。在操作的过程中，按住 Shift 键可以拷贝文本，按住 Ctrl 键则创建递减效果。图 6-82 所示为单元递增的结果。

"单元递增"命令的执行方式如下：

➢ 命令行：输入"DYDZ"命令按 Enter 键。

➢ 菜单栏：单击"表格"→"单元递增"命令。

下面以如图 6-82 所示的递增结果为例，讲解调用"单元递增"命令的方法。

01 按 Ctrl+O 组合键，打开配套资源提供的"第 6 章/ 6.3.12 单元递增.dwg"素材文件，如图 6-83 所示。

序号	名称	单位	数量
1	三管荧光灯	盏	7
2	壁灯	盏	2
3	吸顶灯	盏	6
4	三联插座	个	5
5	防水插座	个	5

图 6-82　单元递增

序号	名称	单位	数量
1	三管荧光灯	盏	7
	壁灯	盏	2
	吸顶灯	盏	6
	三联插座	个	5
	防水插座	个	5

图 6-83　打开素材文件

02 输入"DYDZ"按 Enter 键，命令行提示如下：

> 命令：DYDZ↙
>
> 点取第一个单元格<退出>：　　　　　　　　//如图 6-84 所示；
>
> 点取最后一个单元格<退出>：　　　　　　　//如图 6-85 所示。

图 6-84　选择第一个单元格

图 6-85　选择最后一个单元格

[03] 单元递增的结果如图 6-82 所示。

执行"单元递增"命令时，在"数量"表列中选择内容为 10 的单元格，如图 6-86 所示。按住 Ctrl 键，向上移动光标，选择最后一个单元格，可实现递减效果，如图 6-87 所示。

序号	名称	单位	数量
1	三管荧光灯	盏	
2	壁灯	盏	
3	吸顶灯	盏	
4	三联插座	个	
5	防水插座	个	10

图 6-86　选择单元格

序号	名称	单位	数量
1	三管荧光灯	盏	6
2	壁灯	盏	7
3	吸顶灯	盏	8
4	三联插座	个	9
5	防水插座	个	10

图 6-87　递减效果

6.3.13　单元累加

调用"单元累加"命令，可累加表行或者表列的内容，并将结果写在指定的单元格中。图 6-88 所示为单元累加的结果。

"单元累加"命令的执行方式如下：

➢　菜单栏：单击"表格"→"单元累加"命令。

下面以如图 6-88 所示的累加结果为例，讲解调用"单元累加"命令的方法。

序号	名称	数量
1	三管荧光灯	7
2	壁灯	2
3	吸顶灯	6
4	三联插座	5
5	防水插座	5
		25

图 6-88　单元累加

01 按 Ctrl+O 组合键，打开配套资源提供的"第 6 章/ 6.3.13 单元累加.dwg"素材文件，如图 6-89 所示。

02 单击"表格"→"单元累加"命令，命令行提示如下：

```
命令:T93_TSumCellDigit
点取第一个需累加的单元格：                //如图 6-90 所示。
点取最后一个需累加的单元格：              //如图 6-91 所示。
单元累加结果是:25
点取存放累加结果的单元格<退出>：          //如图 6-92 所示。
```

序号	名称	数量
1	三管荧光灯	7
2	壁灯	2
3	吸顶灯	6
4	三联插座	5
5	防水插座	5

图 6-89　打开素材文件

序号	名称	数量
1	三管荧光灯	7
2	壁灯	2
3	吸顶灯	6
4	三联插座	5
5	防水插座	5

图 6-90　选择第一个单元格

序号	名称	数量
1	三管荧光灯	7
2	壁灯	2
3	吸顶灯	6
4	三联插座	5
5	防水插座	5

图 6-91　选择最后一个单元格

序号	名称	数量
1	三管荧光灯	7
2	壁灯	2
3	吸顶灯	6
4	三联插座	5
5	防水插座	5

图 6-92　选择存放结果的单元格

03 单元累加的结果如图 6-88 所示。

6.3.14 单元复制

调用"单元复制"命令，可将表格中某一单元格的内容复制到目标单元格，图 6-93 所示为复制的结果。

"单元复制"命令的执行方式如下：

➢ 命令行：输入"DYFZ"按 Enter 键。

➢ 菜单栏：单击"表格"→"单元累加"命令。

下面以如图 6-93 所示的复制结果为例，讲解调用"单元复制"命令的方法。

01 按 Ctrl+O 组合键，打开配套资源提供的"第 6 章/ 6.3.13 单元复制.dwg"素材文件，如图 6-94

所示。

序号	图例	名称	单位	数量
1		带保护接点暗装插座	个	2
2		双联插座	个	1
3		带保护接点插座	个	2
4		电视插座	个	1
5		单相暗敷插座	个	1

图 6-93 单元复制

序号	图例	名称	单位	数量
1		带保护接点暗装插座	个	2
2		双联插座		1
3		带保护接点插座		2
4		电视插座		1
5		单相暗敷插座		1

图 6-94 打开素材文件

02 输入"DYFZ"按 Enter 键，命令行提示如下：

命令：DYFZ↙
点取拷贝源单元格或 [选取文字(A)]<退出>：   //如图 6-95 所示；
点取粘贴至单元格（按 CTRL 键重新选择复制源）[选取文字(A)]<退出>： //如图 6-96 所示。

序号	图例	名称	单位	数量
1		带保护接点暗装插座		2
2		双联插座		1
3		带保护接点插座		2
4		电视插座		1
5		单相暗敷插座		1

图 6-95 选择源单元格

序号	图例	名称	单位	数量
1		带保护接点暗装插座	个	2
2		双联插座		1
3		带保护接点插座		2
4		电视插座		1
5		单相暗敷插座		1

图 6-96 选择目标单元格

03 复制结果如图 6-97 所示。

序号	图例	名称	单位	数量
1		带保护接点暗装插座	个	2
2		双联插座	个	1
3		带保护接点插座		2
4		电视插座		1
5		单相暗敷插座		1

图 6-97 复制结果

04 继续选择单元格进行复制，结果如图 6-93 所示。

6.3.15 转出 Word

调用"转出 Word"命令，可将天正表格输出为 Word 表格。图 6-98 所示为将表格转出至 Word 的结

287

果。

"转出 Word"命令的执行方式如下：

➢ 菜单栏：单击"表格"→"转出 Word"命令。

单击"表格"→"转出 Word"命令，命令行提示如下：

```
命令：T93_Sheet2Word
请选择表格<退出>：找到 1 个            //如图 6-99 所示。
```

选择表格，完成将表格输出至 Word 的操作，结果如图 6-98 所示。

图 6-98　转出至 Word

图 6-99　选择表格

6.3.16　转出 Excel

调用"转出 Excel"命令，将天正表格输出为 Excel 表格。图 6-100 所示为将表格转出至 Excel 的结果。

图 6-100　转出 Excel

"转出 Excel"命令的执行方式如下：

➢ 菜单栏：单击"表格"→"转出 Excel"命令。

单击"表格"→"转出 Excel"命令，命令行提示如下：

```
命令：T93_Sheet2Excel
```

请选择表格<退出>： //如图 6-101 所示。

选择表格，完成将表格输出至 Excel 的操作，结果如图 6-100 所示。

图 6-101　选择表格

6.3.17　读入 Excel

调用"读入 Excel"命令，可把当前 Excel 表中选中的数据读入天正软件，且保留 Excel 表中的小数位数。

"读入 Excel"命令的执行方式如下：

➢ 菜单栏：单击"表格"→"读入 Excel"命令。

单击"表格"→"读入 Excel"命令，如果没有预先打开一个 Excel 文件，会弹出如图 6-102 所示的信息对话框，提示应先打开一个 Excel 文件。

图 6-102　信息对话框

打开一个 Excel 文件，选中要读入天正软件的内容，如图 6-103 所示。返回天正软件，单击"表格"→"读入 Excel"命令，弹出信息对话框，提示是否需要新建一个表格，如图 6-104 所示。

图 6-103　选择内容

图 6-104　信息对话框

单击"是（Y）"按钮，命令行提示如下：

命令:T93_Excel2Sheet

左上角点或[参考点(R)]<退出>:

单击插入点，创建天正表格，结果如图 6-105 所示。创建表格后，通过执行表格编辑命令，如"单元编辑""表列编辑""表行编辑"等，可重定义表格的显示样式。

序号	名称	单位	数量
1	三管荧光灯	盏	7
2	壁灯	盏	2
3	吸顶灯	盏	5
4	安全插座	个	6
5	防水插座	个	5

图 6-105　创建天正表格

第 7 章
尺寸与符号标注

● **本章导读**

在 T20-Elec V6.0 中，使用尺寸标注的专用命令可以为建筑门窗以及墙体等建筑构件对象创建尺寸标注。符号标注（包括绘制剖切符号、指北针、箭头、引出标注等）不仅可以满足施工图专业化标注的要求，还可根据绘图的不同要求，激活夹点进行修改。

本章将介绍绘制尺寸标注与符号标注的方法。

● **本章重点**

◈ 天正尺寸标注的特征
◈ 天正尺寸标注的夹点
◈ 尺寸标注命令
◈ 符号标注命令

7.1 天正尺寸标注的特征

天正尺寸标注有两类，分别是连续标注和半径标注。其中，连续标注又包含线性标注和角度标注，是与 AutoCAD 中的 dimension 不同的自定义对象，使用方法和夹点行为也与普通的 AutoCAD 尺寸有明显的区别。

1. 天正尺寸标注的基本单位

除了半径标注以外，天正尺寸标注还可以以一组连续的尺寸区间作为基本的标注单位。单击天正尺寸标注，可以看到相邻的多个尺寸区间同时亮显，并且在尺寸标注中显示一系列夹点。选中 AutoCAD 尺寸标注，一次只高亮显示一个标注区间，并且夹点的意义也与天正尺寸标注的不同。

2. 天正尺寸标注的转化及分解

天正软件的尺寸标注为自定义对象，因此在利用旧图资源时，需要将原图的 AutoCAD 尺寸转化为天正尺寸标注，而且，对有必要输出到天正绘图环境不支持的 R14 格式或者其他的建筑软件也要对天正尺寸标注对象进行分解。

分解后，天正软件按当前标注对象的比例及参数生成外观相同的 AutoCAD 尺寸标注。

3. 天正尺寸标注基本样式的修改

由于天正软件的尺寸标注是基于 AutoCAD 的标注样式发展而成的，所以用户可以利用 AutoCAD 的标注样式命令修改天正尺寸标注的特性。例如，天正软件默认的线性标注样式为_TCH_ARCH，角度标注样式为_TCH_ARROW。在标注样式命令中，用户重定义样式参数，再执行"重生成"命令，即可把已有的标注按新的设定更改过来。以此类推，其他所用到的标注也可以一一进行修改。

4. 圆弧尺寸标注样式

在标注弧线尺寸时，系统默认的是以角度标注的方式来进行标注，用户可以将其转化为弦长标注以符合实际需求。

5. 尺寸标注的快捷菜单

选中尺寸标注后单击鼠标右键，在弹出的快捷菜单中将显示尺寸标注编辑命令，此时用户可以根据需要选择某个菜单项，调用尺寸标注编辑命令。

7.2 天正尺寸标注的夹点

由于天正尺寸标注主要分为两类，即连续标注与半径标注，所以本节将以直线标注和圆弧标注为例，介绍天正尺寸标注夹点的含义及使用方法。

7.2.1 直线标注的夹点

天正尺寸直线标注的夹点如图 7-1 所示，下面对各个夹点的含义进行简单的介绍。

图 7-1　直线标注夹点示意图

1．尺寸箭头处的夹点

单击夹点，当夹点变成红色时，即处于可编辑的状态。移动该夹点，可以在纵向移动尺寸线，结果是改变尺寸线的位置，但尺寸界线的定位点不变。

2．尺寸界线夹点

激活尺寸界线夹点，可以移动定位点或者在水平方向上更改尺寸参数。

3．内部尺寸界线夹点

激活夹点，可以更改尺寸区间的参数。当拖动夹点与相邻夹点重合时，两段尺寸界线合二为一，起到"标注合并"的作用。

4．尺寸文字夹点

激活夹点，可移动尺寸文字的位置。

7.2.2　圆弧标注的夹点

天正圆弧标注有两种形式，分别是角度标注和弦长标注，两者可以通过"切换角标"命令实现互相转化。下面分别介绍这两类标注中夹点的含义。

1．角度标注

角度标注的夹点如图 7-2 所示。下面对各个夹点的含义进行简单的介绍。

图 7-2　角度标注夹点示意图

➢　尺寸界线两侧夹点：激活夹点，可以移动尺寸线的位置和更改开间尺。
➢　尺寸箭头夹点：激活夹点，可以移动角度标注的位置寸。

➤ 内部尺寸界线夹点：激活夹点，可以移动尺寸线，当拖动该夹点与相邻夹点重合时，两个角度标注合二为一。

➤ 尺寸文字夹点：激活夹点，可移动尺寸文本的位置。

2. 弦长标注

弦长标注表示弧墙基线与门窗边线、径向轴线交点构成的各个弦长值，为施工放线提供了一种惯用的制图表达方式。

天正弦长标注的夹点如图 7-3 所示。下面对各个夹点的含义进行简单的介绍。

图 7-3 弦长标注夹点示意图

➤ 尺寸界线两侧夹点：激活夹点，可沿径向改变尺寸线的位置，此时整组尺寸线动态沿径向移动。

➤ 尺寸界线夹点：激活夹点，沿径向拖动可针对同角度但半径不同的弧墙进行标注。

➤ 内部尺寸界线夹点：激活夹点，仅能更改开间角度（或弦长）尺寸参数，拖动夹点与相邻夹点重合，可将相邻两个开间合并为一个开间。

➤ 尺寸文字夹点：激活夹点，可移动尺寸文本的位置。

3. 半径标注

半径标注的夹点如图 7-4 所示。下面对各个夹点的含义进行简单的介绍。

图 7-4 半径标注夹点示意图

➤ 圆心夹点：该夹点从圆心指向箭头方向，拖动该夹点，可以改变圆心位置，同时保持箭头端位置不变。

➤ 引线端夹点：该夹点从圆心向圆周方向伸缩，拖动夹点可以改变引线长度。

➤ 箭头端夹点：该夹点从圆心指向圆周方向旋转，激活夹点可以改变箭头引线的位置。

7.3 尺寸标注命令

天正软件提供了多种类型的尺寸标注命令，包括逐点标注、快速标注以及半径标注等。本节将介绍调用尺寸标注命令的方法。

7.3.1 逐点标注

调用"逐点标注"命令，可选中一串给定点沿指定方向和位置标注尺寸。图7-5所示为逐点标注的结果。

"逐点标注"命令的执行方式如下：

➤ 菜单栏：单击"尺寸" → "逐点标注"命令。

下面以绘制如图7-5所示的标注为例，讲解调用"逐点标注"命令的方法。

01 按 Ctrl+O 组合键，打开配套资源提供的"第 7 章/ 7.3.1 逐点标注.dwg"素材文件，如图7-6所示。

图 7-5 逐点标注

图 7-6 打开素材

02 单击"尺寸" → "逐点标注"命令，命令行提示如下：

```
命令:T93_TDimMP
起点或[参考点(R)]<退出>:                    //如图7-7所示。
第二点<退出>:                               //如图7-8所示。
请点取尺寸线位置或[更正尺寸线方向(D)]<退出>:   //如图7-9所示。
```

图 7-7 指定起点

图 7-8 指定第二点

03 创建标注的结果如图7-10所示。

04 移动光标，继续指定参考点创建尺寸标注，结果如图 7-5 所示

图 7-9　指定尺寸线位置

图 7-10　创建标注

7.3.2　快速标注

调用"快速标注"命令，可选取平面图形并快速标注外包尺寸。图 7-11 所示为快速标注的结果。

"快速标注"命令的执行方式如下：

➢ 菜单栏：单击"尺寸"→"快速标注"命令。

下面以绘制如图 7-11 所示的标注为例，讲解调用"快速标注"命令的方法。

01 按 Ctrl+O 组合键，打开配套资源提供的"第 7 章/ 7.3.2 快速标注.dwg"素材文件，如图 7-12 所示。

图 7-11　快速标注

图 7-12　打开素材文件

02 单击"尺寸"→"快速标注"命令，命令行提示如下：

```
命令:T93_TQuickDim
选择要标注的几何图形:指定对角点：找到 17 个          //如图 7-13 所示。
请指定尺寸线位置(当前标注方式:连续加整体)或 [整体(T)/连续(C)/连续加整体(A)]<退出>:
                                                //如图 7-14 所示。
```

图 7-13　选择图形

图 7-14　指定尺寸线位置

03 在合适的位置单击，绘制标注的结果如图 7-11 所示。

整体 (T)：输入 "T"，尺寸标注的类型为外包尺寸，如图 7-15 所示。

连续 (C)：输入 "C"，尺寸标注的类型为细部构造尺寸，如图 7-16 所示。

连续加整体 (A)：输入 "A"，尺寸标注的类型包括细部构造尺寸和外包尺寸。

图 7-15　绘制外包尺寸

图 7-16　绘制细部构造尺寸

7.3.3　半径标注

调用"半径标注"命令，可选定弧线或者圆弧墙标注半径值。图 7-17 所示为半径标注的结果。

"半径标注"命令的执行方式如下：

➤ 菜单栏：单击"尺寸"→"半径标注"命令。

下面以绘制如图 7-17 所示的标注为例，讲解调用"半径标注"命令的方法。

01 按 Ctrl+O 组合键，打开配套资源提供的"第 7 章/ 7.3.3 半径标注.dwg"素材文件，如图 7-18 所示。

02 单击"尺寸"→"半径标注"命令，命令行提示如下：

```
命令:T93_TDimRad
请选择待标注的圆弧<退出>:
```

03 选择弧墙，即可完成标注，结果如图 7-17 所示。

图 7-17　半径标注

图 7-18　打开素材文件

7.3.4　直径标注

调用"直径标注"命令，可选定弧线或者圆弧墙标注直径值。图 7-19 所示为标注直径的结果。

"直径标注"命令的执行方式如下：

➢ 菜单栏：单击"尺寸"→"直径标注"命令。

下面以绘制如图 7-19 所示的标注为例，讲解调用"直径标注"命令的方法。

01 按 Ctrl+O 组合键，打开配套资源提供的"第 7 章/ 7.3.4 直径标注.dwg"素材文件，如图 7-20 所示。

02 单击"尺寸"→"直径标注"命令，命令行提示如下：

命令：T93_TDimDia

请选择待标注的圆弧<退出>：

03 选择灯具，即可完成标注，结果如图 7-19 所示。

图 7-19　直径标注　　　　　　　　　　　　　　　　图 7-20　打开素材文件

7.3.5　角度标注

调用"角度标注"命令，可按逆时针方向标注两根直线之间的夹角（在此要按照逆时针的方向选择直线）。图 7-21 所示为角度标注的结果。

"角度标注"命令的执行方式如下：

➢ 菜单栏：单击"尺寸"→"角度标注"命令。

下面以绘制如图 7-21 所示的标注为例，讲解调用"角度标注"命令的方法。

01 按 Ctrl+O 组合键，打开配套资源提供的"第 7 章/ 7.3.5 角度标注.dwg"素材文件，如图 7-22 所示。

02 单击"尺寸"→"角度标注"命令，命令行提示如下：

命令：T93_TDimAng

请选择第一条直线<退出>：

请选择第二条直线<退出>：

请确定尺寸线位置<退出>：

图 7-21　角度标注　　　　　　　　　　　　　　　　图 7-22　打开素材文件

03 分别选择两条直线，指定尺寸线的位置，标注的结果如图 7-21 所示。

7.3.6 弧弦标注

调用"弧弦标注"命令，可按照国家建筑制图标准规定的弧长标注画法分段标注弧长，保持整体的角度标注对象。如图 7-23 所示为弧弦标注的结果。

"弧弦标注"命令的执行方式如下：

> 菜单栏：单击"尺寸"→"弧弦标注"命令。

下面以绘制如图 7-23 所示的标注为例，讲解调用"弧弦标注"命令的方法。

01 按 Ctrl+O 组合键，打开配套资源提供的"第 7 章/ 7.3.6 弧弦标注.dwg"素材文件，如图 7-24 所示。

图 7-23 弧弦标注

图 7-24 打开素材文件

02 单击"尺寸"→"弧弦标注"命令，命令行提示如下：

命令:TDimArc
请选择要标注的弧段<退出>:   //如图 7-25 所示。
请移动光标位置确定要标注的尺寸类型<退出>://如图 7-26 所示。
请指定标注点: //如图 7-27 所示。
请输入其他标注点<退出>:   //如图 7-28 所示。

图 7-25 选择弧段

图 7-26 确定标注类型

图 7-27 指定标注点

图 7-28 指定其他标注点

03 创建弧弦标注的结果如图 7-23 所示。

选择弧段后，通过移动光标，可以确定尺寸标注的类型。例如，选择弧墙，向上移动光标，当尺寸标注类型显示为线性标注时，如图 7-29 所示，表示即将标注弧墙两点的直线距离，如图 7-30 所示。

图 7-29 选择尺寸类型

图 7-30 标注弧墙两点距离

如果在移动光标的过程中，尺寸标注类型显示为角度标注，如图 7-31 所示，则将标注弧线的角度，如图 7-32 所示。

图 7-31 选择标注类型

图 7-32 创建角度标注

7.3.7 更改文字

调用"更改文字"命令，重定义尺寸标注文字（可以输入文字或者数字），能够改变尺寸标注的测量值。如图 7-33 所示更改的结果。

"更改文字"命令的执行方式如下：

➤ 菜单栏：单击"尺寸"→"更改文字"命令。

下面以如图 7-33 所示的更改结果为例，讲解调用"更改文字"命令的方法。

01 按 Ctrl+O 组合键，打开配套资源提供的"第 7 章/ 7.3.7 更改文字.dwg"素材文件，如图 7-34 所示。

图 7-33 更改文字

图 7-34 打开素材文件

[02] 单击"尺寸"→"更改文字"命令，命令行提示如下：

```
命令:T93_TChDimText
请选择尺寸区间<退出>:              //如图 7-35 所示。
输入标注文字<2295>:EQ             //如图 7-36 所示。
```

图 7-35　选择尺寸区间

图 7-36　输入标注文字

[03] 按 Enter 键即可更改文字，结果如图 7-37 所示。

[04] 继续选择尺寸区间，如图 7-38 所示。

图 7-37　更改文字

图 7-38　继续选择尺寸区间

[05] 输入文字代替原有的标注文字，结果如图 7-33 所示。

7.3.8　文字复位

调用"文字复位"命令，可将尺寸标注中的文字恢复到初始位置。图 7-39 所示为文字复位的结果。

"文字复位"命令的执行方式如下：

➢ 　菜单栏：单击"尺寸"→"文字复位"命令。

下面以如图 7-39 所示的复位结果为例，讲解调用"文字复位"命令的方法。

[01] 按 Ctrl+O 组合键，打开配套资源提供的"第 7 章/ 7.3.8 文字复位.dwg"素材文件，如图 7-40 所示。

图 7-39 文字复位

图 7-40 打开素材文件

02 单击"尺寸"→"文字复位"命令,命令行提示如下:

命令:T93_TResetDimP

请选择需复位文字的对象:找到 1 个　　　　//如图 7-41 所示。

图 7-41 选择文字

03 按 Enter 键完成操作,结果如图 7-39 所示。

7.3.9 文字复值

调用"文字复值"命令,可恢复至尺寸标注的初始数据。执行"更改文字"命令后,可以执行此命令恢复尺寸标注的原始数据。

"文字复值"命令的执行方式如下:

➤ 菜单栏:单击"尺寸"→"文字复值"命令。

单击"尺寸"→"文字复值"命令,命令行提示如下:

命令:T93_TResetDimT

请选择天正尺寸标注:

选择尺寸标注,按 Enter 键完成操作。

7.3.10 裁剪延伸

调用"裁剪延伸"命令,根据给定的新位置,对尺寸标注进行裁剪或延伸,图 7-42 所示为操作结果。

"裁剪延伸"命令的执行方式如下:

➤ 菜单栏:单击"尺寸"→"裁剪延伸"命令。

下面以如图 7-42 所示的操作结果为例，讲解调用"裁剪延伸"命令的方法。

01 按 Ctrl+O 组合键，打开配套资源提供的"第 7 章 / 7.3.10 裁剪延伸.dwg"素材文件，如图 7-43 所示。

图 7-42　裁剪延伸

图 7-43　打开素材文件

02 单击"尺寸"→"裁剪延伸"命令，命令行提示如下：

命令:T93_TDIMTRIMEXT
要裁剪或延伸的尺寸线<退出>:　　　　　//如图 7-44 所示；
请给出裁剪延伸的基准点　　　　　　　　//如图 7-45 所示。

图 7-44　选择尺寸线

图 7-45　指定基准点

03 延伸结果如图 7-46 所示。

04 重复执行"裁剪延伸"命令，指定 B 点为基准点，如图 7-47 所示，完成右侧标注区间的裁剪延伸操作。

图 7-46　延伸结果

图 7-47　指定基准点

05 单击"尺寸"→"文字复位"命令，可对裁剪延伸得到的尺寸标注文字进行文字复位操作，结果如图 7-42 所示。

7.3.11 取消尺寸

调用"取消尺寸"命令,可删除天正标注中指定的尺寸区间。如果共有尺寸线为奇数段,则该命令在删除了中间的尺寸区间后,可以把原来的尺寸标注分成两个相同类型的标注对象,图 7-48 所示为操作结果。

"取消尺寸"命令的执行方式如下:

➢ 菜单栏:单击"尺寸"→"取消尺寸"命令。

下面以如图 7-48 所示的操作结果为例,讲解调用"取消尺寸"命令的方法。

01 按 Ctrl+O 组合键,打开配套资源提供的"第 7 章/7.3.11 取消尺寸.dwg"素材文件,如图 7-49 所示。

图 7-48 取消尺寸

图 7-49 打开素材文件

02 单击"尺寸"→"取消尺寸"命令,命令行提示如下:

```
命令:TDimDel
选择待删除尺寸的区间线或尺寸文字[整体删除(A)]<退出>:          //如图 7-50 所示。
```

03 删除选中的尺寸区间,结果如图 7-51 所示。

图 7-50 选择尺寸区间

图 7-51 删除尺寸区间

04 重复执行上述操作,结果如图 7-48 所示。

> **提示**
>
> 整体删除(A):输入 A,删除选中的尺寸标注,即所有的尺寸区间都被删除。

7.3.12 拆分区间

调用"拆分区间"命令,可将一组尺寸标注拆分为多个区间。图 7-52 所示为拆分区间的结果。

"拆分区间"命令的执行方式如下:

➤ 菜单栏：单击"尺寸"→"拆分区间"命令。

下面以如图 7-52 所示的拆分结果为例，介绍"拆分区间"命令的操作结果。

01 按 Ctrl+O 组合键，打开配套资源提供的"第 7 章/7.3.12 拆分区间.dwg"素材文件，如图 7-53 所示。

图 7-52 拆分区间

图 7-53 打开素材文件

02 执行"拆分区间"命令，命令行提示如下：

命令:TDimBreak
选择待拆分的尺寸区间<退出>:　　　　　　//如图 7-54 所示。
点取待增补的标注点的位置<退出>:　　　　//移动鼠标，点取标注点的位置，如图 7-55 所示。
点取待增补的标注点的位置或[撤消(U)]<退出>:　　　//向右移动鼠标，继续点取标注点的位置，如图 7-56 所示。

图 7-54 选择尺寸区间

图 7-55 点取标注点

03 拆分尺寸区间的结果如图 7-56 所示。

04 继续执行"拆分区间"命令，直至完成全部拆分操作，结果如图 7-57 所示。

图 7-56 继续点取标注点拆分区间

图 7-57 拆分尺寸标注

7.3.13 连接尺寸

调用"连接尺寸"命令，可将多个平行的尺寸标注连接成一个连续的对象，图 7-58 所示为连接尺寸的结果。

"连接尺寸"命令的执行方式如下：

➤ 菜单栏：单击"尺寸"→"连接尺寸"命令。

下面以如图 7-58 所示的连接结果为例，讲解调用"连接尺寸"命令的方法。

01 按 Ctrl+O 组合键，打开配套资源提供的"第 7 章 / 7.3.13 连接尺寸.dwg"素材文件，如图 7-59 所示。

图 7-58　连接尺寸

图 7-59　打开素材文件

02 单击"尺寸"→"连接尺寸"命令，命令行提示如下：

```
命令:T93_TMergeDim
请选择主尺寸标注<退出>:                    //如图 7-60 所示。
选择需要连接的其他尺寸标注(shift-取消对错误选中尺寸的选择)<结束>：找到 1 个，总计 2
个                                      //如图 7-61 所示。
```

图 7-60　选择主尺寸标注

图 7-61　选择需要连接的尺寸

03 按 Enter 键完成尺寸连接，结果如图 7-58 所示。

7.3.14 增补尺寸

调用"增补尺寸"命令，可为尺寸标注增加标注点，图 7-62 所示为增补尺寸的结果。

"增补尺寸"命令的执行方式如下：

➤ 菜单栏：单击"尺寸"→"增补尺寸"命令。

下面以如图 7-62 所示的操作结果为例，讲解调用"增补尺寸"命令的方法。

01 按 Ctrl+O 组合键，打开配套资源提供的"第 7 章/ 7.3.14 增补尺寸.dwg"素材文件，如图 7-63 所示。

图 7-62　增补尺寸

图 7-63　打开素材文件

02 单击"尺寸"→"增补尺寸"命令，命令行提示如下：

命令:T93_TBreakDim

请选择尺寸标注<退出>：　　　　　　　　　　　　　　　　　　//如图 7-64 所示；

点取待增补的标注点的位置或[参考点(R)]<退出>：　　　　　　//如图 7-65 所示。

图 7-64　选择尺寸标注

图 7-65　指定点

03 增补尺寸的结果如图 7-66 所示。

04 向右移动光标，指定 B 点为增补点，如图 7-67 所示。

图 7-66　增补一个尺寸

图 7-67　指定点

05 完成全部尺寸增补，结果如图 7-62 所示。

7.3.15 尺寸转化

调用"尺寸转化"命令，可将 AutoCAD 尺寸标注转化为天正尺寸标注。

"尺寸转化"命令的执行方式如下：

➢ 菜单栏：单击"尺寸"→"尺寸转化"命令。

单击"尺寸"→"尺寸转化"命令，命令行提示如下：

```
命令:T93_TConvDim
请选择ACAD尺寸标注：找到1个
全部选中的1个对象成功地转化为天正尺寸标注！
```

选择 AutoCAD 尺寸标注，按 Enter 键完成操作。

7.3.16 尺寸自调

调用"尺寸自调"命令，可自动调整尺寸文字的位置，使其不会与其他图形重叠，以免影响查看，图 7-68 所示为调整的结果。

"尺寸自调"命令的执行方式如下：

➢ 菜单栏：单击"尺寸"→"尺寸自调"命令。

下面以如图 7-68 所示的调整结果为例，讲解"调用尺寸"自调命令的方法。

01 按 Ctrl+O 组合键，打开配套资源提供的"第 7 章 / 7.3.16 尺寸自调.dwg"素材文件，如图 7-69 所示。

02 单击"尺寸"→"尺寸自调"命令，命令行提示如下：

```
命令:T93_TDimAdjust
请选择天正尺寸标注：找到1个
```

03 选择尺寸标注，按 Enter 键完成调整，结果如图 7-68 所示。

图 7-68　尺寸自调

图 7-69　打开素材文件

7.4 符号标注命令

天正软件提供了创建工程符号命令，包括剖切符号、指北针、引注箭头等。本节将介绍调用符号标注命令的方法。

7.4.1 单注标高

调用"单注标高"命令，一次只能绘制一个标高标注。该命令通常用于标注平面图的标高。图 7-70 所示为单注标高的结果。

"单注标高"命令的执行方式如下：

➢ 菜单栏：单击"符号"→"单注标高"命令。

下面以绘制如图 7-70 所示的标注为例，讲解调用"单注标高"命令的方法。

[01] 按 Ctrl+O 组合键，打开配套资源提供的"第 7 章/ 7.4.1 单注标高.dwg"素材文件，如图 7-71 所示。

图 7-70 单注标高

图 7-71 打开素材文件

[02] 单击"尺寸"→"单注标高"命令，命令行提示如下：

命令:T93_TElev
请点取标高点或[参考标高(R)]<退出>:　　　　　　　　//点取标高点，弹出【标高标注】对话

框，设置参数如图 7-72 所示。
标高设置: 基线关;引线关
请点取标高方向或[基线(B)/引线(L)]<当前>:　　　　　//如图 7-73 所示。

图 7-72 设置参数

图 7-73 指定标高方向

[03] 标高标注的结果如图 7-70 所示。

在执行命令的过程中，输入"B"，选择"基线（B）"选项，移动光标指定基线的位置，可为标高符号添加基线，结果如图 7-74 所示；输入"L"，选择"引线（L）"选项，指定引线的位置以及标高方向，

结果如图 7-75 所示。

图 7-74 添加基线

图 7-75 添加引线

7.4.2 连注标高

调用"连注标高"命令,可连续标注标高,该命令多用于为立剖面图绘制标高标注。图 7-76 所示为连注标高的结果。

"连注标高"命令的执行方式如下:

➤ 菜单栏:单击"符号"→"连注标高"命令。

下面以绘制如图 7-76 所示的标注为例,讲解调用"连注标高"命令的方法。

01 按 Ctrl+O 组合键,打开配套资源提供的"第 7 章/ 7.4.2 连注标高.dwg"素材文件,如图 7-77 所示。

图 7-76 连注标高

图 7-77 打开素材文件

02 单击"尺寸"→"连注标高"命令,弹出【标高标注】对话框,设置标高参数如图 7-78 所示。

03 命令行提示如下:

```
命令:T93_TMElev
请点取标高点或[参考标高(R)]<退出>:         //如图 7-79 所示。
请点取标高方向<退出>:                        //如图 7-80 所示。
```

04 此时【标高标注】对话框并没有关闭,在其中修改标高值,如图 7-81 所示。

图 7-78 【标高标注】对话框

图 7-79 指定标高点

图 7-80 指定标高方向

图 7-81 设置参数

05 指定下一点放置标高标注，结果如图 7-82 所示。

06 在【标高标注】对话框中修改标高值，继续放置标高标注，结果如图 7-83 所示。

图 7-82 指定下一点放置标高标注

图 7-83 继续放置标高标注

07 最终结果如图 7-76 所示。

7.4.3 坐标标注

调用"坐标标注"命令，可在图中指定点标注坐标。

"坐标标注"命令的执行方式如下：

➢ 命令行：输入"ZBBZ"按 Enter 键。

➢ 菜单栏：单击"符号"→"坐标标注"命令。

下面以绘制如图 7-84 所示的标注为例，讲解调用"坐标标注"命令的方法。

01 按 Ctrl+O 组合键，打开配套资源提供的"第 7 章/ 7.4.3 坐标标注.dwg"素材文件，如图 7-85 所示。

图 7-84   坐标标注

图 7-85   打开素材文件

02 输入 ZBBZ 按 Enter 键，命令行提示如下：

命令：ZBBZ↙
当前绘图单位：mm, 标注单位：M；以世界坐标取值；北向角度 90 度
请点取标注点或 [设置(S)\批量标注(Q)]<退出>：   //如图 7-86 所示。
点取坐标标注方向<退出>：   //如图 7-87 所示。

图 7-86   指定坐标标注点

图 7-87   指定坐标标注方向

03 坐标标注的结果如图 7-84 所示。

在执行命令的过程中，命令行提示"请点取标注点或 [设置（S）\批量标注（Q）]<退出>:"时，输入"S"，打开【坐标标注】对话框。在对话框中设置坐标标注的"绘图单位""标注单位"以及"箭头样式"等参数，如图 7-88 所示。参数设置完毕，单击"确定"按钮，坐标标注即可以指定的样式显示。

输入"Q"，选择"批量标注（Q）"选项，打开【批量标注】对话框，如图 7-89 所示。选择选项，可以同时为指定的点标注坐标。

图 7-88   【坐标标注】对话框

图 7-89   【批量标注】对话框

7.4.4 索引符号

调用"索引符号"命令，可为另有详图的某一部分图形或构件标注索引符号，图 7-90 所示为标注结果。

"索引符号"命令的执行方式如下：

➢ 菜单栏：单击"符号"→"索引符号"命令。

下面以绘制如图 7-90 所示的符号为例，讲解调用"索引符号"命令的方法。

01 按 Ctrl+O 组合键，打开配套资源提供的"第 7 章/ 7.4.3 索引符号.dwg"素材文件，如图 7-91 所示。

图 7-90　标注索引符号

图 7-91　打开素材文件

02 单击"尺寸"→"索引符号"命令，弹出【索引符号】对话框，设置参数如图 7-92 所示。

03 同时命令行提示如下：

```
命令:TIndexPtr
请给出标注第一点<退出>:                    //如图 7-93 所示。
请给出索引节点的范围<0.0>:                  //如图 7-94 所示。
请给出转折点位置<退出>:                      //如图 7-95 所示。
请给出文字索引号位置<退出>:                  //如图 7-96 所示。
```

图 7-92　设置参数

图 7-93　指定第一点

图 7-94　指定范围

图 7-95　指定转折点的位置

图 7-96　指定索引号的位置

04　绘制索引符号的结果如图 7-90 所示。

提示

双击索引符号，打开【编辑指向索引】对话框，如图 7-97 所示，在其中修改索引符号的参数。双击索引符号上的标注文字，进入在位编辑模式，如图 7-98 所示。修改文字标注，在空白区域单击鼠标左键退出在位编辑模式。

图 7-97　【编辑指向索引】对话框

图 7-98　进入在位编辑模式

7.4.5　索引图名

调用"索引图名"命令，可为详图添加图名标注，图 7-99 所示为绘制结果。

"索引图名"命令的执行方式如下：

➤　菜单栏：单击"符号"→"索引图名"命令。

单击"符号"→"索引图名"命令，弹出【索引图名】对话框，设置参数如图 7-100 所示。在图中点取位置，绘制索引图名，如图 7-99 所示。

在【索引图名】对话框中选择"图名"选项，自定义图名，然后在"索引图号"选项中输入图号，如图 7-101 所示。绘制图名的结果如图 7-102 所示。

图 7-99　绘制索引图名

图 7-100　【索引图名】对话框

图 7-101　设置参数

图 7-102　绘制图名

7.4.6　剖切符号

　　调用"剖切符号"命令，可在图中标注剖面的剖切符号。定义剖面图的编号。剖面图用于表示切断面上的构件以及从该处沿视线方向可见的建筑构件。图 7-103 所示为绘制的结果。

　　"剖切符号"命令的执行方式如下：

➢　菜单栏：单击"符号"→"剖切符号"命令。

　　下面以绘制如图 7-103 所示的符号为例，讲解调用"剖切符号"命令的方法。

01　按 Ctrl+O 组合键，打开配套资源提供的"第 7 章/ 7.4.6 剖切符号.dwg"素材文件，如图 7-104 所示。

图 7-103　绘制剖切符号

图 7-104　打开素材文件

02　单击"符号"→"剖切符号"命令，弹出【剖切符号】对话框，设置参数如图 7-105 所示。

03　命令行提示如下：

命令:T93_TSection

点取第一个剖切点<退出>:　　　　　　　　　　　//如图 7-106 所示。

| 点取第二个剖切点<退出>: | //如图 7-107 所示。 |
| 点取剖视方向<当前>: | //如图 7-108 所示。 |

图 7-105 【剖切符号】对话框

图 7-106 指定第一点

图 7-107 指定第二点

图 7-108 指定方向

在【剖切符号】对话框中选择"剖面图号"选项，自定义图号，如图 7-109 所示。在"标注位置"选项中选择图号的位置，默认选择"两端"，即在剖切线的两端绘制图号。此时，在图中绘制剖切符号还可以同时添加图号，如图 7-110 所示。

图 7-109 设置参数

图 7-110 同时添加图号

7.4.7 断面剖切

在【剖切符号】对话框中单击"断面剖切"按钮 ，可在图中绘制断面剖切符号，生成的剖切符号不带剖视方向线，以断面编号的所在位置表示剖视方向。如图 7-111 所示为绘制结果。

"断面剖切"命令的执行方式如下：

➢ 菜单栏：单击【剖切符号】对话框中的"断面剖切"按钮 。

下面以绘制如图 7-111 所示的符号为例，讲解绘制"断面剖切"符号的方法。

01 按 Ctrl+O 组合键，打开配套资源提供的"第 7 章/ 7.4.7 断面剖切.dwg"素材文件，如图 7-112 所示。

图 7-111　断面剖切符号

图 7-112　打开素材文件

02 单击"符号"→"剖切符号"命令，弹出【剖切符号】对话框，设置"剖切编号"为 1，然后单击"断面剖切"按钮 ，如图 7-113 所示。

03 命令行提示如下：

```
命令:T93_TSection1
点取第一个剖切点<退出>:                      //如图 7-114 所示。
点取第二个剖切点<退出>:                      //如图 7-115 所示。
点取剖视方向<当前>:                          //如图 7-116 所示。
```

04 绘制断面剖切符号的结果如图 7-111 所示。

图 7-113　【剖切符号】对话框

图 7-114　指定第一点

> **提示**
>
> 可选中断面剖切符号，激活标注文字的夹点，移动光标，调整文字位置，如图 7-117 所示。更改文字位置，可更改剖切方向，如图 7-118 所示。

图 7-115　指定第二点

图 7-116　指定方向

图 7-117　调整文字位置

图 7-118　更改剖切方向

7.4.8　加折断线

调用"加折断线"命令，可在指定的对象中绘制折断线。可以根据实际情况决定折断线的样式。图 7-119 所示为绘制结果。

"加折断线"命令的执行方式如下：

➢　菜单栏：单击"符号"→"加折断线"命令。

下面以绘制如图 7-119 所示的折断线为例，讲解调用"加折断线"命令的方法。

01　按 Ctrl+O 组合键，打开配套资源提供的"第 7 章/ 7.4.8 加折断线.dwg"素材文件，如图 7-120 所示。

图 7-119　加折断线

图 7-120　打开素材文件

[02] 单击"符号"→"加折断线"命令，命令行提示如下：

命令：TRupture

点取折断线起点<退出>：   //如图 7-121 所示。

点取折断线终点或 [折断数目,当前=1(N)/自动外延,当前=关(O)]<退出>：
                                          //如图 7-122 所示。

在命令行提示"点取折断线终点或 [折断数目，当前=1（N）/自动外延，当前=关（O）]<退出>:"时输入"O"，开启"自动外延"功能，绘制折断线的结果如图 7-123 所示。

图 7-121　指定起点　　　　　　　图 7-122　指定终点　　　　　　图 7-123　向外延伸绘制折断线

7.4.9 箭头引注

调用"箭头引注"命令，可绘制带箭头的引出标注。引线可以转折多次，常常用来标注楼梯的上、下楼方向。图 7-124 所示为绘制结果。

"箭头引注"命令的执行方式如下：

➢　菜单栏：单击"符号"→"箭头引注"命令。

下面以如图 7-124 所示的绘制结果为例，讲解调用"箭头引注"命令的方法。

[01] 按 Ctrl+O 组合键，打开配套资源提供的"第 7 章/ 7.4.9 箭头引注.dwg"素材文件，如图 7-125 所示。

图 7-124　绘制箭头引注　　　　　　　　　　　图 7-125　打开素材文件

[02] 单击"符号"→"箭头引注"命令，弹出【箭头引注】对话框，设置参数如图 7-126 所示。

图 7-126 【箭头引注】对话框

[03] 命令行提示如下：

```
命令：TArrow
箭头起点或[点取图中曲线(P)/点取参考点(R)]<退出>：        //如图 7-127 所示；
直段下一点或[弧段(A)/回退(U)]<结束>：                    //如图 7-128 所示；
直段下一点或[弧段(A)/回退(U)]<结束>：                    //如图 7-129 所示；
直段下一点或[弧段(A)/回退(U)]<结束>：                    //如图 7-130 所示。
```

[04] 绘制箭头引注的结果如图 7-131 所示。

图 7-127 指定起点 　　　　　图 7-128 指定点 1 　　　　　图 7-129 指定点 2

图 7-130 指定点 3 　　　　　　　　图 7-131 绘制箭头引注

[05] 重复执行"箭头引注"命令，在【箭头引注】对话框中设置"上标文字"为"上"，如图 7-132 所示。

[06] 继续绘制箭头引注，结果如图 7-124 所示。

图 7-132　设置参数

7.4.10　引出标注

调用"引出标注"命令，可为多个对象绘制说明性的文字标注，图 7-133 所示为标注结果。

"引出标注"命令的执行方式如下：

➢ 命令行：输入"YCBZ"按 Enter 键。

➢ 菜单栏：单击"符号"→"引出标注"命令。

下面以绘制如图 7-133 所示的标注为例，讲解调用"引出标注"命令的方法。

01 按 Ctrl+O 组合键，打开配套资源提供的"第 7 章 / 7.4.10 引出标注.dwg"素材文件，如图 7-134 所示。

图 7-133　引出标注

图 7-134　打开素材文件

02 单击"符号"→"引出标注"命令，弹出【引出标注】对话框，设置参数如图 7-135 所示。

图 7-135　【引出标注】对话框

03 命令行提示如下：

```
命令:YCBZ↙
请给出标注第一点<退出>:                    //如图 7-136 所示。
输入引线位置或[更改箭头型式(A)]<退出>:      //如图 7-137 所示。
点取文字基线位置<退出>:                    //如图 7-138 所示。
输入其他的标注点<结束>:                    //如图 7-139 所示。
```

图 7-136 指定第一点

图 7-137 指定引线位置

图 7-138 指定文字基线位置

图 7-139 指定其他标注点

04 绘制引出标注的结果如图 7-133 所示。

7.4.11 做法标注

调用"做法标注"命令，可在施工图上标注工程的工艺做法。图 7-140 所示为标注结果。

"做法标注"命令的执行方式如下：

➢ 菜单栏：单击"符号"→"做法标注"命令。

下面以绘制如图 7-140 所示的标注为例，讲解调用"做法标注"命令的方法。

01 按 Ctrl+O 组合键，打开配套资源提供的"第 7 章/ 7.4.11 做法标注.dwg"素材文件，如图 7-141 所示。

图 7-140 做法标注

图 7-141 打开素材文件

02 单击"符号"→"做法标注"命令，弹出【做法标注】对话框，设置参数如图 7-142 所示。

03 命令行提示如下：

```
命令:T93_TComposing
请给出标注第一点<退出>：                    //如图 7-143 所示。
请给出文字基线位置<退出>：                  //如图 7-144 所示。
请给出文字基线方向和长度<退出>：            //如图 7-145 所示。
```

图 7-142　【做法标注】对话框

图 7-143　指定第一点

图 7-144　指定文字基线位置

图 7-145　指定文字基线方向和长度

04 绘制做法标注的结果如图 7-140 所示。

7.4.12 画对称轴

调用"画对称轴"命令，可在施工图上绘制对称轴来表示对象的对称性质，图 7-146 所示为绘制结果。

"画对称轴"命令的执行方式如下：

➢ 菜单栏：单击"符号"→"画对称轴"命令。

下面以如图 7-146 所示的绘制结果为例，讲解调用"画对称轴"命令的方法。

01 按 Ctrl+O 组合键，打开配套资源提供的"第 7 章/ 7.4.12 画对称轴.dwg"素材文件，如图 7-147

所示。

图 7-146　画对称轴

图 7-147　打开素材文件

02　单击"符号"→"画对称轴"命令，命令行提示如下：

命令:TSymmetry
起点或〔参考点(R)]<退出>:　　　　//如图 7-148 所示。
终点<退出>:　　　　//如图 7-149 所示。

图 7-148　指定起点

图 7-149　指定终点

03　绘制对称轴的结果如图 7-146 所示。

7.4.13　画指北针

调用"画指北针"命令，可按国际绘图标准绘制指北针。指北针的方向在创建坐标标注时起到指示北向坐标的作用。图 7-150 所示为绘制结果。

"画指北针"命令的执行方式如下：

➤　菜单栏：单击"符号"→"画指北针"命令。

下面以绘制如图 7-150 所示的图形为例，讲解调用"画指北针"命令的方法。

01　按 Ctrl+O 组合键，打开配套资源提供的"第 7 章/7.4.13 画指北针.dwg"素材文件，如图 7-151

所示。

02 单击"符号"→"画指北针"命令，命令行提示如下：

命令:T93_TNorthThumb

指北针位置<退出>：　　　　　　　　　　　　　　　//在平面图的右上角指定位置。

指北针方向<90.0>:60　　　　　　　　　　　　　　//输入参数，按 Enter 键完成绘制，

结果如图 7-150 所示。

图 7-150　画指北针

图 7-151　打开素材文件

7.4.14　绘制云线

调用"绘制云线"命令，可在图纸上绘制云线符号标注要修改的范围，图 7-152 所示为绘制结果。

"绘制云线"命令的执行方式如下：

➢　菜单栏：单击"符号"→"绘制云线"命令。

下面以绘制如图 7-152 所示的图形为例，讲解调用"绘制云线"命令的方法。

01 按 Ctrl+O 组合键，打开配套资源提供的"第 7 章/ 7.4.14 绘制云线.dwg"素材文件，如图 7-153 所示。

图 7-152　绘制云线

图 7-153　打开素材文件

02 单击"符号"→"绘制云线"命令，弹出【云线】对话框，设置参数如图 7-154 所示。

图 7-154 【云线】对话框

03 命令行提示如下:

```
命令:T93_trevcloud
请指定第一个角点<退出>:                    //如图 7-155 所示;
请指定另一个角点<退出>:                    //如图 7-156 所示。
```

图 7-155 指定第一个角点

图 7-156 指定另一个角点

04 绘制云线的结果如图 7-152 所示。

7.4.15 图名标注

调用"图名标注"命令,可在图中绘制图名和比例标注,图 7-157 所示为绘制结果。

"图名标注"命令的执行方式如下:

➢ 菜单栏:单击"符号"→"图名标注"命令。

下面以绘制如图 7-157 所示的标注为例,讲解调用"图名标注"命令的方法。

01 单击"符号"→"图名标注"命令,弹出【图名标注】对话框,设置参数如图 7-158 所示。

02 在平面图的下方点取位置,绘制图名标注,结果如图 7-157 所示。

图 7-157 图名标注

图 7-158 设置参数

提示

　　在【图名标注】对话框中选择"国标"按钮，如图 7-159 所示。按国家标准绘制的图名标注如图 7-160 所示。

一层顶面灯具布置图 1:100

图 7-159　选择"国标"按钮

图 7-160　绘制图名标注

第 8 章
绘图工具

● **本章导读**

天正软件为用户提供了一系列绘图工具,包括选择对象、查询对象、移动复制

对象以及编辑与修改填充图案等。本章将介绍绘图工具的种类及使用方法。

● **本章重点**

◈ 对象操作

◈ 移动与复制

◈ 绘图工具

8.1 对象操作

对象操作指选择与查询对象的操作。执行对象查询操作，可以方便地查询被选中图形的信息。对象选择操作则可以根据指定的条件选择对象，为创造选择集提供便利。

本节将介绍对象操作命令的使用方法。

8.1.1 对象查询

调用"对象查询"命令，将光标置于图形之上，可以动态显示图形的信息。如果需要编辑图形，在图形上单击将其选中即可。图 8-1 所示为查询对象信息的结果。

"对象查询"命令的执行方式如下：

➢ 菜单栏：单击"绘图工具"→"对象查询"命令。

单击"绘图工具"→"对象查询"命令，当鼠标指针显示为矩形时将其移到图形上，即可显示该图形的信息，操作结果如图 8-1 所示。

图 8-1 查询对象

8.1.2 对象选择

调用"对象选择"命令，可以先选取参考对象，然后再选择其他符合参考对象过滤条件的图形，生成预选对象选择集。图 8-2 所示为执行"对象选择"命令的操作结果。

"对象选择"命令的执行方式如下：

➢ 菜单栏：单击"绘图工具"→"对象选择"命令。

下面以如图 8-2 所示的操作结果为例，讲解调用"对象选择"命令的方法。

01 按 Ctrl+O 组合键，打开配套资源提供的"第 8 章/ 8.1.2 对象选择.dwg"素材文件，如图 8-3 所示。

图 8-2　选中并删除对象

图 8-3　打开素材文件

02　单击"绘图工具"→"对象选择"命令，弹出【匹配选项】对话框，设置过滤条件如图 8-4 所示。

图 8-4　【匹配选项】对话框

03　命令行提示如下：

命令：TSelObj

请选择一个参考图元或[恢复上次选择(2)]<退出>：　　//如图 8-5 所示。

提示：空选即为全选，中断用 ESC！

选择对象：　　　　　　　　　　　　　　　　　//按 Enter 键，全选导线，如图 8-6 所示。

总共选中了 5 个，其中新选了 5 个。

命令：E　　　　　　　　　　　　　　//调用"删除"命令。

ERASE 找到 5 个

图 8-5　选择参考图元

图 8-6　选择全部导线

04　按 Enter 键，删除选中的导线，结果如图 8-2 所示。

8.1.3 相机透视

调用"相机透视"命令，可用相机拍照的方法建立透视图，图 8-7 所示为建立的透视图。

"相机透视"命令的执行方式如下：

➢ 菜单栏：单击"绘图工具"→"相机透视"命令。

下面以如图 8-7 所示的透视图为例，讲解调用"相机透视"命令的方法。

01 按 Ctrl+O 组合键，打开配套资源提供的"第 8 章/ 8.1.3 相机透视.dwg"素材文件，如图 8-8 所示。

图 8-7　相机透视　　　　　　　　　　　　　　　图 8-8　打开素材文件

02 单击"绘图工具"→"相机透视"命令，命令行提示如下：

命令:TCamera

相机位置或[参考点(R)]<退出>:　　　　　　//如图 8-9 所示。

输入目标位置<退出>:　　　　　　　　　　　//如图 8-10 所示。

点取观察视口<当前视口>:　　　　　　　　　//按 Enter 键。

当前相机设置:高度=1600 焦距=50 毫米

输入选项[?/名称(N)/位置(LO)/高度(H)/坐标(T)/镜头(LE)/ 剪裁(C)/视图(V)/退出(X)]

<退出>:*取消*

03 转换至相机视图，结果如图 8-7 所示。

图 8-9　指定相机位置

图 8-10 指定目标位置

选择相机，如图 8-11 所示。在绘图界面的左上角将显示【相机预览】对话框，可预览建筑的透视效果，如图 8-12 所示。

在"视觉样式"列表中提供了多种观察透视图的方式，包括"X 射线""带边缘着色"等，默认选择"线框"方式。按 Esc 键，关闭对话框。

图 8-11 选择相机

图 8-12 【相机预览】对话框

命令行各选项的介绍如下：

➤ 名称（N）：输入"N"，设置相机的名称。

➤ 位置（LO）：输入"LO"，重新定义相机的位置。

➤ 高度（H）：输入"H"，更改相机的高度。

➤ 坐标（T）：输入"T"，移动光标，或者输入坐标点参数来重定义坐标点。

➤ 镜头（LE）：输入"LE"，以毫米为单位来指定镜头的焦距。

➤ 剪裁（C）：输入"C"，按照系统提供的裁剪方法裁剪图形。

➤ 视图（V）：输入"V"，切换至相机视图。

8.2 移动与复制

在执行移动与复制命令的过程中，可以动态翻转和旋转图形，为绘图工作提供方便。本节将介绍操作方法。

8.2.1 自由复制

调用"自由复制"命令，可连续创建对象副本。在执行该命令的过程中，可以对图形进行翻转、改基点等操作。图 8-13 所示为自由复制对象的结果。

"自由复制"命令的执行方式如下：

➢ 菜单栏：单击"绘图工具"→"自由复制"命令。

下面以如图 8-13 所示的复制结果为例，讲解调用"自由复制"命令的方法。

[01] 按 Ctrl+O 组合键，打开配套资源提供的"第 8 章/ 8.2.1 自由复制.dwg"素材文件，如图 8-14 所示。

图 8-13 自由复制

图 8-14 打开素材文件

[02] 单击"绘图工具"→"自由复制"命令，命令行提示如下：

命令:TDragCopy
请选择要拷贝的对象:找到 1 个   //如图 8-15 所示。
点取位置或[转 90 度(A)/左右翻(S)/上下翻(D)/对齐(F)/改转角(R)/改基点(T)]<退出>:
                //输入"A"，将图形翻转 90°，选择目标位置，如图 8-16 所示。
点取位置或[转 90 度(A)/左右翻(S)/上下翻(D)/对齐(F)/改转角(R)/改基点(T)]<退出>:

图 8-15 选择对象

图 8-16 选择目标位置

[03] 选择目标位置，自由复制的结果如图 8-13 所示。

8.2.2 自由移动

调用"自由移动"命令，可在移动对象前先调整对象的显示状态，但是不生成新对象。图 8-17 所示为自由移动对象的结果。

"自由移动"命令的执行方式如下：

➢ 菜单栏：单击"绘图工具"→"自由移动"命令。

下面以绘制如图 8-17 所示的图形为例，讲解调用"自由移动"命令的方法。

01 按 Ctrl+O 组合键，打开配套资源提供的"第 8 章/ 8.2.2 自由移动.dwg"素材文件，结果如图 8-18 所示。

图 8-17　自由移动　　　　　　　　　　　　　　　图 8-18　打开素材文件

02 单击"绘图工具"→"自由移动"命令，命令行提示如下：

命令:TDragMove
请选择要移动的对象:找到 1 个　　　　　　　　//如图 8-19 所示。
点取位置或[转 90 度(A)/左右翻(S)/上下翻(D)/对齐(F)/改转角(R)/改基点(T)]<退出>:
　　　　　　　　　　　　　　　　　　　//输入"S"，左右翻转图形，如图 8-20 所示；

图 8-19　选择对象　　　　　　　　　　　　　　　图 8-20　翻转图形

03 选择目标点，移动对象的结果如图 8-17 所示。

8.2.3 移位

调用"移位"命令，可按照指定的方向和距离精确地移动对象。图 8-21 所示为移位的结果。

"移位"命令的执行方式如下：

➢ 菜单栏：单击"绘图工具"→"移位"命令。

下面以如图 8-21 所示的操作结果为例，讲解调用"移位"命令的方法。

01 按 Ctrl+O 组合键，打开配套资源提供的"第 8 章/ 8.2.3 移位.dwg"素材文件，如图 8-22 所示。

图 8-21 移位结果

图 8-22 打开素材文件

02 单击"绘图工具"→"移位"命令,命令行提示如下:

```
命令:TMove
请选择要移动的对象:找到1个              //如图 8-23 所示。
请输入位移(x,y,z)或 [横移(X)/纵移(Y)/竖移(Z)]<退出>:Y
纵移<0>:2000                          //如图 8-24 所示。
```

图 8-23 选择对象

图 8-24 指定移动的距离

03 移动对象的结果如图 8-21 所示。

提示

输入"X",设置距离参数为正数,图形右移,负数则左移。输入"Y",正值向上移,负值向下移。

8.2.4 自由粘贴

调用"自由粘贴"命令,可在多张图纸之间复制和粘贴图形,而且在粘贴图形之前,能对图形对象进行翻转等操作。

"自由粘贴"命令的执行方式如下:

➢ 菜单栏:单击"绘图工具"→"自由粘贴"命令。

选择图形,按 Ctrl+C 组合键,将图形复制到剪贴板上。单击"绘图工具"→"自由粘贴"命令,命令行提示如下:

```
命令:TPasteClip
点取位置或 [转90度(A)/左右翻(S)/上下翻(D)/对齐(F)/改转角(R)/改基点(T)]<退出>:
```

选择位置，即可粘贴图形。重复操作，可创建多个图形副本。

如果在执行"自由粘贴"命令之前，没有先将图形复制到剪贴板。执行命令后，命令行将提示"找不到 OLE 对象。输入 OLESCALE 命令之前必须选定对象。"

此时应该先退出命令，执行复制对象的操作，再执行"自由粘贴"命令。

8.3 绘图工具

绘图工具包括图变单色、颜色恢复以及图案加洞、图案减洞等，这些工具为编辑修改图形提供了方便。本节将介绍使用这些工具的方法。

8.3.1 图变单色

调用"图变单色"命令，可将平面图中各个图层的颜色都改为一种颜色。因为有些图形的彩色线框在黑白输出的照排系统中输出时色调较淡，因此调用"图变单色"命令，可以暂时将所有的图形指定为一种颜色，方便清晰出图。

"图变单色"命令的执行方式如下：

➢ 菜单栏：单击"绘图工具"→"图变单色"命令。

单击"绘图工具"→"图变单色"命令，命令行提示如下：

```
命令:clrtos
请输入平面图要变成的颜色/1-红/2-黄/3-绿/4-青/5-蓝/6-粉/7-白/<7>:7
```

输入颜色编号，按 Enter 键，即可完成图变单色的操作。

8.3.2 颜色恢复

调用"颜色恢复"命令，可将当前各个图层的颜色恢复至图层文件 layedef.dat 所规定的颜色。执行该命令仅能恢复系统默认的颜色，不能保留用户自己定义的图层颜色。

"颜色恢复"命令的执行方式如下：

➢ 菜单栏：单击"绘图工具"→"颜色恢复"命令。

单击"绘图工具"→"颜色恢复"命令，将当前图层的颜色恢复为默认的颜色。

8.3.3 图案加洞

调用"图案加洞"命令，在填充图案中挖出一块空白区域，图 8-25 所示为操作结果。

"图案加洞"命令的执行方式如下：

➢ 菜单栏：单击"绘图工具"→"图案加洞"命令。

下面以绘制如图 8-25 所示的图形为例，讲解调用"图案加洞"命令的方法。

01 按 Ctrl+O 组合键，打开配套资源提供的"第 8 章/ 8.3.3 图案加洞.dwg"素材文件，如图 8-26所示。

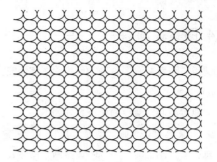

图 8-25　图案加洞　　　　　　　　　　　图 8-26　打开素材文件

02 单击 "绘图工具" → "图案加洞" 命令，命令行提示如下：

命令：THatchAddHole
请选择图案填充<退出>：　　　　　　　　//如图 8-27 所示。
矩形的第一个角点或 [圆形裁剪(C)/多边形裁剪(P)/多段线定边界(L)/图块定边界(B)]<退出>：
　　　　　　　　　　　　　　　　//如图 8-28 所示。
另一个角点<退出>：　　　　　　　　　//如图 8-29 所示。

03 图案加洞的结果如图 8-25 所示。

在命令行提示 "矩形的第一个角点或 [圆形裁剪（C）/多边形裁剪（P）/多段线定边界（L）/图块定边界（B）]<退出>:" 时，选择选项，可以定义洞口的样式。

例如，输入 "C"，即选择 "圆形裁剪" 选项，可以创建圆形洞口，如图 8-30 所示。

图 8-27　选择图案　　　　　　　　　　　图 8-28　指定第一个角点

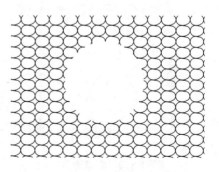

图 8-29　指定另一个角点　　　　　　　　　图 8-30　创建圆形洞口

8.3.4 图案减洞

调用"图案减洞"命令，可删除图案填充上的洞口，恢复图案的完整性。该命令只能一次针对一个洞口进行恢复处理。

"图案减洞"命令的执行方式如下：

➢ 菜单栏：单击"绘图工具"→"图案减洞"命令。

单击"绘图工具"→"图案减洞"命令，命令行提示如下：

命令: THatchDelHole
请选择图案填充<退出>：
选取边界区域内的点<退出>：   //如图 8-31 所示。

图案减洞的操作结果如图 8-32 所示。

图 8-31 选择区域内的点

图 8-32 图案减洞

8.3.5 线图案

调用"线图案"命令，可根据系统提供的方式和图例定义线样式。图 8-33 所示为绘制线图案的结果。

"线图案"命令的执行方式如下：

➢ 菜单栏：单击"绘图工具"→"线图案"命令。

下面以绘制如图 8-33 所示的图形为例，讲解调用"线图案"命令的方法。

01 按 Ctrl+O 组合键，打开配套资源提供的"第 8 章/ 8.3.5 线图案.dwg"素材文件，如图 8-34 所示。

图 8-33 绘制线图案

图 8-34 打开素材文件

02 单击"绘图工具"→"线图案"命令，弹出【线图案】对话框，设置参数如图 8-35 所示。

03 命令行提示如下:

命令:TLinePattern

请选择作为路径的曲线(线/圆/弧/多段线)<退出>:　　　　　　//如图 8-36 所示。

是否确定?[是(Y)/否(N)]<Y>:Y　　　　　　　　　//如图 8-37 所示。

04 选择路径生成线图案的结果如图 8-33 所示。

05 在【线图案】对话框中单击"动态绘制"按钮,如图 8-38 所示,可更改绘制方式。

图 8-35 【线图案】对话框

图 8-36 选择路径

图 8-37 选择选项

图 8-38 单"动态绘制"击按钮

06 此时命令行提示如下:

命令:TLinePattern

起点<退出>:　　　　　　　　　　　//如图 8-39 所示。

直段下一点或[弧段(A)/回退(U)/翻转(F)]:　　　　//如图 8-40 所示。

图 8-39 指定点

图 8-40 继续指定点

07 继续指定点,自定义路径绘制线图案的结果如图 8-41 所示。

图 8-41　自定义路径绘制线图案

【线图案】对话框中选项的含义如下:

图案宽度:定义填充图案的宽度。

填充图案百分比:定义填充图案的填充比例。

8.3.6　多用删除

调用"多用删除"命令,可删除在指定范围中相同类型的图元,图 8-42 所示为删除的结果。

"多用删除"命令的执行方式如下:

➤　命令行:输入 DYSC 按 Enter 键。

➤　菜单栏:单击"绘图工具"→"多用删除"命令。

下面以如图 8-42 所示的操作结果为例,讲解调用"多用删除"命令的方法。

01 按 Ctrl+O 组合键,打开配套资源提供的"第 8 章/ 8.3.6 多用删除.dwg"素材文件,如图 8-43 所示。

图 8-42　多用删除　　　　　　　　　　图 8-43　打开素材文件

02 单击"绘图工具"→"多用删除"命令,命令行提示如下:

```
命令:DYSC↙
请选择删除范围<退出>:指定对角点:找到15个        //如图 8-44 所示。
请选择指定类型的图元<删除>:                      //如图 8-45 所示。
```

03 按 Enter 键,删除选中的灯具,结果如图 8-42 所示。

图 8-44　选择删除范围

图 8-45　选择图元

8.3.7　消除重线

调用"消除重线"命令，可消除重合的线或圆弧。

"消除重线"命令的执行方式如下：

➤　菜单栏：单击"绘图工具"→"消除重线"命令。

单击"绘图工具"→"消除重线"命令，命令行提示如下：

命令：TRemoveDup

选择对象：指定对角点：找到 1 个

对图层 0 消除重线：由 1 变为 1

选择重合的线段，按 Enter 键完成清除。

8.3.8　图形切割

调用"图形切割"命令，可从平面图中切割一部分作为详图的底图，图 8-46 所示为切割的结果。

"图形切割"命令的执行方式如下：

➤　菜单栏：单击"绘图工具"→"图形切割"命令。

下面以如图 8-46 所示的绘制结果为例，讲解调用"图形切割"命令的方法。

01　按 Ctrl+O 组合键，打开配套资源提供的"第 8 章/ 8.3.8 图形切割.dwg"素材文件，如图 8-47 所示。

图 8-46　图形切割

图 8-47　打开素材文件

[02] 单击 "绘图工具" → "图形切割" 命令，命令行提示如下：

命令:T93_TCutDrawing

矩形的第一个角点或[多边形裁剪(P)/多段线定边界(L)/图块定边界(B)]<退出>:
              //如图 8-48 所示。

另一个角点<退出>:   //如图 8-49 所示。

请点取插入位置: //如图 8-50 所示。

[03] 切割图形的结果如图 8-46 所示。

双击切割轮廓线，打开【编辑切割线】对话框，如图 8-51 所示。在其中设置参数，指定切割类型。

图 8-48　指定第一个角点

图 8-49　指定另一个角点

图 8-50　指定位置

图 8-51　【编辑切割线】对话框

在对话框中单击 "设折断边" 按钮，选择切割线的一条边，如图 8-52 所示。单击鼠标左键，将其指定为折断边，如图 8-53 所示。

图 8-52 选择切割线

图 8-53 指定折断边

提示

本命令不能对门窗执行切割操作,如 W5、W3 在已切割的图形中显示为无法切割的样式,如图 8-54 所示。执行 "WIPEOUT" 命令,可以遮挡门窗图形。

图 8-54 门窗无法被切割

8.3.9 搜索轮廓

调用 "搜索轮廓" 命令,为选中的二维图形生成外包轮廓,图 8-55 所示为生成轮廓的结果。

"搜索轮廓" 命令的执行方式如下:

➢ 菜单栏: 单击 "绘图工具" → "搜索轮廓" 命令。

下面以绘制如图 8-55 所示的图形轮廓为例,讲解调用 "搜索轮廓" 命令的方法。

01 按 Ctrl+O 组合键,打开配套资源提供的 "第 8 章/ 8.3.9 搜索轮廓.dwg" 素材文件,如图 8-56 所示。

图 8-55 生成轮廓

图 8-56 打开素材文件

02 单击 "绘图工具" → "搜索轮廓" 命令，命令行提示如下：

命令：SeOutline

选择二维对象：指定对角点：找到 26 个　　　　　//如图 8-57 所示。

点取要生成的轮廓(提示：点取外部生成外轮廓；PLINEWID 系统变量设置 pline 宽度)<退出>：

　　　　　　　　　　　　　　　　　　　　　//在图形外单击，如图 8-58 所示。

成功生成轮廓，接着点取生成其他轮廓！

图 8-57 选择二维对象

图 8-58 单击左键

03 选择轮廓，可查看创建效果，如图 8-55 所示。

8.3.10 房间复制

调用 "房间复制" 命令，可将矩形房间内的平面设备、导线、标注等图形复制到另一个矩形房间内，图 8-59 所示为复制的结果。

"房间复制" 命令的执行方式如下：

➤　命令行：在命令行中输入 FJFZ 按 Enter 键。

➤　菜单栏：单击 "绘图工具" → "房间复制" 命令。

下面以如图 8-59 所示的复制结果为例，讲解调用 "房间复制" 命令的方法。

[01] 按 Ctrl+O 组合键，打开配套资源提供的"第 8 章/ 8.3.10 房间复制.dwg"素材文件，如图 8-60 所示。

图 8-59 房间复制

图 8-60 打开素材文件

[02] 在命令行中输入 FJFZ 按 Enter 键，命令行提示如下：

命令：FJFZ↙

请输入样板房间起始点：<退出>　　　　　　　　　//如图 8-61 所示。

请输入样板房间终点：<退出>　　　　　　　　　//如图 8-62 所示。

请输入目标房间起始点：<退出>　　　　　　　　//如图 8-63 所示。

请输入目标房间终点：<退出>　　　　　　　　　//如图 8-64 所示。

图 8-61 指定样板房间起始点

图 8-62 指定样板房间终点

图 8-63 指定目标房间起始点

图 8-64 指定目标房间终点

345

[03] 此时弹出【复制模式选择】对话框，选择"180°镜像"模式，如图 8-65 所示。命令行提示如下：

复制结果正确请回车，需要更改请键入Y<确定>： //按 Enter 键，结果如图 8-59 所示。

按 Enter 键，结束"房间复制"命令。输入"Y"，则再次打开【复制模式选择】对话框，可重新选择复制模式。

在【复制模式选择】对话框中提供了多种复制模式，用户可根据需要选用。例如，选择"原型镜像"模式，可以将样板房间内的图形镜像复制到目标房间内，如图 8-66 所示。

图 8-65 选择模式

图 8-66 原型镜像

8.3.11 图块改色

调用"图块改色"命令，可修改选中图块的颜色。

"图块改色"命令的执行方式如下：

➤ 命令行：在命令行中输入"DKGS"按 Enter 键。

➤ 菜单栏：单击"绘图工具"→"图块改色"命令。

执行上述任意一项操作，命令行提示如下：

命令:DKGS✓

请选择要修改颜色的图块<退出>:找到 1 个　　　 //如图 8-67 所示。

按 Enter 键，弹出【选择颜色】对话框，选择颜色色块，如图 8-68 所示。

同名图块是否同时变颜色？<N>:Y

单击"确定"按钮关闭对话框，输入"Y"，同名图块的颜色即可被批量修改。

图 8-67 选择图块

图 8-68 【选择颜色】对话框

第8章
绘图工具

8.3.12 虚实变换

调用"虚实变换"命令，可使线型在虚线和实线之间切换。

"虚实变换"命令的执行方式如下：

➢ 命令行：在命令行中输入"XSBH"按 Enter 键。

➢ 菜单栏：单击"绘图工具"→"虚实变换"命令。

执行上述任意一项操作，命令行提示如下：

命令:XSBH↙

请选择要变换的图元<退出>找到 2 个

请输入线型{1:虚线 2:点划线 3:双点划线 4:三点划线}<虚线>3

输入数字，选择虚线类型，可将实线转换成指定类型的虚线，如图 8-69 所示。

在命令行提示用户选择虚线线型时，直接按 Enter 键，默认将实线转换成虚线。

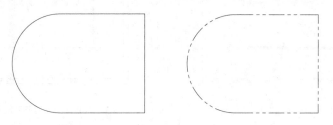

图 8-69 虚实转换

8.3.13 修正线形

在逆向绘制带文字的导线时，文字显示为倒置。此时调用"修正线形"命令，可以修正文字方向的倒置问题。

"修正线形"命令的执行方式如下：

➢ 命令行：在命令行中输入"XZXX"按 Enter 键。

➢ 菜单栏：单击"绘图工具"→"修正线形"命令。

执行上述任意一项操作，命令行提示如下：

命令:XZXX↙

请选择要修正线形的任意图元<退出>：   //如图 8-70 所示。

图 8-70 选择图元

按 Enter 键，即可调整导线文字的方向，结果如图 8-71 所示。

图 8-71 修正线形

347

8.3.14 加粗曲线

调用"加粗曲线"命令，可对选定的 PLINE 线、导线等按指定的宽度加粗。图 8-72 所示为加粗曲线的结果。

"加粗曲线"命令的执行方式如下：

➢ 菜单栏：单击"绘图工具"→"加粗曲线"命令。

下面以如图 8-72 所示的操作结果为例，讲解调用"加粗曲线"命令的方法。

01 按 Ctrl+O 组合键，打开配套资源提供的"第 8 章 / 8.3.14 加粗曲线.dwg"素材文件，如图 8-73 所示。

图 8-72　加粗曲线　　　　　　　　　　　　　　　图 8-73　打开素材文件

02 单击"绘图工具"→"加粗曲线"命令，命令行提示如下：

命令:towidth

请指定加粗的线段:

选择对象:找到 15 个，总计 5 个　　　　　　　//如图 8-74 所示。

选择对象:线段宽<50>:100　　　　　　　　　　//如图 8-75 所示。

图 8-74　选择对象　　　　　　　　　　　　　　　图 8-75　设置宽度

03 加粗导线的结果如图 8-72 所示。

8.3.15 统一标高

调用"统一标高"命令，可将选中对象的标高值恢复为 0。

"统一标高"命令的执行方式如下：

➢ 菜单栏：单击"绘图工具"→"统一标高"命令。

下面以如图 8-76 所示的操作结果为例，讲解调用"统一标高"命令的方法。

01 按 Ctrl+O 组合键，打开配套资源提供的"第 8 章/8.3.15 统一标高.dwg"素材文件，如图 8-77 所示。

02 单击"绘图工具"→"统一标高"命令，命令行提示如下：

命令:TModElev

选择需要恢复零标高的对象或[不处理立面视图对象(F)，当前：处理/不重置块内对象(Q)，当前：重置]<退出>:指定对角点：   //如图 8-78 所示。

03 按 Enter 键，墙体的"底标高"修改为 0，结果如图 8-76 所示。

提示 在【墙体】对话框中，设置"底高"选项值，如图 8-79 所示，可定义即将绘制的墙体标高。

图 8-76　修改标高

图 8-77　打开素材文件

图 8-78　选择对象

图 8-79　设置"底高"

第 9 章
文件布图

● 本章导读

　文件布图命令包括文件接口和文件布图两个部分。其中，文件接口部分包括图形导出和三维漫游等，可以批量导出图形，或者实现图形在不同版本的天正软件之间被查看。文件布图部分主要针对的是图纸的打印输出，包括创建视口、插入图框等。

　本章将介绍文件布图的操作方法。

● 本章重点

◇ 文件接口
◇ 布图命令

9.1 文件接口

文件接口包括有关文件的操作，如打开文件、图形导出、批量导出等.本节将介绍这些命令的操作方法。

9.1.1 打开文件

调用"打开文件"命令，打开一个已经存在的 DWG 文件。

"打开文件"命令的执行方式如下：

➢ 菜单栏：单击"文件布图"→"打开文件"命令。

单击"文件布图"→"打开文件"命令，弹出如图 9-1 所示的【输入文件名称】对话框。在对话框中选择图形文件，单击"打开"按钮即可打开一个 DWG 文件。

图 9-1 【输入文件名称】对话框

9.1.2 图形导出

调用"图形导出"命令，可将天正对象分解为天正电气 3.x 兼容的 AutoCAD 基本对象，并另存为其他文件。

天正图档在非天正环境下无法全部显示，即天正对象被隐藏。针对图纸的交流问题，天正研发了图形导出命令。天正软件向下兼容的特性保证了新版本建筑图可以在旧版本的天正软件中进行查看、编辑、出图。

"图形导出"命令的执行方式如下：

➢ 菜单栏：单击"文件布图"→"图形导出"命令。

单击"文件布图"→"图形导出"命令，弹出如图 9-2 所示的【图形导出】对话框。在对话框中设置文件名和保存类型等参数，单击"保存"按钮，即可导出图形。

图 9-2 【图形导出】对话框

命令行提示如下:

```
命令:TSaveAs
成功地生成天正建筑3文件:C:\Users\xxx\Desktop\Drawing2_t3.dwg
```

9.1.3 批量导出

执行"批量导出"命令,可将当前版本的图纸批量转化为天正软件旧版本的 DWG 格式。该命令同样支持图纸空间布局的转换,在转换 R14 版本时只转换第一个图纸空间布局。用户可以自定义文件的扩展名。天正图形的导出格式与 AutoCAD 图形的版本无关。

"批量导出"命令的执行方式如下:

➢ 菜单栏:单击"文件布图"→"批量导出"命令。

执行该命令后,打开【请选择待转换的文件】对话框,选择图形文件,如图 9-3 所示。在对话框中允许多选文件,自定义"天正版本",选择转换后的文件所属的 CAD 版本,与"图形导出"命令相同。还可以选择导出后的文件末尾是否添加 t3/t20V3 等文件扩展名。

单击"打开"按钮,打开【浏览文件夹】对话框,如图 9-4 所示。选择路径,单击"确定"按钮,导出的文件将被存储到其中。

图 9-3 选择图形文件

图 9-4 【浏览文件夹】对话框

9.2 布图命令

本节概述了出图比例以及相关比例的功能作用、适用情况等,包括当前比例、改变比例等。另外,"插入图框"命令规范化处理图纸,使图纸打印符合绘图标准。"批量打印"命令可根据搜索到的图框属性,同时打印多张图纸。

下面为介绍布图命令的操作方法。

9.2.1 备档拆图

调用备档拆图命令,可以将一张 dwg 图纸按图框拆成若干张图纸。图 9-5 所示为拆分图纸的结果。

"备档拆图"命令的执行方式如下：

➢ 命令行：输入"BDCT"按 Enter 键。

➢ 菜单栏：单击"文件布图"→"备档拆图"命令。

下面以如图 9-5 所示的拆图结果为例，讲解执行"备档拆图"命令的操作方法。

图 9-5　拆分图纸的结果

01　按 Ctrl+O 组合键，打开配套资源提供的"第 9 章/ 9.2.1 备档拆图.dwg"素材文件，如图 9-6 所示。

图 9-6　打开素材文件

02　输入 BDCT 按 Enter 键，命令行提示如下：

命令：BDCT↙

请选择备档图框范围(图框外框形式仅支持 PLine 和块)：<整图>指定对角点：找到 3 个

//如图 9-7 所示。

图 9-7　选择备档图框范围

03　按 Enter 键，打开【拆图】对话框。在其中更改文件名，图名及图号可以手动填写，或者选择默认设置不变，如图 9-8 所示。

图 9-8 【拆图】对话框

04 单击"确定"按钮关闭对话框，拆分图纸的结果如图 9-5 所示。

在对话框中选择"拆分后自动打开文件"选项，完成拆分操作后，被拆分的多个文件会逐一打开。如果没有选择该项，需要用户手动打开图纸查看。对拆分得到的若干张图纸，用户可以随意更改文件名称或者存储路径。

提示

图框所在的图层应是 PUB-TITLE 或者 TWT-TITLE，要是图框没有位于这两个图层，则应先将图框所在的图层更改为上述两个图层之一。

9.2.2 图纸比对

调用"图纸比对"命令，可选择两个 DWG 文件进行整图比对，并显示比对结果。

"图纸比对"命令的执行方式如下：

➢ 命令行：输入"TZBD"按 Enter 键。

➢ 菜单栏：单击"文件布图"→"图纸比对"命令。

下面介绍进行图纸比对的方法。

01 按 Ctrl+O 组合键，打开配套资源提供的"第 9 章/ 9.2.2 图纸比对 dwg"素材文件，如图 9-9 所示。

02 图 9-10 所示为"图纸比对-副本.dwg"文件。下面在关闭两张图纸的情况下，比对二者之间的差异。

图 9-9 打开素材文件   图 9-10 副本文件

[03] 输入 "TZBD" 按 Enter 键，弹出如图 9-11 所示的【图纸比对】对话框。

[04] 单击 "文件 1" 选项后的 "加载文件 1" 按钮，弹出【选择要比对的 DWG 文件】对话框，选择文件，如图 9-12 所示。单击 "打开" 按钮，即可加载文件。

图 9-11 【图纸比对】对话框

图 9-12 选择文件

[05] 单击 "文件 2" 选项后的 "加载文件 2" 按钮，在弹出的【选择要比对的 DWG 文件】对话框中选择文件，如图 9-13 所示。单击 "打开" 按钮，即可加载文件。

[06] 在 "文件 1 图层列表" 和 "文件 2 图层列表" 中分别显示出文件 1 和文件 2 中所包含的图层。选择列表下方的比对条件，如图 9-14 所示。

图 9-13 选择文件

图 9-14 选择比对条件

[07] 单击 "开始比对" 按钮，系统开始进行 "比对" 操作。操作完成后，打开一个新的图形文件，该文件包含了文件 1 和文件 2 中的所有图形。其中以黑色显示的图形表示文件 1 与文件 2 都同时包含，以红色显示的图形则为两张图纸不同部分，如图 9-15 所示。

图 9-15 图纸比对的结果

9.2.3 图纸保护

调用"图纸保护"命令，可把要保护的图形制作成一个不能分解的图块，并添加密码保护。

"图纸保护"命令的执行方式如下：

➤　命令行：输入"TZBH"按 Enter 键。

➤　菜单栏：单击"文件布图"→"图纸保护"命令。

输入 TZBH 按 Enter 键，命令行提示如下：

命令：TZBH↙

慎重，加密前请备份。该命令会分解天正对象，且无法还原，是否继续<N>:Y

请选择范围<退出>指定对角点：找到 14 个　　　　　　　　//如图 9-16 所示。

请输入密码<空>:XXXXXX　　　　　　　　　　　　　　//如图 9-17 所示。

图 9-16　选择范围　　　　　　　　　　　　图 9-17　输入密码

查看创建了密码保护的图形，发现已被创建为图块，如图 9-18 所示。用户可以调整图块的位置，但无法对其进行编辑操作。

图 9-18　创建为图块

9.2.4 图纸解锁

调用"图纸解锁"命令,可把被密码保护的图纸解锁并分解。

"图纸解锁"命令的执行方式如下:

➢ 命令行:输入"TZJS"按 Enter 键。

➢ 菜单栏:单击"文件布图"→"图纸解锁"命令。

执行上述任意一项操作,命令行提示如下:

命令:TZJS↙

请选择对象<退出>

请输入密码:XXXXX

输入密码,即可解锁图纸。

> **提示**
>
> 解锁后的图形不能使用天正编辑命令对其进行编辑操作。

9.2.5 三维剖切

调用"三维剖切"命令,可对专业图纸进行剖切,同步生成剖面图。图 9-19 所示为剖切的结果。

"三维剖切"命令的执行方式如下:

➢ 菜单栏:单击"文件布图"→"三维剖切"命令。

下面以如图 9-19 所示的图形为例,讲解调用"三维剖切"命令的方法。

01 按 Ctrl+O 组合键,打开配套资源提供的"第 9 章/ 9.2.5 三维剖切.dwg"素材文件,如图 9-20 所示。

图 9-19 绘制剖切图　　　　　　　　　　　　　　图 9-20 打开素材文件

02 单击"文件布图"→"三维剖切"命令,命令行提示如下:

命令:tsectionall

请输入投影面的第一个点:　　　　//如图 9-21 所示。

请输入投影面的第二个点:　　　　//如图 9-22 所示。

请输入剖面的序号<1>:　　　　　//按 Enter 键。

请确定投影范围:　　　　　　　//如图 9-23 所示。

输入投影结果的显示原点:　　　//如图 9-24 所示。

图 9-21　指定第一点

图 9-22　指定第二点

图 9-23　确定范围

图 9-24　指定原点

03 点取剖面图的插入位置，结果如图 9-19 所示。

9.2.6 定义视口

调用"定义视口"命令，指定对角点，可在布局空间中创建视口，并设置图形的输出比例。图 9-25 所示为定义视口的结果。

"定义视口"命令的执行方式如下：

➢ 菜单栏：单击"文件布图"→"定义视口"命令。

下面以如图 9-25 所示的图形为例，讲解调用"定义视口"命令的方法。

01 按 Ctrl+O 组合键，打开配套资源提供的"第 9 章/ 9.2.6 定义视口.dwg"素材文件，如图 9-26 所示。

02 单击"文件布图"→"定义视口"命令，命令行提示如下：

命令：T93_TMakeVP

输入待布置的图形第一个角点<退出>：　　　　　//如图 9-27 所示。

输入另一个角点<退出>：　　　　　　　　　　　//如图 9-28 所示。

图形的输出比例 1:<100>：　　　　　　　　　　//按 Enter 键。

图 9-25 定义视口

图 9-26 打开素材文件

图 9-27 指定第一个角点

图 9-28 指定另一个角点

03 定义视口的结果如图 9-29 所示。

04 重复上述操作，继续定义视口，如图 9-30 所示。

图 9-29 定义视口

图 9-30 继续定义视口

05 选择视口，显示夹点。激活夹点，如图 9-31 所示。

06 拖动光标，调整视口的大小，在合适的位置松开鼠标左键，结果如图 9-32 所示。

07 继续调整其余视口，结果如图 9-25 所示。

图 9-31　激活夹点

图 9-32　调整视口大小

9.2.7　当前比例

调用"当前比例"命令，可更改当前的绘图比例。

"当前比例"命令的执行方式如下：

➢　命令行：输入 DQBL 按 Enter 键。

➢　菜单栏：单击"文件布图"→"当前比例"命令。

在状态栏中可以查看当前的绘图比例，如图 9-33 所示。执行"当前比例"命令，可以重定义绘图比例。

输入"DQBL"按 Enter 键，命令行提示如下：

```
命令:DQBL↙
当前比例<100>:50
```

输入参数，完成更改当前比例的操作，如图 9-34 所示。

比例 1:100 ▾　　　36748, 7201, 0　模型　　　　　比例 1:50 ▾　　　32913, 12136, 0　模型

图 9-33　当前绘图比例　　　　　　　　　　　　　图 9-34　更改当前比例

单击比例选项右侧的向下箭头，弹出列表，如图 9-35 所示。从列表中选择比例，也可以重定义当前比例。或者在列表中选择"其他比例"选项，打开【设置当前比例】对话框，在"当前比例"选项中选择选项，如图 9-36 所示，单击"确定"按钮，重定义当前比例。

图 9-35　比例列表

图 9-36　【设置当前比例】对话框

9.2.8 改变比例

调用"改变比例"命令，可改变视口的出图比例，使得图形以合适的比例输出，图 9-37 所示为操作结果。

"改变比例"命令的执行方式如下：

➢ 菜单栏：单击"文件布图"→"改变比例"命令。

下面以如图 9-37 所示的图形为例，讲解调用"改变比例"命令的方法。

[01] 按 Ctrl+O 组合键，打开配套资源提供的"第 9 章/ 9.2.8 改变比例.dwg"素材文件，如图 9-38 所示。

图 9-37　改变比例

图 9-38　打开素材文件

[02] 单击"文件布图"→"改变比例"命令，命令行提示如下：

```
命令:T93_TChScale
选择要改变比例的视口:                          //如图 9-39 所示。
请输入新的出图比例<100>:50
请选择要改变比例的图元:指定对角点:找到 4 个      //如图 9-40 所示。
```

图 9-39　选择视口

图 9-40　选择图元

[03] 按 Enter 键，改变比例的结果如图 9-37 所示。

9.2.9 改 T3 比例

调用"改 T3 比例"命令，可改变 T3 图纸中视口的出图比例，使图形以合适的比例输出。

"改 T3 比例"命令的执行方式如下：

➤ 菜单栏：单击"文件布图"→"改 T3 比例"命令。

单击"文件布图"→"改 T3 比例"命令，命令行提示如下：

```
命令:chscl
请点取要改变比例的窗口 <退出>:                    //选择视口边框。
请输入出图比例 <1:50>1:100                       //输入比例。
请选取要改变比例的图元(ALL-全选)<不选取>:         //选择图形，按 Enter 键完成操作。
```

9.2.10 批量打印

调用"批量打印"命令，根据搜索到的图框，可以同时打印若干图幅。

"批量打印"命令的执行方式如下：

➤ 菜单栏：单击"文件布图"→"批量打印"命令。

执行"批量打印"命令，弹出【天正批量打印】对话框。在"图框图层"选项组中单击"选择图框层"按钮，在图中单击图框，如图 9-41 所示，选中图框所在的图层。

单击"窗选区域（W）"按钮，在图中指定对角点，选择打印范围，如图 9-42 所示。

图 9-41　选择图框

图 9-42　选择打印范围

返回对话框，设置打印参数，如图 9-43 所示。单击"预览"按钮，预览打印效果，如图 9-44 所示。确认无误后，在空白区域单击鼠标右键，在弹出的快捷菜单中选择"打印"命令，即可打印图形。

图 9-43　设置参数

图 9-44　打印预览

9.2.11 插入图框

调用"插入图框"命令，可在模型空间或图纸空间中插入图框，图9-45所示为操作结果。

"插入图框"命令的执行方式如下：

➢ 菜单栏：单击"文件布图"→"插入图框"命令。

下面以如图9-45所示的操作结果为例，讲解调用"插入图框"命令的方法。

01 按Ctrl+O组合键，打开配套资源提供的"第9章/ 9.2.11 插入图框.dwg"素材文件，如图9-46所示。

图9-45 插入图框

图9-46 打开素材文件

02 单击"文件布图"→"插入图框"命令，弹出【插入图框】对话框，设置参数如图9-47所示。单击"插入"按钮，关闭对话框。

03 命令行提示如下：

命令:TTitleFrame

点取位置或[转90度(A)/左右翻(S)/上下翻(D)/对齐(F)/改转角(R)/改基点(T)]<退出>:
//如图9-48所示。

图9-47 【插入图框】对话框

图9-48 点取位置

04 插入图框的结果如图9-45所示。

【插入图框】对话框中的选项介绍如下：

"图幅"选项组：提供了 A0～A4 五种标准的图幅。单击按钮可选择图幅。

横式/立式：指定图纸的格式。

图长/图宽：自定义图纸的长宽尺寸，或者显示标准图幅的长宽参数。

加长：选择加长型的标准图幅。单击"标准标题栏"选项后的按钮，打开【天正图库管理系统】对话框，在其中可选取国标加长图幅。

自定义：在"图长/图宽"选项中若输入非标准的图框尺寸，系统会把尺寸参数作为自定义尺寸保存在该项。单击该选项右侧的箭头，可在列表中选择已保存的自定义尺寸。

比例 1：设置图框的出图比例，与【打印】对话框的"出图比例"值一致。可从列表中选择比例，或者自行输入。选择"图纸空间"选项时，该控件暗显，比例自动设为 1:1。

图纸空间：选择该选项可切换到图纸空间，在"比例1:"选项中显示比例为 1:1。

会签栏：选择选该，允许在图框左上角加入会签栏。单击右边的按钮，打开【天正图库管理系统】对话框，在其中可以选取预先入库的会签栏，如图 9-49 所示。

标准标题栏：选择选项，允许在图框右下角插入标准样式的标题栏。单击右边的按钮，打开【天正图库管理系统】对话框，可选取预先入库的标题栏，如图 9-50 所示。

图 9-49　选择会签栏　　　　　　　　　　　　　图 9-50　选择标题栏

通长标题栏：选择该项，允许在图框右方或者下方加入用户自定义样式的标题栏。

右对齐：图框在下方插入横向通长标题栏时，选择"右对齐"选项可以使标题栏向右对齐，在左边插入附件。

附件栏：选择"通长标题栏"选项后，"附件栏"选项可以被选。选择"附件栏"选项后，允许在图框的一端插入附件栏。单击右边的按钮，打开【天正图库管理系统】对话框，选取预先入库的附件栏，其可以是设计单位徽标或者是会签栏。

直接插图框：选择该选项允许在当前图形中直接插入带有标题栏与会签栏的完整图框，不必选取图幅尺寸和图纸格式。单击右边的按钮，打开【天正图库管理系统】对话框，可选取预先入库的完整图框。

在图框中双击要修改的属性文字，打开【增强属性编辑器】对话框，修改属性参数。例如，双击"日期"属性文字，在对话框中修改参数，如图 9-51 所示。

单击"确定"按钮，返回图中观察修改结果，可以发现日期已被修改，如图 9-52 所示。

平面示意		KEY PLAN
图 名	首层平面图	TITLE
日 期	2020/10/24	DATE
图 号	建初-1	DWG. NO
比 例	1: 100	SCALE

图 9-51　修改参数　　　　　　　图 9-52　修改结果

第 10 章
图库图层

● **本章导读**

图库图层包含三个方面的知识，分别是图库管理、图层管理以及图层控制。图库管理指管理天正图库中的图形，包括复制、移动、删除、重命名等。图层管理和图层控制用来编辑天正图层系统，包括开、关、锁定、解锁等。

本章将介绍图库管理、图层管理以及图层控制三个方面的知识。

● **本章重点**

◇ 图库管理
◇ 图层管理
◇ 图层控制

10.1 图库管理

为了检索和查询图块，天正软件使用关系数据库对 DWG 进行管理，包括分类、赋予汉字名称等。单独的天正图库是一个 DWB 文件、TK 文件、SLB 文件的集合。DWB 文件是一系列 DWG 打包压缩的文件格式，不仅使文件数目锐减，而且利用压缩存储技术，节省了图库的存储空间，大大提高了磁盘的优化利用。存放于 DWB 中的 DWG 使用 TK 表格进行管理查询。

本节将介绍管理图库的相关操作，包括新图入库、删除类别等。

10.1.1 图库管理概述

单击"设置"→"图库管理"命令，弹出如图 10-1 所示的【天正图库管理系统】对话框。

工具栏 ———
类别区 ———
名称区 ———
预览区
状态栏 ———

图 10-1 【天正图库管理系统】对话框

【天正图库管理系统】对话框包括工具栏、类别区、名称区、状态栏以及预览区五个部分。该对话框可以随意调整对话框的大小，并自动记录最后一次关闭时的选择。类别区、名称区和预览区之间可随意调整最佳可视大小及相对位置。

1. 对话框中各分区的介绍

➢ 工具栏：在工具栏中显示命令按钮。将光标置于其中某个按钮上，将浮动显示该命令的中文提示，如图 10-2 所示。单击按钮即可执行命令。

图 10-2 工具栏

➢ 预览区：在预览区中显示某类别中所有的设备幻灯片。被选中的设备显示为蓝色，并在列表中加亮显示设备的名称，如图 10-3 所示。在设备上单击鼠标右键，在弹出的快捷菜单中选择选项，如图 10-4 所示，可以编辑被选中的设备。选中"布局"选项，还可以重定义设备的布局方式。

图 10-3 选择设备

图 10-4 右键快捷菜单

➢ 类别区：显示图库的设备类别。被选中的类别显示为蓝色，如图 10-5 所示。天正图库支持无限制分层次。在选定的目标类型下单击鼠标右键，在弹出的快捷菜单中选择选项，如图 10-6 所示，可以对该类别进行编辑，包括新建类别、删除类别以及重命名等。

图 10-5 选择类别

图 10-6 右键快捷菜单

➢ 名称区：显示类别下的设备名称，如图 10-7 所示。要注意的是，该名称并不是 AutoCAD 图块的名称，而是为了便于理解的描述名称。

➢ 状态栏：显示被选中设备的参考信息。例如，选择"水表"，在状态栏中显示记录号、页号及总记录信息，如图 10-8 所示。

图 10-7 显示设备名称

图 10-8 显示设备信息

2. 在图库中复制或移动设备

天正图库管理系统支持利用"拖动光标"的方式，在不同类别、不同图库之间成批地移动、复制设备。

下面举例说明复制设备的方法。

选择"插座"设备类别，在预览区中选择"三联插座"。按住鼠标左键不放，向左拖动光标，将设备复制到"动力"设备类别中，如图 10-9 所示。

操作结束后，展开"动力"设备类别表，可以看到添加的"三联插座"，结果如图 10-10 所示。

在执行上述操作的过程中，如果用户按住 Shift 键不放，则"三联插座"被移动到"动力"设备类别中。

在选择设备时，按住 Ctrl 键，可以同时选中多个设备，执行复制或移动操作。

图 10-9　选择设备

图 10-10　复制设备

选择新添加的设备，单击右键，在弹出的快捷菜单中选择"删除图块"选项，如图 10-11 所示，可将其删除。或者选择"重命名"选项，进入在位编辑模式，用户可以自定义设备名称，如图 10-12 所示。

图 10-11　选择选项

图 10-12　重命名设备

10.1.2　文件管理

图库的文件管理包括几个方面，分别是新建图库组、打开图库组、加入 TK、新建 TK 和合并检索。下面分别进行介绍。

1. 新建图库组

打开【天正图库管理系统】对话框，单击工具栏上的"新建库"按钮 ，弹出如图 10-13 所示的【新建】对话框。

在对话框中设置图库组的位置和名称，根据需要选择图库组的类型，有"多视图图库"和"普通图库"供用户选择。

单击"新建"按钮，创建 TKW 文件。在【天正图库管理系统】对话框中显示新建的图库组，如图 10-14 所示。

图 10-13　【新建】对话框　　　　　　　　　　图 10-14　新建图库组

2. 打开图库组

打开【天正图库管理系统】对话框，单击工具栏上的"打开图库"按钮 ，在列表中显示图库组的名称，如图 10-15 所示。

选择图库组，显示相应的设备。例如，选择"元件库"，在对话框中显示各类元件，如图 10-16 所示。

图 10-15　显示图库组名称　　　　　　　　　　图 10-16　显示元件

3. 加入 TK

打开【天正图库管理系统】对话框，在图库组的名称上单击鼠标右键，在弹出的快捷菜单中选择"加入 TK"选项，如图 10-17 所示，弹出【打开】对话框，如图 10-18 所示。选择图库（TK 文件），单击"打开"按钮，可将其加入到当前的图库组中。

图 10-17　选择选项　　　　　　　　　　图 10-18　【打开】对话框

4. 新建 TK

在图库组的名称上单击鼠标右键，在弹出的快捷菜单中选择"新建 TK"选项，如图 10-19 所示，弹出【输入需要新建的 TK 文件名】对话框，设置新的文件名，如图 10-20 所示。单击"打开"按钮，系统自动创建新的图库，并将其加入到当前图库组。

图 10-19　选择选项　　　　　　　　　　图 10-20　设置文件名

5. 合并检索

在对图库进行合并检索前，可以看到系统图库和用户图库，如图 10-21 所示。执行合并检索后，则看不到系统图库和用户图库，如图 10-22 所示。

图 10-21　合并检索前　　　　　　　　　　图 10-22　合并检索后

单击【天正图库管理系统】对话框工具栏上的"合并"按钮，可执行合并操作。单击"还原"按钮，可将系统图库和用户图库的显示方式还原至执行合并操作前的状态。

在管理图库时使用"不合并"的方式，可以方便准确地把图块放到用户图库或者系统图库中。

10.1.3 批量入库

调用"批量入库"命令，可将磁盘上零散的图形入库存储，方便用户随时调用。

"批量入库"命令的执行方式如下：

➤ 工具栏：在【天正图库管理系统】对话框中单击工具栏上的"批量入库"按钮。

在对话框中单击工具栏上的"批量入库"按钮，如图 10-23 所示。弹出【批量入库】对话框，如图 10-24 所示。

图 10-23 单击按钮

图 10-24 【批量入库】对话框

在【批量入库】对话框中单击"是"按钮，弹出【选择需入库的 DWG 文件】对话框，选择文件，如图 10-25 所示。

单击"打开"按钮，显示进度提示对话框，如图 10-26 所示。对话框关闭后，结束批量入库的操作。

图 10-25 选择文件

图 10-26 显示进度

在【天正图库管理系统】对话框中显示入库的文件，如图 10-27 所示。选择文件，单击右键，在弹出的快捷菜单中选择选项，如图 10-28 所示，可以执行多种操作。

图 10-27　显示入库文件

图 10-28　右键快捷菜单

批量入库的注意事项如下：

➢　将三维图块入库，应该事先调整好观察角度。如果还未调整角度，可以在【批量入库】对话框中单击"等一下"按钮，返回主屏幕调整图块的角度。

➢　在相同目录的 DWG 文件中如果存在同名的 SLD（即幻灯片文件），系统不予制作新的幻灯片。

➢　新入库的图块应该及时重命名，以方便理解和记忆。

10.1.4　新图入库

调用"新图入库"命令，可将选定的图形创建为块，并存储入库，以方便用户绘图时调用。

"新图入库"命令的执行方式如下：

➢　工具栏：在【天正图库管理系统】对话框中单击工具栏上的"新图入库"按钮 🗗。

执行"新图入库"命令，命令行提示如下：

命令:tkw

选择构成图块的图元:指定对角点:找到 15 个　　　　　　　　//如图 10-29 所示。

图块基点<(51.1102,-23.0562,0)>:　　　　　　　　　　　　//如图 10-30 所示。

制作幻灯片(请用 zoom 调整合适)或[消隐(H)/不制作返回(X)]<制作>:

　　　　　　　　　　　　　　　　　　　//按 Enter 键，选择是否制作幻灯片。

图 10-29　选择图元

图 10-30　指定基点

执行上述操作后，返回【天正图库管理系统】对话框，可查看新入库的图形，如图 10-31 所示。选择图形，单击右键，在弹出的快捷菜单中选择"重命名"选项。进入在位编辑模式，重新定义名称。在空白处单击鼠标左键，结束命名，结果如图 10-32 所示。

图 10-31 新图入库　　　　　　　　　图 10-32 重命名

10.1.5 重制库中图块

调用"重制"命令，可重新制作图库中选定的图块，以达到更新图块的目的。

"重制"命令的执行方式如下：

➢ 工具栏：在【天正图库管理系统】对话框中单击工具栏上的"重制"按钮。

单击"重制"按钮，命令行提示如下：

```
命令:tkw
选择构成图块的图元<只重制幻灯片>:指定对角点:找到 15 个
图块基点<(51.1102,-23.0562,0)>:
制作幻灯片(请用 zoom 调整合适)或[消隐(H)/不制作(N)/返回(X)]<制作>:
```

该命令与"新图入库"命令相似，用户可以参考"10.1.4 新图入库"的介绍来进行操作。

10.1.6 删除类别

调用"删除类别"命令，可删除当前库中被选定的类别，并将包含的子类别和图块全部删除。

"删除类别"命令的执行方式如下：

➢ 工具栏：在【天正图库管理系统】对话框中单击工具栏上的"删除类别"按钮（红色），如图 10-33 所示。

➢ 右键菜单：在图库组名称上单击鼠标右键，在弹出的快捷菜单中选择"删除类别"选项，如图 10-34 所示。

在类别区选中类别，按照上述任意一种方式执行"删除类别"操作，都可以删除选定的类别。

图 10-33 单击"删除类别"按钮　　　　　图 10-34 选择"删除类别"选项

10.1.7 删除图块

调用"删除图块"命令，可在图库中删除选定的图块。

"删除图块"命令的执行方式如下：

➤ 工具栏：在【天正图库管理系统】对话框中单击工具栏上的"删除"按钮 ✖ （黑色），如图 10-35 所示。

➤ 右键菜单：在图块上单击鼠标右键，在弹出的快捷菜单中选择"删除图块"选项，如图 10-36 所示。

在预览区中选择图块，按照上述任意一种方式执行"删除图块"操作，都可以删除选定的图块。

图 10-35　单击"删除"按钮

图 10-36　选择"删除图块"选项

10.1.8 替换图块

调用"替换图块"命令，可在图库中选中图块，替换图纸中的图块。

"替换图块"命令的执行方式如下：

➤ 工具栏：在【天正图库管理系统】对话框中单击工具栏上的"替换"按钮，如图 10-37 所示。

➤ 右键菜单：选中图块，单击鼠标右键，在弹出的快捷菜单中选择"替换图块"选项，如图 10-38 所示。

图 10-37　单击"替换"按钮

图 10-38　选择"替换图块"选项

在预览区中选择图块，按照上述任意一种方式执行"替换"操作，弹出如图 10-39 所示的【替换选项】对话框。命令行提示如下：

命令:T93_tkw
选择图中将要被替换的图块!
选择对象：　　　　　　　//如图 10-40 所示。

按 Enter 键，即可替换图块。

图 10-39 【替换选项】对话框

图 10-40 选择对象

10.1.9 插入图块

调用"插入图块"命令，可将选中的图块插入到当前视图中。

"插入图块"命令的执行方式如下：

➢ 在【天正图库管理系统】对话框中选中图块，单击鼠标右键，在弹出的快捷菜单中选择"插入图块"选项。

➢ 在对话框中选中并双击图块。

执行上述任意一项操作，命令行提示如下：

命令:TKW
点取插入点或[转90(A)/左右(S)/上下(D)/转角(R)/基点(T)/更换(C)/比例(X)]<退出>:

命令行中的选项介绍如下：

1. 翻转图块

转 90（A）：输入"A"，按 90° 翻转选中的图块。

左右（S）：输入"S"，左右翻转选中的图块。

上下（D）：输入"D"，上下翻转选中的图块。

2. 定义图块的转角尺寸

转角（R）：输入"R"，定义图块的插入尺寸。命令行提示如下：

命令:T93_tkw
点取插入点或[转90(A)/左右(S)/上下(D)/转角(R)/基点(T)/更换(C)/比例(X)]<退出>:R
旋转角度:45　　　　　　　　　　　　　//如图 10-41 所示。
点取插入点：　　　　　　　　　　　　//插入图块，如图 10-42 所示。

图 10-41　指定角度

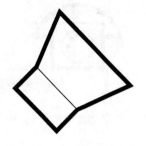

图 10-42　插入图块

3．改变图块的插入基点

基点（T）：输入"T"，更改图块的插入基点。命令行提示如下：

```
命令:T93_tkw
点取插入点或［转 90(A)/左右(S)/上下(D)/转角(R)/基点(T)/更换(C)/比例(X)］<退出>:T
输入插入点或［参考点(R)］<退出>:                    //如图 10-43 所示。
点取插入点:
```

在未重定义插入点之前，图块的插入点默认在右侧，如图 10-44 所示。执行上述操作后，插入点被指定在圆心位置。

图 10-43　指定插入点

图 10-44　默认插入点的位置

4．更换插入对象

更换（C）：输入"C"，返回【天正图库管理系统】对话框，重新选择图块，并将重选后的图块插入至当前视图。

5．更改插入比例

比例（X）：输入"X"，更改插入图块的比例。命令行提示如下：

```
命令:T93_tkw
点取插入点或［转 90(A)/左右(S)/上下(D)/转角(R)/基点(T)/更换(C)/比例(X)］<退出>:X
请输入比例:<500.0> 200                           //如图 10-45 所示。
点取插入点:
```

更改图块比例的前后效果如图 10-46 所示。

图 10-45　输入比例

图 10-46　更改图块比例

10.2 图层管理

调用"图层管理"命令，可以修改图层的属性参数，包括图层的颜色、线型等。单击"设置"→"图层管理"命令，弹出如图 10-47 所示的【图层标准管理器】对话框。

【图层标准管理器】对话框中的选项介绍如下：

图层标准：在列表中选择已有的图层标准。

置为当前标准：将选定的图层标准置为当前。

新建标准：单击该按钮，弹出【新建标准】对话框。在其中设置新标准的名称，单击"确定"按钮即可完成创建新标准。

图层关键字：系统内部默认的图层信息，可以提高搜索图层的速度，信息内容不可更改。

图层名：用户可以自定义图层名称。

颜色：在颜色选项中单击矩形按钮，弹出【选择颜色】对话框，在其中可重新定义图层的颜色。

备注：描述关于图层的各类补充信息。

图层转换：单击该按钮，弹出如图 10-48 所示的【图层转换】对话框，在其中可转换已绘图纸的图层标准。

颜色恢复：单击该按钮，可将被修改的图层颜色恢复为原始颜色。

图 10-47　【图层标准管理器】对话框

图 10-48　【图层转换】对话框

10.3 图层控制

调用"图层控制"命令，可控制图层的状态，包括开/关、锁定/解锁等，以及管理图层中图形的显示效果。

单击"设置"→"图层控制"命令，弹出如图 10-49 所示的图层管理菜单。选择菜单命令，可对图层执行编辑操作。

菜单命令按钮介绍如下：

天正建筑层：单击该按钮，当命令按钮前的灯泡暗显时表示该图层处于关闭状态，图层上的所有图形也不予以显示。

天正电气层：单击该按钮，可以隐藏或开启所有天正电气图形所在的图层。

定义图层：单击该按钮，弹出如图 10-50 所示的【定义图层】对话框。在其中可以设置新图层的名称，并将其添加到"自定义本专业图层"中。

图 10-49　图层管理菜单

图 10-50　【定义图层】对话框

设建筑标识：单击按钮，可为选定的图层设置建筑标记。

建筑图元：单击按钮，可控制所有建筑图元所在图层的隐藏或开启。

电气图元：单击按钮，可控制"电气照明层""电气动力层""电气消防层""电气通讯层"等图层的隐藏或开启。

电气照明/动力/消防/通讯层：单击相应的按钮，可以控制相应图层上的隐藏或开启。

图 10-51 所示为"电气照明层"开启时图形的显示效果。图 10-52 所示为"电气照明层"关闭时图形的显示效果。

图 10-51　开启"电气照明层"

图 10-52　关闭"电气照明层"

10.3.1　只开选择层

调用"只开选择层"命令，可以关闭除了被选图形所在图层之外的所有图层。图 10-53 所示为执行

"只开选择层"命令的结果。

"只开选择层"命令的执行方式如下：

➤ 菜单栏：单击"设置"→"图层控制"→"只开选择层"命令。

➤ 快捷键：在命令行中输入66按Enter键。

下面以如图10-53所示的显示效果为例，讲解调用"只开选择层"命令的方法。

图10-53 只开选择层

[01] 按Ctrl+O组合键，打开配套资源提供的"第10章/ 10.3.1 只开选择层.dwg"素材文件，如图10-54所示。

[02] 选择墙体、门窗，如图10-55所示。

图10-54 打开素材文件　　　　　　　　　　　　图10-55 选择图形

[03] 在命令行中输入66，按Enter键，即可关闭除了墙体、窗户图层外的其他图层，结果如图10-53所示。

10.3.2 只闭选择层

调用"只闭选择层"命令，可关闭被选图形所在图层。

"只闭选择层"命令的执行方式如下：

➤ 菜单栏：单击"设置"→"图层控制"→"只闭选择层"命令。

➤ 快捷键：在命令行中输入11按Enter键。

选中平面窗，如图10-56所示。在命令行中输入11，按Enter键，即可关闭平面窗所在的图层，如图10-57所示。

图10-56 选择平面窗　　　　　　　　　　　　图10-57 关闭图层

10.3.3 删除选择层

调用"删除选择层"命令，可删除指定图层上的图元。

"删除选择层"命令的执行方式如下：

➤ 菜单栏：单击"设置"→"图层控制"→"删除选择层"命令。

执行"删除选择层"命令，命令行提示如下：

```
命令：_u ERASESELLAYER
请选择删除层上的图元<退出>:找到 1 个
```

选择灯具，如图 10-58 所示。按 Enter 键，删除所有与灯具在同一图层上的图元（包括开关），如图
10-59 所示。

图 10-58　选择灯具　　　　　　　　　　　　图 10-59　删除图元

10.3.4 打开关闭层

调用"打开关闭层"命令，可打开已关闭的图层。

"打开关闭层"命令的执行方式如下：

➤ 菜单栏：单击"设置"→"图层控制"→"打开关闭层"命令。

执行"打开关闭层"命令，弹出【打开图层】对话框，选择图层，如图 10-60 所示。单击"确定"
按钮，开启选中的图层，图层中的图形也会全部显示。

图 10-60　【打开图层】对话框

10.3.5 锁定选择层

调用"锁定选择层"命令，可锁定指定图元所在的图层。

"锁定选择层"命令的执行方式如下：

➤ 菜单栏：单击"设置"→"图层控制"→"锁定选择层"命令。

执行"锁定选择层"命令，命令行提示如下：

命令：_u LOCKSELLAYER

请选择要锁定层上的图元<退出>:找到 1 个   //如图 10-61 所示。

按 Enter 键，锁定选择层。将光标置于图形上，在右上角显示锁定图标，如图 10-62 所示。被锁定的图形无法进行编辑。

图 10-61 选择图元（插座）

图 10-62 显示锁定图标

10.3.6 锁定非选择层

调用"锁定非选择层"命令，可锁定除了选定图元所在图层外的所有图层。

"锁定非选择层"命令的执行方式如下：

➢ 菜单栏：单击"设置"→"图层控制"→"锁定非选择层"命令。

执行"锁定非选择层"命令，命令行提示如下：

命令:WINDOW 层打开

其它层已经锁定。您可以用【解锁图层】命令打开它们。需要手工 REGEN 才能更新锁定图层透明效果

选择平面窗，如图 10-63 所示。执行上述操作，除了平面窗图层以外的所有图层都被锁定。例如，将光标置于墙体上，在右上角显示锁定图标，如图 10-64 所示。

图 10-63 选择平面窗

图 10-64 显示锁定图标

10.3.7 解锁图层

调用"解锁图层"命令，可解开已被锁定的层。

"解锁图层"命令的执行方式如下：

➢ 菜单栏：单击"设置"→"图层控制"→"解锁图层"命令。

➢ 快捷键：在命令行输入 55 按 Enter 键。

执行上述任意一项操作，命令行提示如下：

> 命令:请选择要解锁层上的图元(ESC 退出,空格解开全部层)<全部>:指定对角点:找到 23 个
> //如图 10-65 所示。

按 Enter 键,解锁图层,命令行提示如下:

> WINDOW 层本身就没有锁定!
>
> EQUIP-插座层已经解锁!
>
> EQUIP-照明层已经解锁!
>
> WIRE-照明层已经解锁!
>
> WALL 层已经解锁! 需要手工 REGEN 才能更新锁定图层透明效果

图 10-65　选择图元

10.3.8　打开全部层

调用"打开全部层"命令,可自动打开被关闭的图层。

"打开全部层"命令的执行方式如下:

➤　菜单栏:单击"设置"→"图层控制"→"打开全部层"命令。

执行"打开全部层"命令,即可打开全部图层。

10.3.9　冻结图层

调用"冻结图层"命令,可冻结选定对象所在的图层。

"冻结图层"命令的执行方式如下:

➤　菜单栏:单击"设置"→"图层控制"→"冻结图层"命令。

执行"冻结图层"命令,命令行提示如下:

> 命令:TFreezeLayer
>
> 选择对象[冻结块参照和外部参照内部图层(Q)]<退出>:　　　//如图 10-66 所示。

按 Enter 键,导线所在的图层被冻结,导线图形也被隐藏,如图 10-67 所示。

图 10-66　选择对象（导线）

图 10-67　冻结图层

10.3.10 冻结其他

调用"冻结其他"命令，可冻结除了选定图形所在图层之外的所有图层。

"冻结其他"命令的执行方式如下：

➢ 菜单栏：单击"设置"→"图层控制"→"冻结其他"命令。

执行"冻结其他"命令，根据命令行的提示选择墙体，如图 10-68 所示。墙体所在图层之外的所有图形都会被冻结，如图 10-69 所示。

图 10-68　选择墙体　　　　　　　　　　　　　图 10-69　冻结图层

10.3.11 解冻图层

调用"解冻图层"命令，可解冻指定的图层。

"解冻图层"命令的执行方式如下：

➢ 菜单栏：单击"设置"→"图层控制"→"解冻图层"命令。

执行"解冻图层"命令，弹出【解冻图层】对话框。选择图层，如图 10-70 所示。单击"确定"按钮，即可解冻选中的图层。

10.3.12 管理电气图层与非电气图层

在图层控制菜单的末尾显示出"锁定电气层""解锁电气层""锁定非电气层""解锁非电气层"命令，如图 10-71 所示。

单击某个按钮，可以管理相应的图层。例如，单击"锁定电气层"按钮，可以锁定电气图层，电气图层以外的其他图层不会受到该命令的影响。

图 10-70　【解冻图层】对话框

图 10-71　管理图层的命令

第 11 章
住宅楼电气设计

● **本章导读**

本章介绍了住宅楼电气设计图纸的绘制，包括配电系统图、照明平面图、弱电平面图、电气消防系统图和屋面防雷平面图。这些图纸作为电气设计施工图集中的重要图样，表达了住宅楼电气设计中所涉及的相关问题，包括设备的使用、管道的敷设等。

另外，设计说明作为施工图集中的重要组成部分也是不可缺少的。鉴于此，本章开篇另辟独立小节，介绍了设计说明所涉及的内容。

● **本章重点**

◇ 住宅楼电气设计说明

◇ 绘制配电系统图

◇ 绘制照明平面图

◇ 绘制弱电平面图

◇ 绘制电气消防系统图

◇ 绘制屋面防雷平面图

11.1 住宅楼电气设计说明

设计说明是施工图纸必不可少的技术说明材料，其以文字的方式解释说明了工程的概况，包括工程本身的属性、施工工艺、施工单位等。住宅楼电气设计图纸的内容包括设计说明、照明平面图、插座平面图、单元供配电系统图、防雷接地平面图。住宅弱电系统包括有线电视、电信网络、安防系统的平面图和弱电预留管线系统图。

本节将介绍住宅楼电气设计说明的内容。

1. 设计依据

住宅楼电气设计的依据包括《民用建筑电气设计标准》GB51348—2019、《低压配电设计规范》GB50054—2011、《建筑物防雷设计规范》GB50057—2010、《供配电系统设计规范》GB50052—2009、《建筑设计防火规范》GB50016—2014、《火灾自动报警系统设计规范》GB50116—2013、《住宅建筑规范》GB50368—2005、《建筑照明设计标准》GB50034—2013、《住宅设计规范》GB50096—2011 等有关标准以及建设单位和其他专业提供的有关资料。

2. 住宅楼概况

建筑工程设计规模及使用性质：二级民用建筑

建筑防火分类：一类高层建筑

耐火等级：一级

建筑结构型式：钢筋混凝土框架结构

抗震设防烈度：6 度

建筑层数：地上主体 21 层，地下 1 层

建筑高度：83.2m

占地面积：755.68m^2

总建筑面积：14677.34m^2

3. 设计范围

本工程的设计涉及电力照明系统、防雷接地系统、电视系统、电话系统、消防系统等规划设计。

4. 电源设置

1）本工程高压电源由当地 10kV 电网引至本工程变电所。

2）本工程低压电源由公用变压器供给。

3）本工程电源由本单位低压配电室引来。

4）本工程设自备柴油发电机组。

5）本工程电源分别供给本住宅楼的动力负荷及照明负荷用电，照明负荷电源同时可作为动力负荷的备用电源承担本工程的全部负荷。

6）本工程属于一类高层公共建筑，消防电力、事故照明及重要场所等按一级负荷供电，其余按三级负荷供电。

5. 线路及敷设

1）380V/220V 低压配电线路中使用的绝缘导线，其额定电压不低于 500V，电力电缆额定电压应不低于 1000V。

2）普通电力照明线路采用：a）YJV 型铠装交联铜芯电力电缆；b）YJV 型交联铜芯电力电缆；c）BV 型双塑铜芯线；d）ZR-VV 型阻燃聚氯乙烯绝缘聚氯乙烯护套电力电缆；e）ZR-BV 型阻燃双塑铜芯线。

3）消防中心、消防水泵、消防电梯、应急照明灯具等消防线路采用：a）NH-VV 型耐火聚氯乙烯绝缘聚氯乙烯护套电力电缆；b）NH—BV 型耐火双塑铜芯线；c）NH—YJV 耐火交联铜芯电力电缆；d）ZR—BV 型阻燃双塑铜芯线。

4）电力线路敷设

暗敷时管线保护用：a）镀锌钢管 GG；b）厚钢电线管 SC；c）塑料管 PC。

明敷时管线保护用：a）厚钢电线管 SC；b）塑料管 PC；c）电缆桥架；d）镀锌铁槽 SR。

5）照明线路敷设

暗敷时管线保护用：a）厚钢电线管 SC；b）电线管 TC；c）塑料管 PC；

明敷时管线保护用：a）电线管 TC；b）塑料管 PC；c）难燃塑料线槽 PR；d）镀锌铁槽 SR；e）硬塑管 VG。

6）图中未注的插座线路均为 BV-3X2.5。

7）住宅顶层照明电气线路穿管在顶板内暗敷时应采用镀锌电线管 TC。

8）消防用电设备的配电线路暗敷时，应穿管并敷设在不燃烧体结构内，且保护层厚度不小于 30mm。明敷时（包括敷设在吊顶内），应穿有防火保护的金属管或有防火保护的封闭式金属线槽。图中管线标注后带有"-X"图示须做防火处理。

9）电气管线穿过楼板和墙体时，孔洞周边应采取密封隔声措施。电缆井应在每层楼板处采用不低于楼板耐火极限的不燃性材料或防火封堵材料进行封堵。

6. 电气设备及安装高度

1）设备安装高度均以图例或平面标注为准。

2）插座设备容量：普通插座每只按 100W 计算，厨房插座每只按 500W、750W、1000W 计算，空调插座参见系统图。

3）所有单相插座均为带保护门的安全插座。

4）卫生间内开关、插座应选用防潮、防溅型面板，有淋浴、浴缸的卫生间内开关、插座须设在 2 区以外。

5）阳台照明灯具采用壁灯时，壁灯防护等级应不低于 IP53，其他室外露天照明灯具防护等级应不低于 IP54。

6）应急照明灯具和消防疏散指示标志（包括兼作应急照明的正常照明灯具）应设玻璃或其他不燃烧材料制作的保护罩对其进行保护。

7）本工程兼作应急照明的正常照明灯具所带开关仅为控制市电，且所带的充电电源线平时不断电，当无市电时，该灯具自行点亮，且放电时间大于 90min。

8）消防设备应采用专用的供电回路，其配电设备应设有明显标志。

9）消防电气设备线路过负载保护作用于信号，不切断电路。

7. 防雷与接地

1）本建筑物按第三类防雷建筑物进行防雷设计，每根引下线的防雷冲击接地电阻不大于 10Ω。

2）屋面避雷带采用不锈圆钢或扁钢，避雷带安装样式参照国标图集 99D501-1。

3）利用竖向结构主筋作防雷引下线，基础内钢筋作接地装置，具体做法及说明见国标图集 99D501-1。

4）利用 φ10 镀锌圆钢作防雷引下线，利用人工接地装置，具体做法见国标图集 86D563 和 99D501-1。

5）本工程电气工作接地、保护接地与防雷接地共用接地装置，其接地电阻值应不大于 4Ω。

6）本工程低压配电引入干线重复接地的接地装置，其接地电阻值应不大于 10Ω，重复接地装置的具体做法详见国标图集 86D563。

7）当低压线路全长采用埋地电缆或敷设在架空金属线槽内的电缆引入时，应在电缆入户端将电缆的金属外皮、金属线槽接地。

8）本工程低压配电系统接地形式采用 TN-C-S 系统的，从中性线 N 重复接地处引出保护线 PE，引出后 N 线与 PE 线应严格分开。

9）本工程低压配电系统接地形式采用 TN-S 系统的，保护干线 PE 直接从小区配电房引出。

10）保护线 PE 采用不小于 2.5mm 的 BVR 型黄绿双色多股软线，其允许载流量应不小于相线的 1/2，PE 线截面按表 11-1 选择，保护线也可采用相当截面的电缆桥架配线所使用的钢管或其他金属导体，由设计人员选定，详见平面图。

表 11-1　PE 线截面规定

相线截面 A/mm^2	PE 线最小截面 $/mm^2$
≤16	A
$16 < A \leqslant 35$	16
$A > 35$	$A/2$

11）等电位连接：电源进线处做总等电位连接，淋浴间等处做局部等电位连接。安装示意和大样图详见国标图集 02D501-2。

12）为防止侧向雷击，将 45m 及以上外墙上的栏杆、门窗等较大的金属物与防雷装置连接，竖直敷设的金属管道及金属物的顶端和底端应与防雷装置连接。

13）总等电位连接：本工程选择总等电位连接。采用接地故障保护时，在建筑物内应将下列导电体做总等电位连接：PE、PEN 干线，电气装置接地极的接地干线，建筑物内的水管、煤气管、采暖和空调管道等金属管道，条件许可的建筑物金属构件等导电体。

14）在室外引进室内的弱电进线处，均应设适配的电涌保护器 SPD。

8. 节能措施

1）本工程住户内起居室、厨房、卫生间照度设计照度为 100Lx，卧室照度设计照度为 75Lx，餐厅照度设计照度为 150Lx，对应功率密度值都不宜大于 $7W/m^2$。

2）本工程商铺设计照度为 300Lx，对应功率密度值都不应大于 $12W/m^2$。

3）本工程照明光源应选用绿色节能高效光源：a）荧光灯采用 T5 灯，1X28W，光通量为 2500lx，显色指数为 82，采用电子镇流器；b）吸顶灯采用电子节能灯，1X13W，光通量为 650lx，显色指数为 80；c）气体放电灯采用金属卤化物灯，1X75W，光通量为 5000 lx，显色指数为 72，采用电子镇流器。

4）照明灯具采用高效灯具，其灯具效率应符合以下要求：a）简式荧光灯灯具的效率不低于 75%；b）吸顶灯(附玻璃罩)的效率不低于 55%；c）气体放电灯(开敞式)的效率不低于 75%。

5）住宅节能控制措施：a）住宅公共部分照明采用高效光源、高效灯具，并采用节能自熄开关或时间控制；b）住宅电梯、水泵、风机应采用相应的节电措施。

9．电气消防系统

1）火灾自动报警系统线路由小区消防控制室引来。

2）本楼内在电梯前室设火灾手动报警按钮、消火栓按钮、火灾事故警铃和感烟探测器。

3）电梯控制设电梯归底装置。

4）其余详见总体消防系统图说明。

10．其他

1）电话线路采用 PVC-0.5/1Q 四芯电话线，电视天线采用同轴电缆，敷设方式同照明线路。

2）本工程电话及电视系统设计预留管线，其余由有关专业公司设定。

3）图中线路敷设部位及敷设方式文字符号含义如下：

　　　　CC——在顶棚内暗敷；WE——沿墙明敷；WC——沿墙内暗敷；PIE——用瓷绝缘子沿顶棚明敷；FC——在地面(板)内暗敷；CE——沿顶棚明敷；BE——沿屋顶弦架明敷；AC——在吊顶内暗敷。

4）常用导线穿管(槽)图见表 11-2。

5）本工程所选设备、材料必须具有国家级检测中心的检测合格证书（3C 认证），必须满足与产品相关的国家标准，供电产品、消防产品应具有入网许可证。

表 11-2　导线穿管（槽）图

BV 线芯截面 /mm^2	水煤气钢管（SC）（管内导线根数）						电线管（TC）PVC 管（PC）（管内导线根数）					
	3	4	5	6	7	8	3	4	5	6	7	8
1.5	15	15	20	20	20	25	25	20	20	20	25	25	32	32
2.5	15	15	20	20	20	25	25	20	20	25	25	32	32
4.0	15	20	20	20	25	25	25	20	20	25	32	32	32
6.0	20	20	20	25	25	25	32	20	25	25	32	32	40
10.0	20	25	25	32	32	40	40	25	32	32	32	40	40	40

BV 线芯截面 /mm^2	线槽规格（槽内导线根数）						
	25=14	40=18	60=22	60=40	80=40	100=27	100=40
1.0	10	16	42	81	100	99	165
1.5	9	20	37	72	96	87	146
2.5	6	14	26	50	67	62	103
4.0	5	11	20	41	54	49	81
6.0	4	9	16	31	42	39	66
10.0			8	16	21	19	32
16.0				12	17	14	24
25.0				6	10	9	15

11.2　绘制配电系统图

本节将介绍住宅楼配电系统图的绘制，主要讲解电气设备图形插入、系统母线和干线的连接方法等。

[01]　绘制进户线。在命令行中输入 "PMBX" 按 Enter 键，弹出【设置当前导线信息】对话框，设置参数如图 11-1 所示，指定起点和终点绘制进户线。

02 绘制断路器符号。在命令行中输入"YJCR"按 Enter 键，弹出【天正电气图块】对话框，选择"断路器"，如图 11-2 所示，单击对话框上方的"旋转"按钮，在图中单击插入点，并指定旋转角度，结果如图 11-3 所示。

图 11-1 【设置当前导线信息】对话框

图 11-2 【天正电气图块】对话框

图 11-3 插入断路器

03 重复执行"YJCR"命令，在【天正电气图块】对话框中选择"电度表"，如图 11-4 所示。根据命令行的提示调整其角度并插入图中，结果如图 11-5 所示。

图 11-4 选择电度表

图 11-5 插入电度表

04 文字标注。在命令行中输入"YCBZ"按 Enter 键，弹出【引出标注】对话框，设置参数如图 11-6 所示。

图 11-6 设置参数

05 根据命令行的提示，为电度表绘制文字标注，结果如图 11-7 所示。

06 在命令行中输入 "DHWZ" 按 Enter 键，继续绘制相关的电气说明文字，结果如图 11-8 所示。

图 11-7　绘制文字标注　　　　　　　　　　　图 11-8　添加说明文字

07 绘制母线。在命令行中输入 "XTDX" 按 Enter 键，在弹出的【系统图-导线设置】对话框中设置参数，如图 11-9 所示。

08 分别指定起点和终点，绘制母线，结果如图 11-10 所示。

图 11-9　【系统图-导线设置】对话框

图 11-10　绘制母线

09 绘制各层干线。在命令行中输入 "RYDX" 按 Enter 键，根据【设置当前导线信息】对话框中的参数绘制导线，结果如图 11-11 所示。

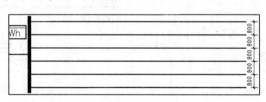

图 11-11　绘制各层干线

10 插入断路器符号。在命令行中输入 "YJCR" 按 Enter 键，在【天正电气图块】对话框中选择 "断路器"，在图中指定插入点，结果如图 11-12 所示。

图 11-12　插入断路器符号

11. 绘制虚线。在命令行中输入"RYDX"按 Enter 键,指定起点和终点绘制导线。

12. 在命令行中输入 XSBH 按 Enter 键,选择所绘制的导线,将其线型转换为虚线,结果如图 11-13 所示。

图 11-13 绘制虚线

13. 插入接地符号。在命令行中输入"YJCR"按 Enter 键,在【天正电气图块】对话框中选择"接地",如图 11-14 所示。在图中指定插入点,结果如图 11-15 所示。

图 11-14 选择元件

图 11-15 插入接地符号

14. 绘制文字标注。调用"DHWZ"命令,为系统图绘制文字标注,结果如图 11-16 所示。

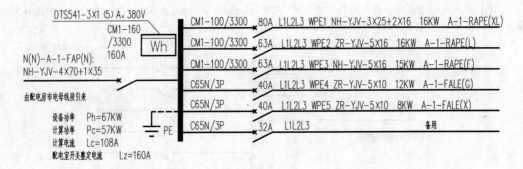

图 11-16 绘制文字标注

15 图名标注。单击"符号"→"图名标注"命令，在【图名标注】对话框中设置参数，选择"不显示"选项，如图 11-17 所示，即在图名标注中不显示比例标注。

图 11-17　设置参数

16 在系统图的下方点取位置，绘制图名标注，结果如图 11-18 所示。

图 11-18　绘制图名标注

17 调用"DHWZ"命令，在图名标注的下方绘制文字标注，结果如图 11-19 所示。

图 11-19　绘制文字标注

11.3　绘制照明平面图

照明平面图可表达住宅楼照明设备的布置结果，即电气设备导线的连接情况以及连接方法等。

01 打开素材。按下 Ctrl+O 组合键，打开配套资源中提供的"第 11 章/首层标准平面图.dwg"素材文件，结果如图 11-20 所示。

图 11-20　打开素材文件

02　插入照明配电箱████。在命令行中输入"RYBZ"命令按 Enter 键，在弹出的【天正电气图块】对话框中选择"照明配电箱"，如图 11-21 所示。

03　在平面图中指定位置插入照明配电箱，结果如图 11-22 所示。

图 11-21　选择设备

图 11-22　插入照明配电箱

04　布置吸顶灯◎。在命令行中输入"LDJB"命令按 Enter 键，在弹出的【天正电气图块】对话框中选择"半嵌入式吸顶灯"，在【两点均布】对话框中的"数量"选项中设置参数为 2，如图 11-23 所示。

05　在图中分别点取起点和终点，布置吸顶灯，结果如图 11-24 所示。

图 11-23　选择设备

图 11-24　布置吸顶灯

[06]　重复调用 "LDJB" 命令和 "RYBZ" 命令，为平面图布置灯具，结果如图 11-25 所示。

图 11-25　布置灯具

[07]　布置安全出口标志灯 ⊡、自带电源事故照明灯 ⬤。在命令行中输入 "RYBZ" 按 Enter 键，在【天正电气图块】对话框中选择"应急疏散指示标志灯""自带电源事故照明灯"，如图 11-26 和图 11-27 所示。

图 11-26　选择应急疏散指示标志灯

图 11-27　选择自带电源事故照明灯

08　在图中点取插入位置，结果布置灯具如图 11-28 所示。

09　重复操作，继续在各出入口布置消防照明灯，结果如图 11-29 所示。

图 11-28　布置灯具

图 11-29　继续布置消防照明灯

10　布置引线　。在命令行中输入 CRYX 按 Enter 键，在【插入引线】中选择引线，如图 11-30 所示。

11　点取插入位置，布置引线，结果如图 11-31 所示。

图 11-30　【插入引线】对话框

图 11-31　布置引线

12　布置开关　和　。在命令行中输入 "RYBZ" 按 Enter 键，在【天正电气图块】对话框中选择 "单联开关" 和 "双联开关"，如图 11-32、图 11-33 所示。

13　在图中指定位置，布置开关，结果如图 11-34 所示。

图 11-32　选择单联开关

图 11-33　选择双联开关

图 11-34　布置开关

⑭　绘制导线。在命令行中输入"RYDX"，分别指定起点和终点，在灯具与开关之间绘制连接导线。调用"XSBH"命令，选择导线转换为虚线。图 11-35 所示为绘制导线的结果。

⑮　导线置下。在命令行中输入"DXZX"按 Enter 键，选择导线，更改其位置，结果如图 11-36 所示。

图 11-35　绘制导线

图 11-36　导线置下

⑯　标注导线根数。在命令行中输入"BDXS"按 Enter 键，在弹出的【标注】对话框中选择"4 根""5 根"选项，如图 11-37 所示。

图 11-37　【标注】对话框

17 在导线上单击左键，完成导线根数的标注，结果如图 11-38 所示。

18 导线标注。在命令行中输入 "DXBZ" 按 Enter 键，根据命令行的提示，分别选择导线和指定文字线的落点，绘制导线标注，结果如图 11-39 所示。

图 11-38　标注导线根数

图 11-39　绘制导线标注

19 继续执行 "DXBZ" 命令绘制导线标注，双击绘制完成的导线标注，在弹出的【编辑导线标注】对话框中更改回路编号参数，如图 11-40 所示。

20 单击 "确定" 按钮，关闭对话框即可完成导线标注的绘制，结果如图 11-41 所示。

图 11-40　【编辑导线标注】对话框

图 11-41　继续绘制导线标注

21 绘制文字说明。执行 "文字" → "多行文字" 命令，在【多行文字】对话框中输入说明文字，单击 "确定" 按钮关闭对话框。在图中指定位置，绘制文字说明，结果如图 11-42 所示。

22 绘制图名标注。执行 "符号" → "图名标注" 命令，在弹出的【图名标注】对话框中设置参数，如图 11-43 所示。

说明：

1.照明插座线路穿难燃塑料管PC在墙内敷设。

2.图中未标注的线路根数为3根。

3.本图住宅部分室内电气布置待二次装修另行设计。

图 11-42　绘制文字说明

图 11-43　【图名标注】对话框

23 在平面图下方中间指定位置，绘制图名标注的结果如图 11-44 所示。

图 11-44　绘制图名标注

11.4 绘制弱电平面图

弱电平面图主要表达住宅楼消防报警设备的布置情况，包括安装位置、导线连接。通过导线可将所有的电气设备都归纳在一个系统内，实行统一的管理。

01 布置电控锁◇、读卡器▭、户外可视对讲机、按钮开关○。在命令行中输入 "RYBZ" 按 Enter 键，在【天正电气图块】对话框中选择设备，如图 11-45~图 11-48 所示。

图 11-45　选择电控锁

图 11-46　选择读卡器

图 11-47　选择对讲机

图 11-48　选择按钮

02 在图中指定位置，布置弱电设备，结果如图 11-49 所示。

图 11-49　布置弱电设备

03 布置感烟探测器 🔲。调用 "RYBZ" 命令，在【天正电气图块】对话框中选择 "消防" 类别，选择 "感烟探测器"，如图 11-50 所示。

04 在图中指定位置，布置感烟探测器，结果如图 11-51 所示。

图 11-50　选择设备

图 11-51　布置感烟探测器

05 布置手动报警装置 🔲、电铃 🔲、水表 🔲。执行 "平面设备" → "任意布置" 命令，在【天正电气图块】对话框中分别选择设备，如图 11-52~图 11-54 所示。

图 11-52　选择报警装置

图 11-53　选择电铃

图 11-54　选择水表

06 将设备布置到平面图中，结果如图 11-55 所示。

图 11-55 布置设备

07 绘制接线盒。调用"REC"（矩形）命令，绘制尺寸为 225mm × 225mm 的矩形，并将其布置在水表右侧，结果如图 11-56 所示。

图 11-56 绘制接线盒

08 布置燃气表 GM 。在命令行中输入"RYBZ"按 Enter 键，在【天正电气图块】对话框中选择"燃气表"。如图 11-57 所示。

09 在图中指定位置，布置燃气表，结果如图 11-58 所示。

图 11-57 选择燃气表

图 11-58 布置燃气表

10 布置事故照明配电箱 ⊠ 。调用"RYBZ"命令，在【天正电气图块】对话框中选择"箱柜"类别，选择"事故照明配电箱"，如图 11-59 所示。

11 将配电箱布置到平面图中，结果如图 11-60 所示。

图 11-59　选择配电箱

图 11-60　布置配电箱

12 布置引线。在命令行中输入 "CRYX" 按 Enter 键，在【插入引线】对话框中选择 "同侧双引" 类型的引线，如图 11-61 所示。

13 在图中点取位置，布置引线，结果如图 11-62 所示。

图 11-61　选择引线

图 11-62　标注引线

14 重复上述操作，将其余的弱电设备布置到平面图中，结果如图 11-63 所示。

15 绘制导线。在命令行中输入 "RYDX" 按 Enter 键，分别指定起点和终点，完成绘制导线的操作，如图 11-64 所示。

图 11-63　布置其他设备

图 11-64　绘制导线

16 调用 "XSBH" 命令，选择导线，将线型更改为虚线，如图 11-65 所示。

图 11-65　将导线改为虚线

17　沿线标注。在命令行中输入"YXBZ"按 Enter 键，命令行提示如下。

命令:YXBZ↙

请输入起始点:<退出>　　　　　　　　　//如图 11-66 所示。

请输入终止点:<退出>　　　　　　　　　//如图 11-67 所示。

请输入方框处要标注的字符:Z　　　　　//如图 11-68 所示。

目标位置:　　　　　　　　　　　　　　//如图 11-69 所示。

图 11-66　指定起始点

图 11-67　指定终止点

图 11-68　输入文字

图 11-69　指定位置

18　在导线上标注文字 Z 的结果如图 11-70 所示。

19 按 Enter 键，重复调用 "YXBZ" 命令，在导线上标注文字 R，如图 11-71 所示。

图 11-70　沿线标注文字 Z

图 11-71　沿线标注文字 R

20 调用 "REC"（矩形）命令，绘制矩形框选导线标注文字，如图 11-72 所示。

21 调用 "TR"（修剪）命令，修剪矩形内的导线。调用 "E"（删除）命令，删除矩形，结果如图 11-73 所示。

图 11-72　绘制矩形

图 11-73　修剪导线

22 导线标注。在命令行中输入 "DXBZ" 按 Enter 键，点取导线，完成对导线的标注。

23 编辑导线标注。由于在绘制导线的时候没有对导线属性进行设置，所以在绘制导线标注后，要对导线标注进行编辑修改，以符合实际敷设导线的属性。

24 双击导线标注，在【编辑导线标注】对话框中分别修改 "回路编号" "配线方式" "敷设部位" "穿管直径" 参数（具体参数可参见修改结果）。单击 "确定" 按钮关闭对话框，编辑结果如图 11-74 所示。

25 重复操作，继续绘制和编辑导线标注。调用 "L"（直线）命令，绘制短斜线，为导线标注添加标注点，结果如图 11-75 所示。

图 11-74　编辑导线标注

图 11-75　添加标注点

26 绘制文字标注。在命令行中输入"YCBZ"按 Enter 键,在【引出标注】对话框中设置参数。然后根据命令行的提示,在图中指定标注各点,绘制文字标注,结果如图 11-76 所示。

图 11-76 绘制文字标注

27 绘制图名标注。执行"符号"→"图名标注"命令,在弹出的【图名标注】对话框中设置参数,如图 11-77 所示。

图 11-77 设置参数

28 在平面图下方指定位置,绘制图名标注,结果如图 11-78 所示。

图 11-78 绘制图名标注

11.5 绘制电气消防系统图

电气消防系统图用来介绍各楼层在垂直方向上消防设备的布置以及管道的连接情况，本节将介绍电气消防系统图的绘制方法。

01 绘制楼层分隔线。调用"L"（直线）命令，绘制直线，再调用"O"（偏移）命令，偏移直线。绘制的楼层分隔线如图 11-79 所示。

02 绘制文字标注。执行"文字"→"单行文字"命令，在【单行文字】对话框中设置参数，如图 11-80 所示。

图 11-79 绘制楼层分隔线

图 11-80 设置参数

03 在图中点取位置，绘制文字标注，结果如图 11-81 所示。

04 在【单行文字】对话框中修改参数，继续绘制其他文字标注，结果如图 11-82 所示。

图 11-81 绘制文字标注

图 11-82 继续绘制其他文字标注

05 标注多种电源配电箱 ◣、火警电话 ⌂。在命令行中输入"RYBZ"按 Enter 键，在【天正电气图块】对话框中选择设备，如图 11-83、图 11-84 所示。

图 11-83　选择配电箱

图 11-84　选择火警电话

06　在图中指定位置，布置设备如图 11-85 所示。

07　绘制三方通话接线盒。调用 "REC"（矩形）命令，绘制尺寸为 200mm×200mm 的矩形，结果如图 11-86 所示。

图 11-85　布置设备

图 11-86　绘制三方通话接线盒

08　绘制控制线、通信线、电话线。在命令行中输入 "XTDX" 命令，在弹出的【系统图-导线设置】对话框中选择 "馈线" 按钮，设置 "线宽" 为 0.35，如图 11-87 所示。

09　在图中分别指定导线的起点和终点，绘制导线的结果如图 11-88 所示。

图 11-87　设置参数

图 11-88　绘制导线

10　布置事故照明配电箱 ⊠ 和集中型火灾报警控制器 ▭ 。调用 "RYBZ" 命令，在【天正电气图块】对话框中选择设备，如图 11-89 和图 11-90 所示。

图 11-89　选择配电箱

图 11-90　选择控制器

⑪ 在图中指定位置，布置设备如图 11-91 所示。

⑫ 绘制消防接线箱。调用 "REC"（矩形）命令，绘制尺寸为 325×325 的矩形。调用 "L"（直线）命令，在矩形内部绘制相交直线，结果如图 11-92 所示

图 11-91　布置设备

图 11-92　绘制消防接线箱

⑬ 布置手动报警装置、电铃、感烟探测器等消防设备。执行 "平面设备" → "任意布置" 命令，在【天正电气图块】对话框中选择设备，将设备布置到图中，结果如图 11-93 所示。

图 11-93　布置消防设备

⑭ 调用 "CO"（复制）命令，向上移动复制消防设备至 2F，如图 11-94 所示。

⑮ 绘制消防模块。调用 "REC"（矩形）命令，绘制尺寸为 300mm×300mm 的矩形，调用 "L"（直线）命令，在矩形内部绘制对角线，结果如图 11-95 所示。

⑯ 调用 "CO"（复制）命令，移动复制消防设备到其他楼层，结果如图 11-96 所示。

[17] 调用 "M"（移动）命令、"EX"（延伸）命令，调整楼层分隔线，结果如图 11-97 所示。

图 11-94　复制消防设备　　　　　　　　　　　　图 11-95　绘制消防模块

图 11-96　复制消防设备

图 11-97　编辑结果

[18] 绘制电梯控制箱 ![LT]。调用 "REC"（矩形）命令，绘制尺寸为 325mm×650mm 的矩形。然后执行 "文字" → "单行文字" 命令，在矩形内绘制标注文字 "LT"，如图 11-98 所示。

[19] 绘制导线。调用 "XTDX" 命令和 "RYDX" 命令，在图中绘制连接导线。然后调用 "XSBH" 命令，更改某些导线的线型为虚线，如图 11-99 所示。

图 11-98　绘制电梯控制箱

图 11-99　绘制导线

[20] 绘制虚线框。执行 "原理图" → "虚线框" 命令，在图中分别指定对角点，绘制虚线框，结果如图 11-100 所示。

[21] 重复执行 "原理图" → "虚线框" 命令，继续在系统图中绘制虚线框，结果如图 11-101 所示。

[22] 标注设备个数。执行 "文字" → "单行文字" 命令，在【单行文字】对话框中设置参数，标注消防设备个数，如图 11-102 所示。

图 11-100 绘制虚线框

图 11-101 继续绘制虚线框

23 绘制引出标注。在命令行中输入"YCBZ"按 Enter 键,在系统图中绘制引出标注,如图 11-103 所示。

图 11-102 标注消防设备个数

图 11-103 绘制引出标注

24 绘制文字标注。执行"文字"→"单行文字"命令,绘制标注导线信息的文字,如图 11-104 所示。

25 调用"RO"(旋转)命令,旋转文字,再调用"M"(移动)命令,移动文字并将其插入导线之上,结果如图 11-105 所示。

正压送风机控制线 1 (ZR-KVV-7X1.0)

三方通话通讯线 ZR-RVV-8X1.0

消防电话线 ZR-RVV-2X1.5

直流24V电源线 ZR-BV-2X1.5

报警总线 ZR-RVS-2X1.5

图 11-104 绘制文字

图 11-105 插入文字

26 绘制图名标注。单击"符号"→"图名标注"命令,在【图名标注】对话框中设置参数,选择

"不显示"复选框，即在图名标注中不显示比例标注，如图 11-106 所示。

[27] 在系统图的下方点取位置，绘制图名标注，结果如图 11-107 所示。

图 11-106　设置参数

图 11-107　绘制图名标注

11.6 绘制屋面防雷平面图

在建筑物的屋面制作防雷系统，可以有效地保护建筑物及建筑物内人员和物品的安全。高层建筑一般通过在屋面设置避雷网来达到全面保护建筑物的目的。本节将介绍绘制屋面防雷平面图的方法。

[01] 打开素材。按下 Ctrl+O 组合键，打开配套资源中提供的"第 11 章/ 11.5 屋面平面图.dwg"素材文件，如图 11-108 所示。

图 11-108　打开素材文件

02 绘制接闪线。在命令行中输入 "JSX" 按 Enter 键，命令行提示如下：

命令：JSX↙

请点取接闪线的起始点：或[点取图中曲线(P)/点取参考点(R)]<退出>：　//如图 11-109 所示。
直段下一点[弧段(A)/回退(U)}<结束>：　　　　　　　　　//如图 11-110 所示。
请点取避雷线偏移的方向 <不偏移>：　　　　　　　　　//按 Enter 键。
请输入接闪线到外墙线或屋顶线的距离<120.00>：　　　//按 Enter 键。

图 11-109　指定起始点

图 11-110　指定下一点

03 绘制接闪线的最终如图 11-111 所示。

图 11-111　绘制接闪线

04 执行"接地防雷"→"接闪线"命令，继续绘制接闪线（点取墙宽中点为起点），结果如图 11-112 所示。

图 11-112　继续绘制接闪线

[05]　绘制接闪短线。调用 "C"（圆形）命令，绘制半径为 152mm 的圆形。调用 "H"（图案填充）命令，选择 "ANSI31" 图案，设置比例为 10、角度为 90°，如图 11-113 所示。

图 11-113　设置参数

[06]　在墙角处绘制接闪短线，结果如图 11-114 所示。具体的绘制结果请参阅配套资源中本节的最终结果文件。

图 11-114　绘制接闪短线

[07]　绘制引线。在命令行中输入 "CRYX" 按 Enter 键，在【插入引线】对话框中选择 "下引线"，在 "尺寸" 选项中选择 "巨号" 选项，如图 11-115 所示。

图 11-115 【插入引线】对话框

08 在图中指定位置，布置引线如图 11-116 所示。

图 11-116 布置引线

09 绘制接闪线。调用 JSX 命令，根据命令行的提示绘制接闪线，结果如图 11-117 所示。

图 11-117 绘制接闪线

10 绘制做法标注。执行"符号"→"做法标注"命令，在【做法标注】对话框中设置参数。根据命令行的提示，在图中分别指定标注的各个点，绘制做法标注，结果如图 11-118 所示。

图 11-118 绘制做法标注

[11] 年雷击数计算。在命令行中输入"NLJS"按 Enter 键，弹出【年预计雷击次数计算】对话框。在右上角设置建筑物的长、高、宽尺寸，如图 11-119 所示。

[12] 单击"年平均雷暴日"选项右侧的地图按钮，在打开的对话框中设置测试地区为"湖南"，测试城市为"长沙"，系统将自动定位，并以红色显示定位结果，如图 11-120 所示。

图 11-119 设置参数

图 11-120 选择地区

[13] 单击"确定"按钮返回【年预计雷击次数计算】对话框。单击"绘制表格"按钮，在图中指定插入点，绘制表格如图 11-121 所示。

[14] 绘制图名标注。执行"符号"→"图名标注"命令，在【图名标注】对话框中设置参数，如图 11-122 所示。

年雷击计算表(矩形建筑物)		
建筑物数据	建筑物的长L(m)	28.8
	建筑物的宽W(m)	34.7
	建筑物的高H(m)	22
	等效面积Ae(km²)	0.0212
	建筑物属性	住宅、办公楼等一般性民用建筑物或一般性工业建筑物
气象参数	地区	湖南省长沙市
	年平均雷暴日Td(d/a)	46.6
	年平均密度Ng(次/(km².a))	4.6600
计算结果	预计雷击次数N(次/a)	0.1528
	防雷类别	第三类防雷

图 11-121 绘制表格

图 11-122 设置参数

15 在平面图的下方点取插入点，绘制图名标注，结果如图 11-123 所示。

图 11-123　绘制图名标注

第 12 章
写字楼电气设计

● **本章导读**

本章介绍了写字楼电气设计相关图纸的绘制，包括竖向配电干线系统图、配电箱系统图、消防自动报警系统图等。这一系列图纸涉及了写字楼电气设计的各个重要方面。

本章还介绍了写字楼的电气设计说明，以方便读者识图。

● **本章重点**

◎ 写字楼电气设计说明

◎ 绘制竖向配电干线系统图

◎ 绘制配电箱系统图

◎ 绘制消防自动报警系统图

◎ 绘制电话及宽带网络系统图

◎ 绘制照明平面图

◎ 绘制弱电平面图

◎ 绘制消防配电平面图

◎ 绘制防雷接地平面图

12.1 写字楼电气设计说明

　　一整套完整的电气设计施工图，除了各类必备的图纸外，关于绘制图纸时所参考的标准信息也需要进行介绍。此外，设计说明还用来介绍施工工艺以及所使用设备的相关属性等重要信息，所以是必不可少的。

　　本节将介绍写字楼电气设计说明的内容。

1. 工程概况

　　本建筑物为二类高层建筑，地下一层，地上八层，框架墙结构。建筑高度 31.5m。总建筑面积 9716m^2。

2. 设计内容

　　本建筑物内的动力、照明配电、防雷接地、等电位连接、弱电及消防等内容见相应的图纸。

3. 供电系统

　　1）本建筑物的电梯、消防用电设备、应急照明、疏散指示标志灯、楼道照明等为二级负荷，其余为三级负荷。

　　2）在本建筑物室外设置箱变一台，专供建筑用电。

　　3）本建筑物电源均由室外箱变引来，采用电缆 YJV-1.0。沿电缆沟敷设，室内采用沿桥架敷设。引入电压均为 220 V /380V。

　　4）本建筑物用电计算负荷为 370kW。消防用电设备计算负荷为 90kW。备用电源由柴油发电机供电。补偿后功率因数 $\cos\varphi=0.91$。

4. 设备的选型及安装

　　1）室内照明灯具主要采用荧光节能灯，楼梯间、走道采用吸顶灯。

　　2）安全出口灯、疏散指示灯采用自带蓄电池的灯具，平时灯亮，电源失电时灯亮。应急时灯亮，应急时间不小于 30min。

　　3）各层楼梯口、走道各出口设安全出口灯，安装于门框上方。

　　4）各层走道、楼梯间设疏散指示诱导灯，诱导灯嵌墙安装，底距地 0.5m。

　　5）水箱间及电缆井的配电箱、电源切换箱挂墙明装，距地 1.4m；其余照明配电箱嵌墙暗装，底距地 1.4m。

　　6）除注明外各房间暗插座距地 0.3m，开关距地 1.4m，声光控开关除与灯具一体外距地 1.4m。

5. 线路敷设

　　1）由配电室至各层配电箱的供电干线，竖向沿竖井内电缆桥架敷设，水平干线在吊顶内沿电缆桥架敷设。由电气竖井引至顶层水箱间电源线路穿钢管暗敷。各层配电箱引出支线采用穿 SC 管暗敷。

　　2）弱电线路与强电线路同在一个竖井内敷设，分设在竖井的两侧。

　　3）照明支线均采用 BV-2.5 mm^2，导线穿 SC 管暗敷，三根及以下穿 SC15，四根及以上穿 SC20。插座回路采用 BV- 3×4mm^2，导线穿 SC20 管沿墙或地板暗敷。

　　4）应急照明支线均采用 ZRBV- 2.5 mm^2，阻燃型导线穿钢管，敷设方式同正常照明线路的敷设方式一致。

5）室内电缆桥间应该采取消火措施。

6. 防雷与接地

1）本建筑物防雷按三类防雷建筑设置防雷措施，具体设置可见"防雷接地平面图"。

2）本建筑物接地采用 TN-S 系统，保护接地、防雷接地、弱电系统接地共用接地装置。接地电阻不大于 1Ω，N 线和 PE 线分开，严禁混用。所有电气设备正常不带电外露金属部分均应可靠接 PE 线。

3）本建筑物的总等电位连接信息详见详图图集。

7. 其他

1）电气竖井墙及楼板上的穿线孔洞安装完毕后用防火材料填实。

2）施工时注意配合土建留槽、洞及预埋管路。

3）配电室电缆沟做法见土建图纸。

4）明敷钢管及桥架外皮均涂刷防火涂料。

12.2 绘制竖向配电干线系统图

竖向配电干线系统图可表达建筑物在垂直方向上配电设备的分布情况，其中的配电设备主要指配线箱。建筑物由于有各种各样的电源，因此必须配备不同种类的配电箱以满足使用需求。下面介绍竖向配电干线系统图的绘制方法。

01 绘制低压配电柜及备用电源配电箱。调用"REC"（矩形）命令，绘制尺寸为 47124mm × 1837mm 的矩形，如图 12-1 所示。

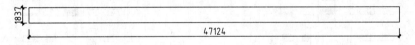

图 12-1 绘制矩形

02 绘制楼层分隔线。调用"L"（直线）命令，绘制虚线。调用"O"（偏移）命令，偏移虚线，结果如图 12-2 所示。

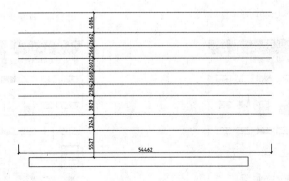

图 12-2 绘制楼层分隔线

03 绘制层数标注。执行"文字"→"单行文字"命令，在【单行文字】对话框中设置参数，如图 12-3 所示。

图 12-3 【单行文字】对话框

04 在图中点取插入点，绘制层数标注。继续在【单行文字】对话框中设置参数，结果如图 12-4 所示。

图 12-4 绘制层数标注

05 布置照明配电箱███、动力照明配电箱███、箱柜██、电源自动切换箱◢。在命令行中输入"RYBZ"按 Enter 键，在【天正电气图块】对话框中选择设备，如图 12-5~图 12-8 所示。

图 12-5 选择照明配电箱

图 12-6 选择动力照明配电箱

图 12-7 选择箱柜

图 12-8 选择电源自动切换箱

[06] 在图中指定位置，布置各类设备，结果如图 12-9 所示。

图 12-9　布置设备

[07] 布置多种电源配电箱▰。重复调用 "RYBZ" 命令，在【天正电气图块】对话框中选择多种电源配电箱，如图 12-10 所示。

[08] 在图中指定位置，布置配电箱，结果如图 12-11 所示。

图 12-10　选择配电箱

图 12-11　布置配电箱

[09] 复制设备。调用 "L"（直线）命令，绘制辅助线。调用 "CO"（复制）命令，向其他楼层移动复制设备，结果如图 12-12 所示。

图 12-12　向其他楼层移动复制设备

[10] 按 Enter 键，重复调用 "CO"（复制）命令，继续向其他楼层复制设备，如图 12-13 所示。

图 12-13　继续复制设备

421

[11] 绘制导线。在命令行中输入 "RYDX" 按 Enter 键，根据命令行的提示分别指定起点和终点，绘制导线如图 12-14 所示。

图 12-14　绘制导线

[12] 绘制文字标注。执行 "文字" → "单行文字" 命令，在【单行文字】对话框中设置参数，在图中选择位置，绘制文字标注，结果如图 12-15 所示。

图 12-15　绘制文字标注

[13] 绘制图名标注。单击 "符号" → "图名标注" 命令，在【图名标注】对话框中设置参数，选择 "不显示" 复选框，即在图名标注中不显示比例标注，如图 12-16 所示。

图 12-16　设置参数

14 在图中点取位置，绘制图名标注，结果如图 12-17 所示。

图 12-17　绘制图名标注

12.3　绘制配电箱系统图

配电箱系统图可表达配电箱与总开关和各支路开关之间的关系。在配电箱中，总开关控制所有支路的用电，各支路开关控制位于该支路上各用电设备的用电情况。下面介绍配电箱系统图的绘制方法。

01 绘制系统导线。在命令行中输入"RYDX"按 Enter 键，在图中指起点和终点，绘制导线如图 12-18 所示。

图 12-18　绘制导线

02 布置断路器━━✗━━。在命令行中输入 "YJCR" 按 Enter 键，在【天正电气图块】对话框中选择断路器，如图 12-19 所示。

03 在导线上点取插入点，布置断路器，结果如图 12-20 所示。

图 12-19 选择断路器

图 12-20 布置断路器

04 布置电度表 KWH。执行 "系统元件" → "元件插入" 命令，在【天正电气图块】对话框中选择电度表，如图 12-21 所示。

05 在图中指定插入点，布置电度表，结果如图 12-22 所示。

图 12-21 选择电度表

图 12-22 布置电度表

06 绘制照明箱。调用 "REC"（矩形）命令，绘制尺寸为 2136mm × 700mm 的矩形。调用 "CO"（复制）命令，移动复制矩形，绘制结果如图 12-23 所示。

07 标注导线根数。在命令行中输入 "BDXS" 按 Enter 键，在【标注】对话框中选择 "3 根"，如图 12-24 所示。

图 12-23 绘制照明箱

图 12-24 【标注】对话框

08 在图中点取导线，标注导线根数，结果如图 12-25 所示。

09 绘制文字标注。执行"文字"→"单行文字"命令，在【单行文字】对话框中设置参数，如图 12-26 所示。

图 12-25　标注导线根数

图 12-26　设置参数

10 在图中点取位置，绘制文字标注，结果如图 12-27 所示。

图 12-27　绘制文字标注

11 计算电流。在命令行中输入"JSDL"命令，在【计算电流】对话框中分别设置"额定功率""利用系数""功率因数"三个选项参数，单击"计算"按钮，在"计算结果"选项组中显示出计算电流的结果，如图 12-28 所示。

12 单击"确定"按钮关闭对话框，在图中点取插入点，标注计算结果如图 12-29 所示。

13 绘制虚线框。执行"原理图"→"虚线框"命令，在图中分别指定对角点，绘制虚线框，结果如图 12-30 所示。

图 12-28 【计算电流】对话框

图 12-29 标注计算结果

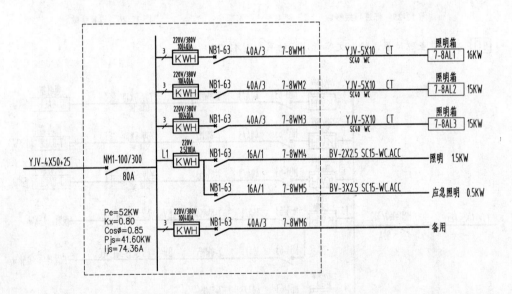

图 12-30 绘制虚线框

14 绘制图名标注。单击"符号"→"图名标注"命令，在弹出的【图名标注】对话框中设置参数，选择"不显示"复选框，即在图名标注中不显示比例标注，如图 12-31 所示。

图 12-31 设置参数

⑮ 在图中点取位置，绘制图名标注，结果如图 12-32 所示。

照明配电系统图

图 12-32　绘制图名标注

12.4 绘制消防自动报警系统图

消防自动报警系统图可表达建筑物在垂直方向上消防报警设备的分布情况。建筑物中的消防报警系统十分重要，因为这关乎人们生命和财产的安全。下面介绍消防自动报警系统图的绘制方法。

⓪① 新建表格。执行"表格"→"新建表格"命令，在【新建表格】对话框中设置"行数""行高""列数""列宽"参数，如图 12-33 所示。

⓪② 单击"确定"按钮关闭对话框，在图中点取插入点，绘制表格如图 12-34 所示。

图 12-33　【新建表格】对话框

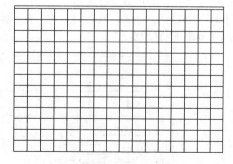

图 12-34　绘制表格

⓪③ 全屏编辑。执行"表格"→"全屏编辑"命令，选择表格，弹出【表格内容】对话框。在其中输入表格内容，如图 12-35 所示。单击"确定"按钮，退出操作。

⓪④ 执行"表格"→"单元编辑"命令，选中单元格，在【单元格编辑】对话框中更改字高。并在"水平对齐""垂直对齐"选项中都选择"居中"方式，如图 12-36 所示。单击"确定"按钮，退出操作。

图 12-35 【表格内容】对话框

图 12-36 设置参数

[05] 选中表格，激活并移动表格的夹点来调整表格的行高和列宽，使其适应单元格内容。按 Esc 键退出操作，结果如图 12-37 所示。

系统名称	广播系统	通讯系统	弱电竖井		探测器			照明	消防给水系统					防火卷帘系统	电梯
设备名称	广播模块	火警电话分机	接线端子箱	总线隔离器	楼层复示器	感温探测器	手动报警按钮(火警电话插孔)	输出模块单切换接口	消火栓按钮	输入模块	输出入模块	输入模块	输出入模块	输出入模块	输出入模块
楼层	音箱SD8130	SD9110		SD6010	SD2000X	SD6600	SD6011	照明回路	SD6011	管导网	水流指示器	压力开关	消火水箱液位计	卷帘门控制箱	电梯控制箱
九层															
八层															
七层															
六层															
五层															
四层															
三层															
二层															
一层															
地下室															

图 12-37 编辑表格

[06] 绘制箱柜。调用 "REC"（矩形）命令绘制矩形，并将表示消防泵房的矩形的线型设置为虚线，绘制结果如图 12-38 所示。

图 12-38 绘制箱柜

07 布置火警电话 、输出模块 K 。在命令行中输入 RYBZ 按 Enter 键，在【天正电气图块】对话框中选择"消防"类别，选择设备，如图 12-39、图 12-40 所示。

图 12-39 选择火警电话

图 12-40 选择输出模块

08 在图中指定位置，布置设备如图 12-41 所示。

图 12-41 布置设备

09 绘制文字标注。执行"文字"→"单行文字"命令，在【单行文字】对话框中设置参数，如图 12-42 所示。

图 12-42 设置参数

10 在图中点取位置，绘制文字标注，结果如图 12-43 所示。

图 12-43 绘制文字标注

⑪ 布置电气设备。调用 "RYBZ" 命令，根据表中的内容，在【天正电气图块】对话框中选择与之对应的设备，如表中的内容为 "广播模块" "音箱"，需要在图中布置 "广播模块" "扬声器" 设备，结果如图 12-44 所示。

系统名称	广播系统	通讯系统	弱电竖井		探测器		
设备名称	广播模块	火警电话分机	接线端子箱	总线隔离器	楼层复示器	感温探测器	手动报警按钮（火警电话插孔）
楼层	音箱 SD8130	SD9110		SD6010	SD2000X	SD6600	SD6011
九层	▣			▦		⊠	
八层	▣ ◁			▦		▦	⊡

图 12-44 布置电气设备

⑫ 在【天正电气图块】对话框选择 "消防" 类别，选择 "输出模块" 设备。在图中指定位置，布置模块。选择模块，单击右键，在弹出的快捷菜单中选择 "改属性字" 命令，弹出【编辑属性字】对话框，修改文字内容图 12-45 所示。

图 12-45 修改文字内容

⑬ 重复上述操作，设置文字内容为 "DT" 的 "电梯控制箱" 的设备。

⑭ 在系统图中布置上述改造后的设备，结果如图 12-46 所示。

照明		消防给水系统				防火卷帘系统	电梯
火 输出模块单切换接口	消火栓按钮	输入模块	输入模块	输出入模块	输入模块	输出入模块	输出入模块
照明回路	SD6011	信号阀	水流指示器	压力开关	消火水箱液位计	卷帘门控制箱	电梯控制箱
	●				▦		▩

图 12-46 布置设备

15 调用 "CO"（复制）命令，移动复制电气设备，结果如图 12-47 所示。

系统名称	广播系统	通讯系统	弱电竖井			探测器	照明	消防给水系统					防火卷帘系统	电梯
设备名称	广播模块	火警电话分机	接线端子箱	总线隔离器	楼层复示器	感温探测器	手动报警按钮（火警电话插孔）	输出模块单切换接口	消火栓按钮	输入模块	输入模块	输出入模块	输入模块	输出入模块 卷帘门控制箱	输出入模块 电梯控制箱
楼层	音箱 SD8130	SD9110		SD6010	SD2000X	SD6600	SD6011	照明回路	SD6011	信号阀	水流指示器	压力开关	消火水箱液位计	卷帘门控制箱	电梯控制箱
九层															
八层															
七层															
六层															
五层															
四层															
三层															
二层															
一层															
地下室															

图 12-47　复制电气设备

16 标注文字。执行 "文字" → "单行文字" 命令，在【单行文字】对话框中设置参数，在图中点取位置，标注文字，结果如图 12-48 所示。

系统名称	广播系统	通讯系统	弱电竖井			探测器	照明	消防给水系统					防火卷帘系统	电梯
设备名称	广播模块	火警电话分机	接线端子箱	总线隔离器	楼层复示器	感温探测器	手动报警按钮（火警电话插孔）	输出模块单切换接口	消火栓按钮	输入模块	输入模块	输出入模块	输入模块	输出入模块 卷帘门控制箱	输出入模块 电梯控制箱
楼层	音箱 SD8130	SD9110		SD6010	SD2000X	SD6600	SD6011	照明回路	SD6011	信号阀	水流指示器	压力开关	消火水箱液位计	卷帘门控制箱	电梯控制箱
九层															
八层		80ZX													
七层		80ZX													
六层		80ZX													
五层		80ZX													
四层		80ZX													
三层		80ZX													
二层		80ZX													
一层															
地下室															

图 12-48　标注文字

17 绘制导线。在命令行中输入 "XTDX" 按 Enter 键，在弹出的【系统图-导线设置】对话框中选择 "馈线" 按钮，设置 "线宽" 为 0.35，如图 12-49 所示。

图 12-49　设置参数

[18] 在图中分别指定起点和终点，绘制导线如图 12-50 所示。

系统名称	广播系统	通讯系统	弱电竖井		探测器		照明	消防给水系统				防火卷帘系统	电梯
设备名称	广播模块	火警电话分机	接线端子箱	总线隔离器	感温探测器	手动报警按钮(火警电话插孔)	输出模块单切换接口	消火栓按钮	输入模块	输入模块	输出入模块	输入模块	输出入模块	输出入模块
楼层	音箱 SD8130	SD9110		SD6010 SD2000X	SD6600	SD6011	照明回路	SD6011	信号阀 水流指示器	压力开关	消火水箱液位计	卷帘门控制箱	电梯控制箱

图 12-50　绘制导线

[19] 绘制图名标注。单击"符号" → "图名标注"命令，在【图名标注】对话框中设置参数，选择"不显示"复选框，即在图名标注中不显示比例标注，如图 12-51 所示。

图 12-51　设置参数

[20] 在图中点取位置，绘制图名标注，结果如图 12-52 所示。

火灾报警及消防联动系统图

图 12-52　绘制图名标注

12.5 绘制电话及宽带网络系统图

电话及宽带网络系统图可表达建筑物在垂直方向上电话及宽带设备的分布情况。不管是居住建筑还是办公建筑，电话及宽带设备都是必不可少的。下面介绍电话及宽带网络系统图的绘制方法。

[01] 绘制楼层分隔线。调用 "L"（直线）命令，绘制直线，调用 "O"（偏移）命令，偏移直线，并将直线的线型设置为虚线，如图 12-53 所示。

[02] 绘制文字标注。执行 "文字" → "单行文字" 命令，在弹出的【单行文字】对话框中设置参数，如图 12-54 所示。

图 12-53　绘制楼层分隔线

图 12-54　设置参数

[03] 在图中点取位置，绘制文字标注，结果如图 12-55 所示。

04 绘制总线交接箱及其他箱柜符号。调用 REC【矩形】命令，绘制矩形，结果如图 12-56 所示。

图 12-55 文字标注　　　　　图 12-56 绘制总线交接箱及其他箱柜符号

05 绘制分线箱。调用 "REC"（矩形）命令，绘制尺寸为 1379mm×659mm 的矩形，再调用 "CO"（复制）命令，移动复制矩形，结果如图 12-57 所示。

06 绘制导线。执行 "导线" → "系统导线" 命令，在弹出的【系统图-导线设置】对话框中单击 "馈线" 按钮，保持默认 "线宽" 为 0.35，如图 12-58 所示。

图 12-57 绘制分线箱　　　　图 12-58 设置参数

07 在图中指定起点和终点，绘制导线如图 12-59 所示。

08 绘制文字标注。执行 "文字" → "单行文字" 命令，在弹出的【单行文字】对话框中输入标注文字。根据命令行的提示，在图中点取位置，绘制文字标注，结果如图 12-60 所示。

图 12-59 绘制导线　　　　　图 12-60 绘制文字标注

434

09 绘制图名标注。单击"符号"→"图名标注"命令，在弹出的【图名标注】对话框中设置参数，选择"不显示"复选框，即在图名标注中不显示比例标注，如图 12-61 所示。

10 在图中点取位置，绘制图名标注，结果如图 12-62 所示。

图 12-61　设置参数

图 12-62　绘制图名标注

12.6 绘制照明平面图

照明平面图可表达建筑物内部照明设备的分布情况。照明设备除了灯具之外，还有与之配套使用的开关、插座等。下面介绍照明平面图的绘制方法。

01 打开素材。按 Ctrl+O 组合键，打开配套资源提供的"第 12 章/写字楼首层平面图.dwg"文件，如图 12-63 所示。

图 12-63　打开素材文件

02 布置格栅灯▦、吸顶灯◯、天棚灯◖、荧光灯▬▬▬▬▬。在命令行中输入 "RYBZ" 按 Enter 键，在【天正电气图块】对话框中选择灯具，如图 12-64～图 12-67 所示。

图 12-64　选择格栅灯

图 12-65　选择吸顶灯

图 12-66　选择天棚灯

图 12-67　选择荧光灯

03 在图中点取位置，布置灯具，结果如图 12-68 所示。

图 12-68　布置灯具

04 布置自带电源事故照明灯▣、安全出口标志灯 E 、照明配电箱▬等设备。调用 "RYBZ" 命令，在【天正电气图块】对话框中选择设备，如图 12-69～图 12-71 所示。

图 12-69　选择自带电源事故照明灯

图 12-70　选择安全出口标志灯

图 12-71　选择照明配电箱

[05]　在图中点取位置，布置设备，结果如图 12-72 所示。

图 12-72　布置设备

[06]　绘制桥架。在命令行中输入"HZQJ"按 Enter 键，在弹出的【绘制桥架】对话框中设置参数，如图 12-73 所示。

[07]　根据命令行的提示，在图中分别指定第一点和第二点，在配电箱的上方绘制桥架，结果如图 12-74 所示。

图 12-73　设置参数

图 12-74　绘制桥架

08 插入引线。在命令行中输入 "CRYX" 按 Enter 键，在弹出的【插入引线】对话框中分别选择名称为 "下引线" "同侧双引" 的引线，如图 12-75 所示。

09 在图中指定插入点，插入引线，结果如图 12-76 所示。

图 12-75　选择引线

图 12-76　插入引线

10 布置单联开关 ●、双联开关 ●。调用 "RYBZ" 命令，在【天正电气图块】对话框中选择开关，如图 12-77、图 12-78 所示。

图 12-77　选择单联开关

图 12-78　选择双联开关

11 在图中指定位置，布置开关，结果如图 12-79 所示。

图 12-79　布置开关

⑫ 布置带保护节点暗装插座 ▼。执行 "平面设备" → "任意布置" 命令，在【天正电气图块】对话框中选择插座，如图 12-80 所示。

⑬ 在平面图中指定位置，布置插座，结果如图 12-81 所示。

图 12-80　选择插座

图 12-81　布置插座

⑭ 绘制灯具连接导线。在命令行中输入 "PMBX" 按 Enter 键，在图中指定起点和终点，绘制导线如图 12-82 所示。

⑮ 绘制插座连接导线。按 Enter 键，重复执行 "PMBX" 命令。在图中指定起点和终点，绘制导线如图 12-83 所示。

图 12-82　绘制灯具连接导线

图 12-83　绘制插座连接导线

⑯ 绘制开关与灯具之间的连接导线。执行 "PMBX" 命令，在图中指定起点和终点，绘制连接导线如图 12-84 所示。

⑰ 绘制事故照明设备之间的连接导线。执行 "PMBX" 命令，在图中指起点和终点，绘制连接导线如图 12-85 所示。

⑱ 绘制电气设备与配电箱之间的连接导线。执行 "PMBX" 命令，在图中指定起点和终点，绘制连接导线如图 12-86 所示。

⑲ 标注导线数。在命令行中输入 "BDXS" 按 Enter 键，在【标注】对话框中分别选择 "3 根" "4 根" 按钮。在图中点取导线，标注导线数，结果如图 12-87 所示。

图 12-84　绘制开关与灯具之间的连接导线

图 12-85　绘制事故照明设备之间的连接导线

图 12-86　绘制电气设备与配电箱之间的连接导线

图 12-87　标注导线数

20 重复上述操作，继续布置电气设备，绘制连接导线，绘制结果如图 12-88 所示。

图 12-88　完成导线绘制

⨆21⨆ 绘制图名标注。执行"符号"→"图名标注"命令，在【图名标注】对话框中设置图名参数和比例参数，选择"传统"按钮，如图 12-89 所示。

图 12-89　设置参数

⨆22⨆ 在平面图下方点取位置，绘制图名标注，结果如图 12-90 所示。

一层照明配电平面图 1:100

图 12-90　绘制图名标注

12.7　绘制弱电平面图

弱电平面图可表达建筑物内部插座与配电箱等设备的布置情况。各电气设备都应该由独立的支路来控制，以方便管理，也能保证使用安全。下面介绍弱电平面图的绘制方法。

⨆01⨆ 打开素材。按 Ctrl+O 组合键，打开配套资源提供的"第 12 章/写字楼首层平面图.dwg"文件。

02　绘制桥架。在命令行中输入 "HZQJ" 按 Enter 键，弹出【绘制桥架】对话框，设置桥架的 "宽×高" 尺寸为 "200×100"，如图 12-91 所示。

图 12-91　设置参数

03　在图中分别点取起点和终点，绘制桥架，结果如图 12-92 所示。

图 12-92　绘制桥架

04　布置电话插座TP、网络插座TD。在命令行中输入 "I" 按 Enter 键，在图块面板中选择插座。在图中指定插入点，布置插座，结果如图 12-93 所示。

图 12-93　布置插座

电话插座和网络插座可以调用"平面布置"→"造设备"命令来制作，具体的操作方法可以查看第 2 章中的相关内容。

05 布置总配线架 MDF 、等电位端子板 LEB 、引线、箱柜等设备。调用 "RYBZ" 命令，在【天正电气图块】对话框中选择设备，并在平面图中布置，如图 12-94 所示。

图 12-94 布置设备

双击总配线架 MDF ，弹出【增强属性编辑器】对话框，在其中修改设备名称以及代号，单击"确定"按钮关闭对话框，即可得到等电位端子板 LEB ，如图 12-95 所示。

图 12-95 修改设备参数

06 重复上述操作，继续为平面图布置电气设备，结果如图 12-96 所示。

07 绘制导线。在命令行中输入 "RYDX" 按 Enter 键，在图中指定起点和终点，绘制导线如图 12-97 所示。

图 12-96　继续布置电气设备

图 12-97　绘制导线

08　标注文字。执行"文字"→"单行文字"命令，在【单行文字】对话框中设置参数。在图中点取位置，完成文字标注。调用"L"（直线）命令，绘制标注引线，连接文字与设备，结果如图 12-98 所示。

图 12-98　标注文字

09 重复上述操作，继续绘制导线以及文字说明。

10 执行"符号"→"图名标注"命令，在【图名标注】对话框中设置图名参数和比例参数，单击选择"传统"按钮，如图 12-99 所示。

图 12-99 【图名标注】对话框

11 在图中点取位置，绘制图名标注，结果如图 12-100 所示。

图 12-100 绘制图名标注

12.8 绘制消防配电平面图

消防配电平面图可表达消防设备在建筑物内部的布置情况。消防设备要求在发生火灾的时候也能正常使用，达到通知险情和减缓伤害的目的。下面为介绍消防配电平面图的绘制方法。

01 打开素材。按 Ctrl+O 组合键，打开配套资源提供的"第 12 章/写字楼首层平面图.dwg"文件。

02 布置手动报警装置、室内消火栓、感烟探测器、扬声器、楼层显示器 FI。执行"平面布置"→"任意布置"命令，在【天正电气图块】对话框中选择设备，如图 12-101~图 12-105 所示。

图 12-101　选择手动报警装置

图 12-102　选择室内消火栓

图 12-103　选择感烟探测器

图 12-104　选择扬声器

图 12-105　选择楼层显示器

03　在平面图中点取位置，布置设备，结果如图 12-106 所示。

图 12-106　布置设备

04　绘制消防控制箱。调用 "REC"（矩形）命令，绘制两个尺寸为 622mm×498mm 的矩形，如图 12-107 所示。

05　绘制桥架。调用 "HZQJ" 命令，绘制尺寸为 200mm×100mm 的桥架，如图 12-108 所示。

图 12-107　绘制消防控制箱

图 12-108　绘制桥架

06　绘制引线。在命令行中输入 "CRYX" 按 Enter 键，在【插入引线】对话框中选择引线，在图中点取位置，插入引线，如图 12-109 所示。

图 12-109　插入引线

07　绘制连接导线。在命令行中输入 "PMBX" 按 Enter 键，根据命令行的提示，在图中分别指定起点和终点，绘制连接导线如图 12-110 所示。

08　重复上述操作，继续在平面图中布置电气设备和绘制连接导线。

图 12-110　绘制连接导线

09 执行"符号"→"图名标注"命令，在【图名标注】对话框中设置图名参数和比例参数，单击"传统"按钮，如图 12-111 所示。

图 12-111　设置参数

10 在图中点取位置，绘制图名标注，结果如图 12-112 所示。

一层消防配电平面图 1:100

图 12-112　绘制图名标注

12.9 绘制防雷接地平面图

防雷接地平面图可表达屋面避雷网的设置结果以及引下线的安装位置。避雷网要根据建筑物的特点来设计和安装，并且需要按照建筑物的避雷等级来选用材料。下面介绍防雷接地平面图的绘制方法。

01 打开素材。按 Ctrl+O 组合键，打开配套资源提供的"第 12 章/写字楼首层平面图.dwg"文件。

02 整理图形。调用"E"（删除）命令，删除平面图上多余的图形，整理图形的结果如图 12-113 所示。

03 绘制接闪线。在命令行中输入"JSX"按 Enter键，命令行提示如下：

图 12-113　整理图形

命令:JSX↙

请点取接闪线的起始点:或 [点取图中曲线(P)/点取参考点(R)]<退出>:

　　　　　　　　　　　　　　　//在外墙中心线指定起始点。

直段下一点[弧段(A)/回退(U)}<结束>:

直段下一点[弧段(A)/回退(U)]<结束>:

请点取接闪线偏移的方向 <不偏移>:　　　　　　//按 Enter 键,绘制接闪线,结果如图 12-114 所示。

04 重复执行"JSX"命令,沿建筑物的外墙绘制接闪线,结果如图 12-115 所示。具体的绘制结果请参阅配套资源中本节的最终结果文件。

图 12-114　绘制接闪线　　　　　　　　　　　图 12-115　继续绘制接闪线

05 调用"JSX"命令,在内墙中心线指定点绘制接闪线。然后将墙体、门窗等图形所在的图层关闭,观察接闪线的绘制结果,如图 12-116 所示。

图 12-116　观察接闪线

06 插入引线。在命令行中输入 "CRYX" 按 Enter 键，在【插入引线】对话框中选择 "下引线"，将其调入至平面图，布置结果如图 12-117 所示。

图 12-117　绘制下引线

07 绘制文字标注。执行 "文字" → "单行文字" 命令，在弹出的【单行文字】对话框中设置参数，如图 12-118 所示。

图 12-118　设置参数

08 在图中指定位置，绘制文字标注，结果如图 12-119 所示。

图 12-119　绘制文字标注

09 图名标注。执行"符号"→"图名标注"命令，在弹出的【图名标注】对话框中设置图名参数和比例参数。选择"传统"按钮，如图 12-120 所示。

图 12-120 设置参数

10 在图中点取插入位置，绘制图名标注，结果如图 12-121 所示。

图 12-121 绘制图名标注